普通高等教育"十一五"国家级规划教材

国家级精品课程

江苏省精品教材

U0389707

Genetic Improvement on Microorganisms

微生物
遗传育种学

诸葛健　李华钟　王正祥　主编

化学工业出版社

·北京·

图书在版编目(CIP)数据

微生物遗传育种学/诸葛健，李华钟，王正祥主编．北京：化学工业出版社，2008.10（2024.2重印）

普通高等教育"十一五"国家级规划教材

江苏省精品教材

ISBN 978-7-122-03557-8

Ⅰ．微… Ⅱ．①诸…②李…③王… Ⅲ．遗传育种-微生物遗传学-高等学校-教材 Ⅳ．S33

中国版本图书馆 CIP 数据核字（2008）第 126932 号

责任编辑：傅四周 孟 嘉
责任校对：宋 玮 装帧设计：刘丽华

出版发行：化学工业出版社（北京市东城区青年湖南街 13 号 邮政编码 100011）
印 装：北京七彩京通数码快印有限公司
720mm×1000mm 1/16 印张 15 字数 257 千字 2024 年 2 月北京第 1 版第 11 次印刷

购书咨询：010-64518888 售后服务：010-64518899
网 址：http://www.cip.com.cn
凡购买本书，如有缺损质量问题，本社销售中心负责调换。

定 价：45.00 元 版权所有 违者必究

前　言

　　江南大学发酵工程专业是我国第一批国家级重点学科。优良的工业生产菌种是发酵工业的核心，我们的微生物系列课程内容历来都围绕选种、育种、培养条件优化这三者来安排。

　　工业微生物育种课程的创建源于 1963 年原无锡轻工业学院（江南大学前身）发酵教研室主任丁跃坤老师，当时还处于米丘林和摩尔根两学派纷争的年代。作为当时丁老师助教的诸葛健就协助开设了国内首门《工业微生物育种学》课程。

　　"工业微生物育种技术"课程以选修课形式从 1982 年开始在本科开设，是在完成原轻工业部"AS1.398 蛋白酶产生菌育种新技术"科研项目的基础上，以原生质体融合、原生质体转化和原生质体诱变的原生质体系列育种技术为主体作为课程内容，应该说这在当时是属于前沿的。开设几届后，发现学生人数多、学时紧，设备和实验经费不足的矛盾突出，从 1986 年开始将其列入研究生的课程范围。

　　鉴于随后"211"工程重点建设对微生物学系列课程的重视及课程改革的需要，本科教学的微生物学系列课程分别开设了"微生物学"和"微生物遗传育种学"两门。在开始的过渡阶段，以 2000 年李华钟教授等执教的"微生物遗传育种学"作为选修课开设，但因几乎所有学生都饶有兴趣地选读，所以两年后就将"微生物遗传育种学"作为学位课了。

　　诚然，作为重点学科研究生阶段开设的"工业微生物育种技术"与本科阶段开设的"微生物遗传育种学"是一个方向上的两个层次，各有其分工内容。

　　这门课程是理论与实验并重的应用基础课，共计 57 学时，其中理论课有 30 学时。本书的编写内容既有其遗传学的基础，但又不是系统的微生物遗传学，侧重于育种。内容共有微生物遗传育种的遗传学原理、基因突变及其机制、基团突变的应用、基因重组育种、基因工程及其应用共五章。本书将微生物遗传学基础与应用密切结合，体现育种的遗传学原理与育种技术的融合是其特色。

　　课程的实验内容包含紫外诱变技术及抗药性突变菌株的筛选（综合性实验）；质粒 DNA 的小量制备及电泳检测；大肠杆菌的转化实验以及酵母原生

质体融合。教学操作中则根据学时耗用具体情况适当调整实验内容。

　　本书由诸葛健、李华钟、王正祥三位教授主编，具有丰富教学和实践经验的段作营、饶志明、樊游、曹钰四位老师参与了撰写，可以说这本教材凝聚了微生物学系列课程所有教师多年的心血。

　　当然由于书中在对微生物遗传学和育种技术内容的穿插和描述时有共性，编写时有所不足实为难免，但相信在读者的帮助下会逐步完善。

编者

2009 年 1 月于无锡市江南大学

目　　录

第一章 绪 论

第一节 工业微生物菌种

在大规模培养条件下，批量商业性获得微生物细胞或其代谢产物过程中所使用的微生物菌株；或利用微生物特定代谢过程，规模化加工或转化特定底物或环境物料的微生物菌株，即为工业微生物菌种。习惯上，具有上述潜在应用前景的微生物菌株也常被称为工业微生物菌种。工业微生物菌种是工业微生物学的主体研究对象，是工业生物技术特别是新一代工业生物技术研究和发展的中心内容。一个好的工业菌种，可以形成和发展出一个工业并形成一个产业；同样，现代工业生物技术的发展，也不断要求有新的、性能更优越的工业菌种出现。

用作工业菌种的微生物，应具有如下基本特征：

① 非致病性；

② 适合大规模培养的工艺要求；

③ 利于应用规模化产品加工工艺；

④ 相对稳定的遗传性能和生产性状；

⑤ 形成具有商业价值的产品或具有商业应用价值。

用作工业菌种的微生物，其来源主要有两个途径：从自然样本中通过筛选与分离获得（即选种）；在实验室中对保藏的微生物菌株进行遗传改良获得（即育种）。选种是获得工业菌种的基础，是目前若干工业应用的工业菌种的重要获得方式；育种是获得性能卓越的工业菌种的必要手段，是目前工业菌种获得的主要途径。随着工业微生物学研究的发展，作为主要的生物资源，大量的具有工业应用前景的微生物菌株被分离、系统鉴定和长期保藏。现在，微生物菌种的建立和形成，主要工作集中在对现有微生物资源的遗传育种上。当然，育种过程无一例外地穿插使用选种技术。

依据育种技术的使用和微生物菌种获得的方式，工业微生物菌种又有如下不同的界定或不同的描述。天然菌种（native strain）是通过自然筛选和分离获得的工业菌种，如目前工业上使用的啤酒酿制用酵母菌种、葡萄酒酿制用酵母菌种、面包等焙烤食品中的酵母菌种等。天然菌种是微生物菌株在自然条件下，经过随机突变或自然遗传变异产生的优良的生产性状的长期积累后形成的，一般皆为野生型（wild type）。诱变菌种（mutagenized strain）是通过物理、化学等诱变剂在实验室人工诱变自然筛选与分离的菌株，获得产量或/和性状改善的工业菌种。目前，工业上使用的许多生产菌种都属于这一类型。诱变菌种与天然菌种的本质区别在于，诱变菌种是通过诱变剂加速基因突变过程及定向筛选获得的。因此，此类工业菌种也被认为是类似于天然菌种的、非遗传修饰的工业菌种。重组菌种（recombinant strain）是通过遗传重组技术对菌种进行定向遗传改良获得的，所使用的技术包括杂交、原生质体融合、分子克隆等。不同国家对经外源基因导入并因此发生遗传整合和性状改变的所谓遗传修饰生物体（genetic modification organisms，GMO）的商业使用有不同的法律规范，工业微生物菌种同样受到这些法律规范的管理。目前认知的是，天然菌种、诱变菌种、杂交菌种被认为是非GMO。

第二节　微生物遗传育种的遗传学原理

与其他生物一样，微生物在特定环境（发酵培养工艺）条件下所表现出的所有特性，都是由其基因组（genome）中的基因（gene）或基因簇控制或影响的。微生物的遗传特性包括它们的形状、结构特征（形态学）、生理特征（耐酸、耐碱、耐温、耐盐等）、生化反应（代谢类型、新陈代谢）、运动能力或其他形式的表现及它们与其他微生物的关系。微生物是通过遗传物质的基本单位——基因，将这些特性传递给它们的后代；微生物在生理或代谢等方面的性能改变，是通过改变其基因特征，即遗传变异或遗传重组实现的。工业微生物遗传育种，究其本质，是在实验条件下，引导微生物的遗传变异或遗传重组，使其表现现状向改善工业应用性能方向改变并由此获得新的或改建的稳定遗传性状的过程。

一、遗传物质的结构和功能

微生物的所有遗传现状是由其遗传物质控制的，其遗传的本质及其机理是微生物遗传学的基本研究内容。需要回答的基本科学问题包括：基因是什么；基因是怎样携带信息、怎样复制，又是怎样将遗传信息传递给下一代或者其他微生物的；在微生物中决定其独有特性的信息又是怎么表达的等。

1. 染色体与基因

　　染色体是微生物基因组的细胞结构单位。基因是编码功能性产物的一段具有特征结构的 DNA 片断（一些以 RNA 为遗传物质的病毒除外）。DNA 是由脱氧核糖核苷酸组成的、具有特定排列特征的大分子。每一个核苷酸是由一个碱基（腺嘌呤，A；胸腺嘧啶，T；胞嘧啶，C；鸟嘌呤，G）、一个脱氧核糖和一个磷酸基团组成的（图 1-1）。

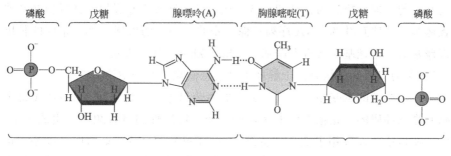

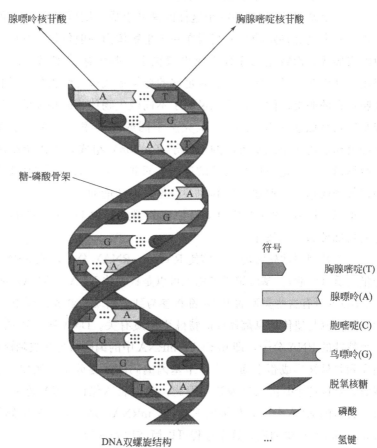

图 1-1　DNA 分子的基本结构与组成

在细胞中，DNA 以互补的双螺旋结构的形式存在。核苷酸（碱基）在 DNA 分子内侧成对互补排列；外侧经戊糖-磷酸侧链骨架将碱基对串连。在该骨架上每一个糖基和一个碱基相连。碱基对遵循特定的碱基互补配对原则：腺嘌呤与胸腺嘧啶配对，胞嘧啶与鸟嘌呤配对。正是由于这种特殊的碱基配对，一条 DNA 链的碱基序列决定了另外一条链的碱基序列。因此，DNA 的两条链是互补的，即可描述为正链和负链，或有意义链和无意义链，或模板链和非模板链等。这些互补的 DNA 序列正像一张照片和它的底版一样。基因的长度即以碱基对、千碱基对或百万碱基对（bp、kb 或 Mb）表示。

DNA 的双螺旋结构有助于解释生物信息储藏的两个主要特性。

第一，线性的碱基序列提供了真实的遗传信息。遗传信息是由 DNA 链上的碱基序列编码的，正像人们书写乐谱一样，用线性的音符顺序去组成乐章。虽然，遗传语言仅仅用了四个"音符"——DNA（RNA）里的四种碱基，但是，如一个基因长度有 1000 个这样的碱基组成，则可以有 4^{1000} 种不同的组合方式；一个具有特定功能的基因在一个生物体内一般仅具有其中一种特定的序列组成形式，而特定的序列组成也就决定了基因遗传密码（genetic code）的组成。这就解释了基因为何能有足够的变换形式来为细胞的生长提供所有信息及履行它的职责；同时，这也说明了不同微生物体相同功能的基因可以在其核苷酸序列相似性（similarity）上完全不同或差异很大。在一个基因中，遗传密码由相连的三个碱基形成的密码子（codon）组成，密码子组成特征决定了它所翻译成一个蛋白质的氨基酸序列。理论上，一段双链 DNA 分子可以有 6 种遗传密码信息，但通常仅其中一种是具有功能的。

第二，DNA 的互补结构使得细胞分裂过程中 DNA 的精确复制和遗传信息的精确传递得以发生。

一个基因通常先编码一个信使 RNA（mRNA）分子，该 mRNA 最后编码一个蛋白质（多肽）。基因编码产物也可以是核糖体 RNA（rRNA）或是转运 RNA（tRNA）（所有这些类型的 RNA 都将参与到蛋白质的合成过程中）。大部分细胞的新陈代谢与遗传信息翻译成的特殊蛋白质有关。DNA 序列转录（拷贝）产生一个特殊的 RNA 分子，即 mRNA。mRNA 中的编码信息又被翻译成特定的氨基酸序列并最终形成蛋白质。当一个基因编码的最终分子（例如一个蛋白质）形成时，就说这个基因已经表达。因此，基因表达包括 DNA 转录（transcription）形成特殊的 RNA 分子，如果该 RNA 是 mRNA，那么其中的编码信息将被翻译（translation）成蛋白质，这个过程可以简洁地表示为：

$$DNA \xrightarrow{\text{转录}} mRNA \xrightarrow{\text{翻译}} 蛋白质$$

要进行遗传信息的表达，DNA 必须经过转录和翻译。虽然单个氢键的作用力很弱，但是由于 DNA 分子中氢键的密度很大，一小段 DNA 上的氢键就能提供足够的结合能量让其形成双螺旋结构。同时，DNA 分子中的遗传信息通常只有在 DNA 分子处于解链的状态下才能从 DNA 中读取。DNA 的双链解开（解链）由一组蛋白质分子与 DNA 分子作用后产生。随着基因的表达，两条分开的 DNA 单链中的一条被作为模板，转录出相应的 RNA 产物。

在细胞复制过程中，DNA 分子也需被解链。解链的两条单链 DNA 分子作为模板并合成其互补的另一条链，从而形成了两个子链 DNA 分子。在细胞分裂之前，基因组 DNA 序列通常已由酶推动下进行了精确的复制（replication）。这种复制使细胞在繁殖时通过 DNA 的复制将全部遗传信息从一个细胞传递到其子代细胞，或者从上一代传递到下一代。

DNA 分子的组成及其序列能够被改变（即变异），虽然很多变异可引起细胞的损伤或死亡，但是一些变异也能创造出可遗传的新特性，能使微生物更好地在新环境中生存。因此，从长远的角度看，变异对菌种的成功进化作出了卓越的贡献。

2. 基因型和表现型

一个微生物的基因型（genotype）由它的遗传信息组成，它编码微生物的所有特性，基因型代表潜在的特性，但并不是特性本身。表（现）型（phenotype）则指细胞在一定环境条件下表现出的一些实际的、已表达的特性，例如微生物完成一个特殊化学反应的能力。因此，表现型是基因型的表现。

从分子角度看，一个微生物的基因型是它所有基因的总和，即它的全套DNA（基因组）。那么是什么组成了微生物的表现型呢？从某种意义上说，一个微生物的表现型是它的蛋白质的总和。一个细胞的大部分特性来自于蛋白质的结构和功能。在微生物中，大部分的蛋白质要么是酶（催化特殊的反应），要么是结构物（参与大的功能性物质的合成，像膜或者核糖体的合成）。表现型还依赖于细胞的其他结构大分子（像类脂或多糖）。例如，一个复杂的脂质结构或者多糖分子是合成和降解这些结构的酶作用的结果。

3. DNA 和染色体

细菌的染色体基因组通常仅由一条环状双链 DNA 分子组成。细菌的染色体相对聚集在一起，形成一个较为致密的区域，称为类核（nucleoid）。类核无核膜与胞浆分开，类核的中央部分由 RNA 和支架蛋白质组成，外围是双链闭环的 DNA 超螺旋。染色体 DNA 通常与细胞膜相连，连接点的数量随细菌生长状况和不同的生活周期而异。在 DNA 链上与 DNA 复制、转录有关的信号区域与细胞膜优先结合，如大肠杆菌染色体 DNA 的复制起点（*oriC*）、复制终点（*terC*）等大肠杆菌的 DNA 是研究最多的细菌 DNA，它大约有 4Mb、长 1mm——比整个细胞长度的 1000 倍还要长。然而，由于 DNA 非常细，并且紧紧地被包装在细胞内，所以这个缠绕在一起呈螺旋状的大分子仅仅占据了大约整个细胞体积的 10% [图 1-2(a)]。

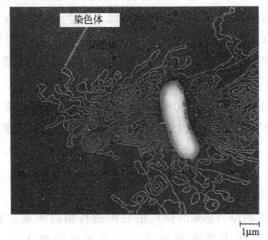

(a) 一个原核微生物的染色体。那些弥散的缠结在一起的环状DNA
来自这个破裂的大肠杆菌，这只是它全套染色体的一部分

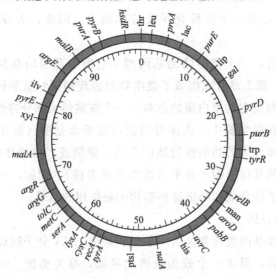

(b) 大肠杆菌染色体的基因图谱，每一个基因用一个三字母的缩写标记

图 1-2　大肠杆菌染色体及其染色体基因组图谱

近几年，近 700 个细菌染色体 DNA（基因组）的所有碱基序列及其排列方式已被确定（测序）。该信息和其他一些有用的遗传信息一起使科学家能够识别染色体上的基因位置。DNA 上相关的基因位置是用一个基因图谱来阐明的［图 1-2(b)］。

酵母和丝状真菌的染色体结构与其他真核细胞相似，皆含有多条染色体。其染色体基因组是细菌的数倍。已有十多种酵母和至少四种丝状真菌的基因组被完全解析，有二十余种丝状真菌的基因组正在解析中。

二、DNA 复制

遗传信息的稳定传递需要在细胞分裂时染色体 DNA 准确的复制（replication）。在 DNA 的复制过程中，一个亲本双链 DNA 分子被复制成两个相同的子链 DNA 分子。DNA 碱基序列的互补结构是理解 DNA 复制的关键。由于双螺旋 DNA 两条链的碱基是互补的，所以一条链能够用于复制另外一条链的模板（图 1-3）。

在一系列复制相关酶系的作用下，DNA 分子的两条链上相应的核苷酸之间的氢键键能减弱，此时亲本 DNA 的双螺旋解开，形成局部单链状态。以亲本 DNA 的每一条链作为模板去形成新的碱基配对，随后，氢键又重新在两个新的互补核苷酸之间形成。在每一个最终的子链上，酶催化相邻的两个核苷酸之间形成糖苷键。

1. DNA 的复制

DNA 的复制要求有复杂的细胞蛋白质体系存在，该蛋白质（酶）体系指导着一个特殊的事件顺序。当复制开始的时候，亲本 DNA 两条链的一小部分先解螺旋并相互分开，随着 DNA 复制的进行其他部分也将解螺旋并分开。细胞质当中游离的核苷酸与单链亲本 DNA 暴露在外面的碱基进行配对。如果在原始链上是胸腺嘧啶，那么新链上对应的位置只能是腺嘌呤；同样，在原始链上是鸟嘌呤，那么新链上对应的位置只能是胞嘧啶等。所有错配碱基都将通过 DNA 聚合酶将其去除和替代。DNA 一旦开始合成，其周围多余的核苷酸就通过 DNA 聚合酶连接到正在延长的 DNA 链上。然后，亲本 DNA 继续解螺旋以便使新链上增加更多的核苷酸复制发生的位点（复制叉，replication fork）。随着复制叉在母链 DNA 上的移动，每一个解开的单链与新的核苷酸相结合，然后起始链和这个新合成的子链缠绕在一起。因为每一个新的双链 DNA 分子是由一个原始链和一个新链组成，所以关于这样的复制过程称之为半保留复制（semi-conversion replication）。

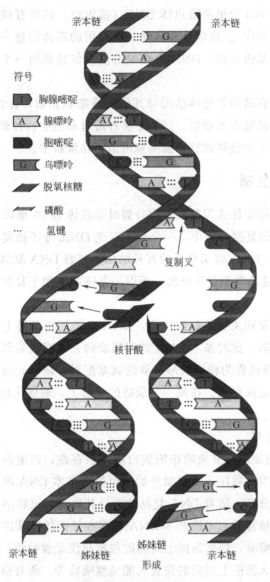

符号
- ▭ 胸腺嘧啶
- ▭ 腺嘌呤
- ▭ 胞嘧啶
- ▭ 鸟嘌呤
- ◤ 脱氧核糖
- ▬ 磷酸
- ⋯ 氢键

亲本链　　　　　亲本链

复制叉

核苷酸

亲本链　　姊妹链　　姊妹链　　亲本链
　　　　　　　　　形成

图 1-3　DNA 的复制

一对 DNA 链彼此朝着相反的方向延伸，理解这个概念很重要。由图 1-3
可知，一条链中核苷酸的戊糖部分相对于它的核苷酸对是颠倒的。为了使配对
碱基能够彼此毗连，这是必需的。因为 DNA 聚合酶仅仅能够朝单一的方向移
动，所以 DNA 的这种结构影响了其复制过程。关于探究这个复杂过程的很多
步骤，图 1-4 提供了更详细的图解。当复制叉沿着母链 DNA 移动时，两个新
DNA 链必须以相反的方向增长。当 DNA 聚合酶朝着复制叉方向移动时，一

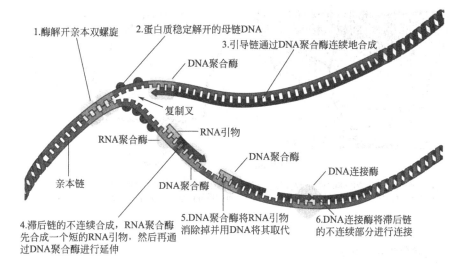

图 1-4　DNA 复制叉的功能

复制叉处的酶解开了亲本 DNA 的双螺旋结构，用其中一个亲本链作为模板，DNA 聚合酶合成
了一个新的连续 DNA 链。DNA 聚合酶也用另外的一条链作为模板，但是由于该链上糖的
方向是相反的，所以 RNA 聚合酶开始合成时必须增加一个叫做 RNA 引物的 RNA 小
片段，当一小段 DNA 片段被合成后，DNA 聚合酶又将该 RNA 消解掉，
这些小的 DNA 片段随后又由 DNA 连接酶连接在一起

个被称之为引导链的新 DNA 链被连续地合成。相反地，当 DNA 聚合酶远离复制叉方向移动时，一个新的 DNA 片段也被合成，该片段由大约 1000 个碱基组成，被称之为滞后链。在开始合成滞后链 DNA 时，一个叫做 RNA 引物的短 RNA 片段是必需的。DNA 复制完成时，DNA 聚合酶将 RNA 引物移去，DNA 连接酶将新合成的 DNA 片段连接起来。

在细菌里，复制过程从细菌染色体上唯一的位点开始，该位点被称之为复制起点。一些细菌 DNA 的复制是沿着染色体双向进行的（图 1-5），例如大肠杆菌，两个复制叉沿着相反的方向移动，并且都远离复制起点。由于细菌染色体是一个闭合环，所以当复制完成时两个复制叉相遇。很多迹象表明复制起点和细菌细胞膜连接在一起。在原核微生物中 DNA-膜的连接可能确保了在细胞分裂过程当中每一个子细胞都能获得一个 DNA 分子的拷贝，说得更精确些，就是一个完全的染色体。

DNA 的复制是一个非常精确的过程。一般错误的碱基配对发生率为一百亿分之一（$1/10^{10}$）。之所以这么精确主要是由于 DNA 聚合酶有很强的校对功能。当一个碱基被加上时，DNA 聚合酶就会检查它是否形成了合适的互补碱

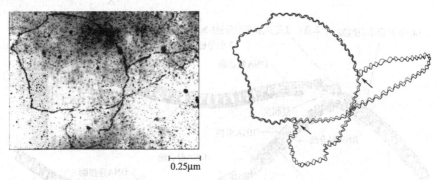

(a) 一个大肠杆菌染色体的复制过程(右边是其相应的图表,箭头所指为其两个复制叉),
该染色体的大约1/3已被复制,可以看到其中一条新的螺旋链横渡在另外一条链上

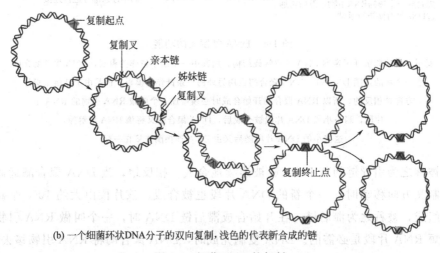

(b) 一个细菌环状DNA分子的双向复制,浅色的代表新合成的链

图 1-5　细菌 DNA 的复制

基配对结构。如果不是，DNA 聚合酶将其切除并用正确的碱基将其替代。这样，DNA 的复制就能很精确地被完成，同时也使每一个子代染色体与亲本 DNA 之间完全保持一致。

DNA 复制原理已被成功地运用于体外复制。聚合酶链反应（polymerase chain reaction，PCR）即是利用这一原理发展起来的。

2. 遗传信息的传递

DNA 的复制使遗传信息从上一代传递到下一代成为可能。图 1-6 所示的是一个拥有单链环状染色体的细菌，其细胞 DNA 的复制先于细胞的分裂，所以每个子代细胞都能获得一个与亲本 DNA 完全相同的染色体。另外，在进行着新陈代谢的细胞中，DNA 中的遗传信息也以另外的一种方式传递，它首先

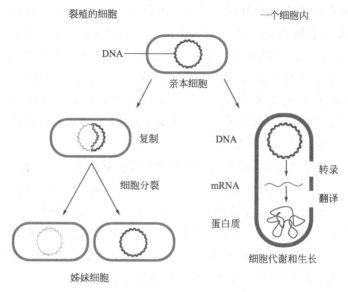

图 1-6　遗传物质传递的两种方式

被转录成 mRNA，然后再翻译成蛋白质。其转录和翻译的过程将在后面的部分讲述。

通过 DNA 的复制，遗传信息能够在细胞代间传递。在细胞内部，遗传信息也被用来合成细胞活动所需的蛋白质，此时，遗传信息通过转录和翻译的过程进行传递。

第三节　RNA 和蛋白质合成

在转录过程中，DNA 的遗传信息被复制或者转录成与之互补的 RNA 碱基序列，然后再通过翻译过程将编码在该 RNA 中的遗传信息合成特定蛋白质。

一、转录

转录是在一个 DNA 模板上合成一个与之互补的 RNA 链。在细菌细胞里有三种形式的 RNA：信使 RNA（mRNA）、核糖体 RNA（rRNA）和转运 RNA（tRNA）。核糖体 RNA 是构成核糖体（ribosome）的主要部分，核糖体是合成蛋白质的细胞器。转运 RNA 也参与了蛋白质的合成，这一点将在后面讲到。

在转录过程中，一个 mRNA 链是以基因组的一个特定基因为模板合成的。换言之，储藏在 DNA 碱基序列当中的遗传信息被重写，所以同样的遗传信息就被储存到了 mRNA 的碱基序列当中。在 DNA 复制的时候，DNA 模板上的 G 在 mRNA 上意味着 C，DNA 模板上的 C 在 mRNA 上与之对应的就是 G，DNA 模板上的 T 在 mRNA 上与之对应的就是 A。然而，DNA 模板上的 A 在 mRNA 上与之对应的却是 U（尿嘧啶），因为在 RNA 中，U 代替了 T（U 有一个稍微不同于 T 的化学结构，但是它却以同样的方式进行碱基配对）。例如，如果模板 DNA 的一部分碱基序列为 ATGCAT，那么新合成的 mRNA 链将有与之互补的碱基序列即 UACGUA。

　　转录过程要求有 RNA 聚合酶的存在和核糖核苷酸的供应（图 1-7）。转录开始时，RNA 聚合酶与 DNA 上的启动子（promoter）区域相结合。在互补碱基配对的原则下，RNA 聚合酶将游离的核苷酸有序地排列到一条新链上去。新 RNA 链增长的同时，RNA 聚合酶也沿着 DNA 链移动。当 RNA 聚合酶遇到了 DNA 链上的终止子（terminator）时，RNA 合成结束。此时 RNA 聚合酶和新合成的单链 mRNA 从 DNA 链上释放出来。

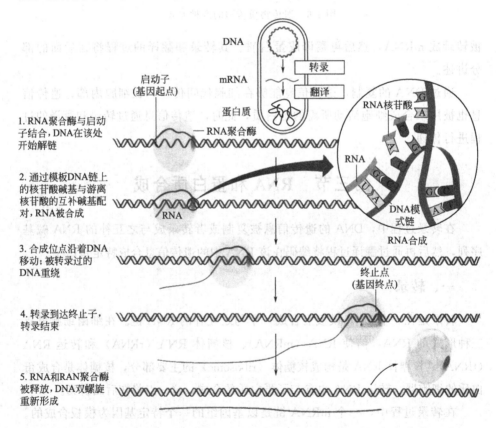

图 1-7　转录过程

转录过程允许细胞产生短期的基因拷贝，以便于能够用于蛋白质合成的直接信息来源。mRNA 充当着 DNA 和信息的运用过程即翻译之间的媒介。

图 1-7 显示了细胞内部所有的遗传信息传递和转录之间的关系。转录是指将 DNA 中的遗传信息拷贝或转录成一个与之互补的 RNA 碱基序列。

二、翻译

从以上所述的转录过程中，可以看到 DNA 的遗传信息是怎么转变成 mRNA 的。以下将讲述一下 mRNA 是怎么被用于蛋白质合成的信息来源的。蛋白质合成之所以被叫作翻译，是因为它包括解码核苷酸语言并将这些信息又转变成了蛋白质语言。

mRNA 语言是以密码子的形式存在的，该密码子由三个核苷酸组成，例如 AUC、CGC、AAA 等。一个 mRNA 分子上的密码子序列决定着被合成蛋白质的氨基酸序列。每一个密码子编码一个特殊的氨基酸，这就是遗传密码（图 1-8）。

在 mRNA 里，密码子根据它们的碱基顺序进行书写。可能的密码子有 64 种，但是却只有 20 种氨基酸，这意味着大部分氨基酸合成时有几个密码子可供选择，是一种涉及密码子简并性的情况。例如亮氨酸有六个密码子，丙氨酸有四个密码子。在不影响蛋白质最终生成的前提下，简并允许一定程度的 DNA 改变或者变异。

在 64 个密码子里，61 个是有义密码子，3 个是无义密码子。有义密码子编码氨基酸，无义密码子（也叫终止密码子，stop codon）则不编码氨基酸。更确切地说，无义密码子是蛋白质分子合成的终止信号。引导蛋白质分子合成的起始密码子（start codon）是 AUG，该密码子也是合成蛋氨酸的密码子。起始的蛋氨酸有时在后加工过程中被去掉，所以不是所有成熟的蛋白质的氨基酸链都是以蛋氨酸开始。mRNA 的密码子通过翻译被转变成了蛋白质。mRNA 的密码子被连续地读取，合适的氨基酸是被携带到翻译位点并组装到正在增长的氨基酸链上。翻译位点就是核糖体，tRNA 既能识别特殊的密码子又能运输必需的氨基酸。需要指出的是，并不是所有的微生物细胞或所有的基因都使用 AUG 作为起始密码子。在特殊情况下，一些微生物使用的密码子的编码氨基酸意义也可能与图 1-8 中不一致。这些需要在今后的学习中慢慢积累相关知识。

每一个 tRNA 分子是一个反密码子——一个与密码子互补的三碱基序列。这样，一个 tRNA 分子就能与它相关的密码子进行碱基配对。每一个 tRNA

	U	C	A	G	
U	UUU 苯丙氨酸 UUC 苯丙氨酸 UUA 亮氨酸 UUG 亮氨酸	UCU UCC UCA 丝氨酸 UCG	UAU 酪氨酸 UAC 酪氨酸 UAA 终止点 UAG 终止点	UGU 半胱氨酸 UGC 半胱氨酸 UGA 终止点 UGG 色氨酸	U C A G
C	CUU CUC CUA 亮氨酸 CUG	CCU CCC CCA 脯氨酸 CCG	CAU 组氨酸 CAC 组氨酸 CAA 谷氨酰胺 CAG 谷氨酰胺	CGU CGC CGA 精氨酸 CGG	U C A G
A	AUU AUC 异亮氨酸 AUA 异亮氨酸 AUG 蛋氨酸/起点	ACU ACC ACA 苏氨酸 ACG	AAU 天冬酰胺 AAC 天冬酰胺 AAA 赖氨酸 AAG 赖氨酸	AGU 丝氨酸 AGC 丝氨酸 AGA 精氨酸 AGG 精氨酸	U C A G
G	GUU GUC GUA 缬氨酸 GUG	GCU GCC GCA 丙氨酸 GCG	GAU 天冬氨酸 GAC 天冬氨酸 GAA 谷氨酸 GAG 谷氨酸	GGU GGC GGA 甘氨酸 GGG	U C A G

图 1-8 遗传密码子表

能够在它的另一端携带由 tRNA 识别的密码子编码的氨基酸。核糖体的功能是指导 tRNA 和密码子有秩序地结合并将氨基酸装配到一个新链上，最终形成蛋白质。图 1-9 显示了翻译过程的细节。①必需的成分组合是两个核糖体的亚单位、mRNA 的翻译和几个额外的蛋白质因子。这些成分组合将起始密码子 AUG 设立在合适的位置上，从而使翻译开始进行。②第一个 tRNA 连结的启动密码子是蛋氨酸。③当 tRNA 结合第二个密码子进入核糖体，其携带的反密码子必须与 mRNA 密码子互补，第一个氨基酸被核糖体转移。④核糖体用肽键把两个氨基酸连接后，空载的 tRNA 从核糖体中脱落。⑤核糖体沿

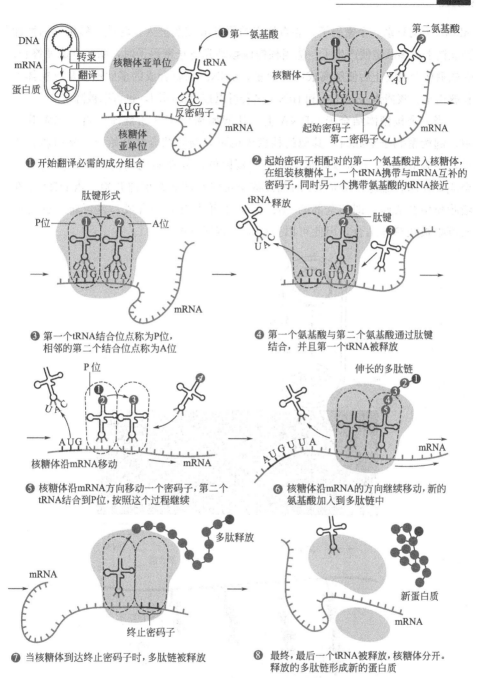

① 开始翻译必需的成分组合

② 起始密码子相配对的第一个氨基酸进入核糖体，在组装核糖体上，一个tRNA携带与mRNA互补的密码子，同时另一个携带氨基酸的tRNA接近

③ 第一个tRNA结合位点称为P位，相邻的第二个结合位点称为A位

④ 第一个氨基酸与第二个氨基酸通过肽键结合，并且第一个tRNA被释放

⑤ 核糖体沿mRNA方向移动一个密码子，第二个tRNA结合到P位，按照这个过程继续

⑥ 核糖体沿mRNA的方向继续移动，新的氨基酸加入到多肽链中

⑦ 当核糖体到达终止密码子时，多肽链被释放

⑧ 最终，最后一个tRNA被释放，核糖体分开。释放的多肽链形成新的蛋白质

图 1-9 翻译过程

翻译的目的是通过利用携带生物信息的 mRNA 来生成蛋白质。此图显示了 tRNA 和核糖体在传递信息中的作用。核糖体是 mRNA 结合的部位，在这里单个的氨基酸被连成多肽链。tRNA 充当转移子的作用，每一个 tRNA 单一识别特殊的 mRNA，并且另一端携带相应的氨基酸

mRNA方向移动一个密码子。⑥当相应的氨基酸按照进入、转肽、移位逐渐增加到肽链上，多肽链便产生了。⑦当核糖体移动到终止密码子时，肽链合成便终止。⑧核糖体合成终止后便解离成两个亚基，mRNA和新合成的多肽链便从核糖体上释放出来。核糖体、mRNA和tRNA接着可以被重复利用，也可以被降解。

当一个核糖体结合于mRNA上，从起始密码子开始翻译；当合成多肽链中，起始密码子空载时，其他的核糖体也可以与其结合并开始合成蛋白质。所以，一条mRNA上可以同时结合多个核糖体，并在不同的阶段进行蛋白质的合成，在原核细胞中mRNA的翻译甚至可以在转录结束前开始。当mRNA在细胞质中合成时，即使全部的mRNA分子并没有完全合成，其可转录密码子已可以被核糖体结合，因此可以边转录边翻译（图1-10）。

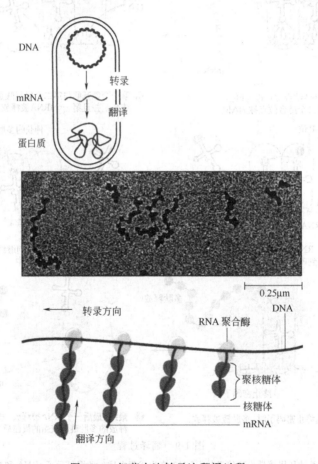

图1-10　细菌中边转录边翻译过程

本图显示了在一个单个细菌中的转录和翻译过程。大量的mRNA分子同时进行转录和翻译。最长的mRNA分子在启动子上第一个被转录。注意核糖体与新合成的mRNA的连接。新合成的多肽链没有显示

总之，基因作为生物遗传信息，是由 DNA 中核苷酸序列编码，并通过转录和翻译过程使基因获得表达，从而在细胞中形成相应的产物。DNA 指导 mRNA 的合成即转录，然后通过翻译，mRNA 引导氨基酸相应地连接到 mRNA 上形成多肽链：mRNA 连接到核糖体上，tRNA 通过其反密码子与 mRNA 密码子配对转运氨基酸，在核糖体上装配成肽链，从而合成新的蛋白质。

第四节　基因表达规则

细胞可以进行众多的代谢反应（metabolic reaction）。所有代谢反应的共同特征是反应由特定酶分子催化进行。细胞不同的生理过程要求有不同的代谢谱（metabolic pattern），也即要求有不同的酶分子组，即不同的转录组（transcriptome），因此，基因的转录与翻译是在受控状态下进行的。

由于基因通过转录、翻译指导蛋白质的合成，许多的蛋白质又都是作为细胞新陈代谢所需要的酶，因此，细胞基因特征和代谢特征是紧密相联、息息相关的。由于蛋白质（酶）的合成需要消耗大量的能量（ATP），因此蛋白质合成的调节对于细胞的能量代谢是非常重要的。细胞通常只在需要的时刻才合成这些蛋白质，从而来保留能量。下面将分析一下细胞是怎样通过酶的合成来调节代谢反应的。

许多基因（60%～80%）的转录和翻译为维持细胞基础生命状态所必需，是细胞整个生命活动中都必须存在的，人们常常将这部分基因的转录和翻译归类为不可以进行调节的，即它的产物是在固定的速度下不断合成的。另有一些酶的合成是受调节控制的，只是在细胞需要时才开始合成。需要指出的是，酶的合成的可调节性是一个相对概念。严格意义上，几乎所有的酶的合成都会是在一定的控制模式下进行的。

一、诱导和阻遏

基因控制机理如诱导和阻遏，都是由 mRNA 的转录调节和随后的酶的合成调节来完成的。这些调节控制的是特定酶的合成和合成数量，而不是酶的活性。

1. 阻遏

阻遏的调节作用是阻止基因表达和降低酶的合成。阻遏通常是一个代谢途径的最终产物过量引起的反馈抑制。根据酶的合成途径而引起相应酶合成速度的减少。阻遏是通过阻遏蛋白控制调节基因转录中的 RNA 聚合酶的识别和结合起始位点来完成的（图 1-11）。

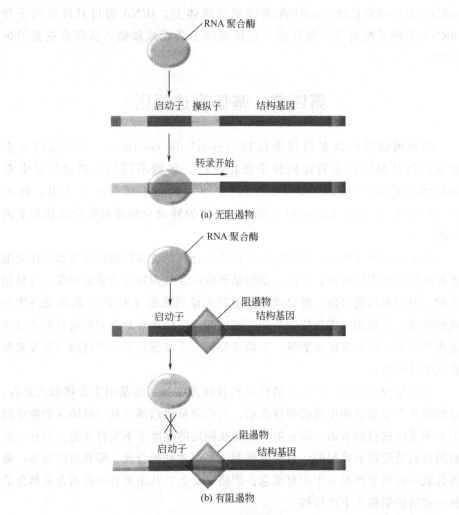

图 1-11　一种阻遏模式

当阻遏蛋白存在时它既阻止 RNA 聚合酶与启动子连接，也阻止其在 DNA 中的前进。在任何情况下，阻遏蛋白都能有效地阻止基因的转录。

2. 诱导

诱导是指启动转录基因开始转录的过程。引起基因开始转录的物质称为诱导物。在相应的诱导物存在的情况下才能合成的酶称为诱导酶。大肠杆菌中的 *β*-半乳糖苷酶是典型的诱导酶，受乳糖诱导物的调控。这是因为在大肠杆菌中存在一个可以把乳糖分解成葡萄糖和半乳糖的酶，由 β-半乳糖苷酶基因编码。当大肠杆菌在没有乳糖的培养基生长时，菌体内几乎没有 β-半乳糖苷酶。但是，当大肠杆菌以乳糖为碳源进行生长时，细胞中将产生大量的这种酶。乳糖及其衍生物被证实是这个基因的诱导物。乳糖的存在直接诱导细胞合成大量的酶。这种基因水平的控制反应被称为酶的诱导。

二、基因表达的操纵子学说

通过诱导和阻遏控制基因表达在已提出的操纵子学说中得到了描述。1961

(a) 操纵子的结构。*E.coli*的DNA分子片段显示了基因与乳糖代谢息息相关的。除了启动基因和操纵基因外，还包括三个结构基因，*Z*、*Y*和*A*，分别编码 β-半乳糖苷酶、通透酶和转酰酶三个酶。调节基因(*I*)在启动基因的前面(大部分与启动子有一段距离)

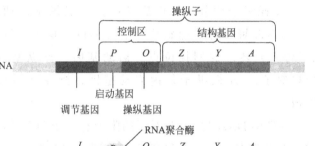

(b) 不存在乳糖时操纵子的调控模式(阻遏)。阻遏蛋白与操纵基因结合，阻止转录的开始

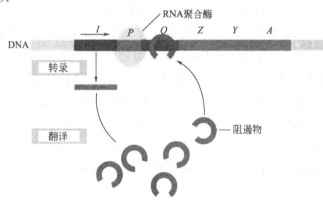

(c) 当存在乳糖时操纵子的调控模式(诱导)。当诱导物异乳糖与阻遏蛋白结合，失去活性的阻遏蛋白不再阻止转录的进行，结构基因开始转录，最终产生乳糖代谢需要的三种酶

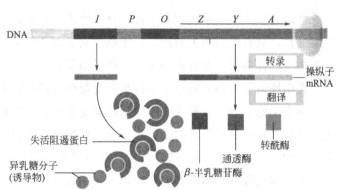

图 1-12 *lac* 操纵子

此图为一组带有控制乳糖代谢的启动基因、操纵基因和结构基因的操纵子

年 Francois Jacob 和 Jacques Monod 根据当时蛋白质合成的调节的相关研究，提出了"操纵子（operon）学说"。他们主要研究大肠杆菌中乳糖代谢中酶的诱导而建立了这个学说，除了 β-半乳糖苷酶外，还包括通透酶（用于把乳糖转运到细胞内）和转酰酶（优先利用分解双糖）。

这些包括吸收和利用的三个酶的编码基因在细菌染色体上是按顺序连接在一起的，并共同调节的 [图 1-12(a)]。决定蛋白质结构的基因被称为结构基因，以便与那些 DNA 上的调节基因相区别。当乳糖存在时，lac 结构基因全部迅速并同时转录和翻译。

lac 操纵子调节区域由启动基因和操纵基因两段 DNA 组成。启动基因是 RNA 聚合酶的起始转录附着部位，操纵基因调控 RNA 聚合酶启动（或停止）转录的调控位点。启动基因、操纵基因和若干个结构基因构成操纵子。lac 操纵子是由启动基因、操纵基因和三个相关的结构基因组成。

在细菌 DNA 的 lac 操纵子的附近有一个调节基因（lacI）编码一种蛋白质叫阻遏蛋白 LacI。当乳糖不存在时，阻遏蛋白与操纵基因紧密结合 [图 1-12(b)]，就挡住了 RNA 聚合酶的去路，转录不能启动，导致没有相应的 mRNA 和酶的合成。但当乳糖存在时，一部分被转运到细胞内，并被转化成诱导物异乳糖 [图 1-12(c)]，诱导物与阻遏蛋白结合，使阻遏蛋白不能起到阻挡操纵基因的作用，RNA 多聚糖则顺利通过操纵基因区域，将结构基因转录为 mRNA，并进一步翻译成相关的酶。这就是为什么只有乳糖存在时，酶才能合成的原因。乳糖是酶合成的诱导物，而 lac 操纵子则是诱导型操纵子。

在阻遏型操纵子中，需要一种小分子物质的存在，这种小分子物质被称为辅阻遏物，只有与阻遏蛋白结合后才能结合到操纵基因上使之处于阻遏状态。生物体中的许多共同合成途径具有这种阻遏调控机制。

乳糖操纵子的调节同样受培养基中葡萄糖含量的影响，这主要是受 cAMP 的含量水平的影响。分解葡萄糖的酶是固定合成的，细胞可以在以葡萄糖作为碳源的培养基上达到最快的生长速度。当葡萄糖不再被利用时，细胞相应地产生 cAMP，cAMP 与 CAP 结合，也可以与操纵子结合，有利于进行转录。当所有条件都具备时，结构基因开始转录，细胞就可以在乳糖培养基中生长。因此，lac 操纵子同时需要乳糖和葡萄糖的存在。大肠杆菌在葡萄糖和乳糖上的生长曲线如图 1-13 所示。

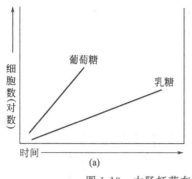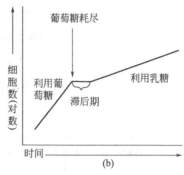

图 1-13　大肠杆菌在葡萄糖和乳糖上的生长曲线

直线越陡说明生长速度越快。（a）细菌在以葡萄糖作为唯一碳源的时候生长的比在乳糖上的快；
（b）细菌在同时含有葡萄糖和乳糖的培养基上生长时总是优先利用葡萄糖，然后经过一个滞
后期后再利用乳糖，在这个滞后期细胞内的 AMP 循环增加，乳糖操纵子被转录，
更多的乳糖进入了细胞，分解乳糖的 β-半乳糖酶被合成

第五节　微生物遗传育种技术简介

从野生型的细菌或真菌可以选育出具有专门用途的工业微生物，但通常须改变其遗传信息，以弱化或消除不好的性状，加强好的特征或引入全新的特性。以下几类实验技术常用于引起这些变化的发生。

一、诱变育种

利用自发突变原理，让微生物接触到诸如紫外线辐射、电离辐射（X 射线、γ 射线或中子）和许多能与 DNA 碱基反应，或干扰 DNA 复制的各类诱变剂，将突变频率增加 1000 倍以上，再配以有效的培养选择，就可能获得性状与生产特性显著提高或改善的新菌株。

非常优秀的工业生产菌株，是连续经过许多次的突变和筛选而发展出来的。每一次，菌株先用一种诱变剂处理，再取几千至上万个所得到的菌落来检测；当一株突变种的产量有显著的增加时，就拿来当作下一次诱变和筛选的出发点。用这种方法，以人为方式引导微生物的进化，直至发展出产量具有经济价值的生产菌株为止。

这种选育工作缓慢而且属于劳动密集型，并且结果也是无法预测的，因为产量不仅受生产菌基因的影响，也受培养条件的强烈影响，因此仿真的工业化生产试验必不可少。像目前几种抗生素生产菌都是经过多个研究单位数十次选育才发展出来的（图 1-14）。

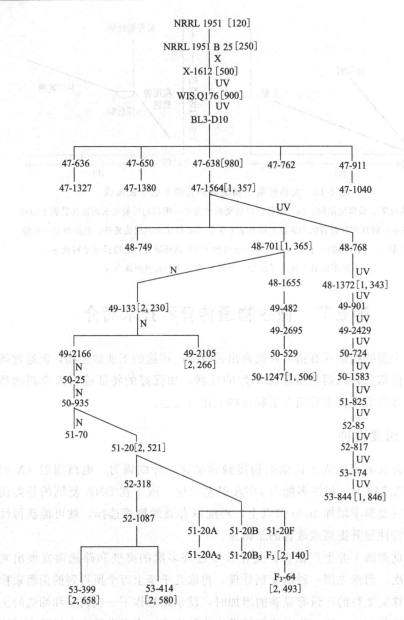

图 1-14　青霉素生产菌株的诱变育种

二、基因重组育种

重组是遗传育种的另一种基本方法，是基因或部分基因的重新排列。通过重组能将两种或两种以上生物的遗传信息一起置于一个宿主细胞中，创建具有目的特性的重组株。同源重组是具有相似的 DNA 碱基顺序的细菌或真核细胞的染色体，由于某种交配过程，借着 DNA 的剪接而交换相对应的部分。以真核生物来说，有性生殖是提供一种重新分配的过程，使来自两个个体的两套染色体"杂交"。

通常亲缘近的生物之间才能杂交成功。然而，不同生物之间重组的天然屏障常常可以以原生质体的制备来打破。原生质体就是将细菌或真菌细胞剥去外层细胞壁，而暴露出薄薄的细胞膜。由于各种生物的细胞膜成分大致相同，因此能诱导彼此互相融合成杂种细胞，使它们的基因得以重组。对于同种之间难于实现自然接合的微生物，原生质体融合也是一种增加重组频率的有效技术。链霉菌中的许多种就是如此。两种链霉菌之间的融合效率之高，可达到整个群落中至少有 1/5 的细胞有新的基因组合。利用这种方法，就应该有可能一步把各菌种与经过数次突变和选择所辛苦累积来的抗生素高产量的突变基因结合在一起。

三、重组 DNA 技术

同源重组导致相应一段 DNA 链相互的交换，另一类型的重组是在微生物已有的 DNA 上增加新的 DNA，这种方式之一就是质粒的转移。质粒是细菌和某些酵母菌染色体外的小型环状 DNA 分子，它们能在宿主细胞里自我复制，由子细胞继承。质粒通常带有赋予细菌特有性能的基因，它们可以从菌株转到另一无亲缘关系的菌株，有时还可以转到不同的种，而导入全新的遗传特性。

从一个菌种中分离质粒 DNA 并诱导和转入另一个菌种的宿主细胞是操纵重组 DNA 的基础。来自无亲缘的生物，或者人工合成的基因，都可以剪接到质粒上，然后把质粒引入新的微生物宿主中。这些质粒基因是受体细胞中崭新的对应物，原来它们不能通过同源重组稳定地遗传，但用质粒作媒介，这些基因可以跟着质粒的复制，一代接一代无限制地遗传下去。有些"温和性"噬菌体的 DNA 也能作为媒介，只要它们能感染微生物而又不杀死宿主就可以遗传下去。

重组 DNA 的目标是利用微生物生产本来不会合成的蛋白质，比如某种酶或激素。基本的观念是将具备能够合成某一产品的个别基因转移到一种宿主微生物中，然后大量培养此微生物以形成产品。目前几乎都用大肠杆菌作为过渡宿主细胞；与此相配的是，一些适合大规模工业化生产目的的新型宿主细胞也已经成功建立起来。重组 DNA 的另一目标是将现有的工业菌株予以改良，不是引进全新的遗传能力，而只用修改遗传信息的方式也能够改良现有菌株的效率。

能识别 DNA 中特定序列并可对 DNA 特定碱基对切割的限制性内切酶，可以把巨大的 DNA 分子（如染色体中的 DNA）切割成许多小片段。这些酶中有的会切割出带有"黏性末端"的片段，将它们连接到同种酶切割（因此有相配的末端）的质粒（或噬菌体）内，由此得到的重组（体外重组，*in vitro recombination*）质粒通过转化引进大肠杆菌中，然后从带有重组质粒的细菌克隆株中筛选需要的菌株。

用遗传方式改良现有的菌种，特别适用于抗生素和生物碱这类不是直接由基因转译，而是经由许多基因产物（酶）合成的物质。改造现有工业菌株的遗传信息，例如可以多添加一个拷贝的基因来畅通一个代谢瓶颈的流量；或者把一种新酶提供给微生物，将改变天然代谢物成为人们所需要的产品。这一过程，被称之为代谢工程（metabolic engineering）。

重组 DNA 技术有一个特别令人兴奋的用途，就是定位突变（site-directed mutation）。自发突变甚至诱发突变的盲目性质，使人们很难找到在 DNA 的特定位置上发生改变的突变种。如果人们需要的是缺乏某一种酶的营养异株时，倒没有什么大问题，因为诱变的目标相当大，整个基因的数百个碱基对中，任何一对发生改变都能使基因失去活性。但是，要有计划地改变基因上特定的部位，以改良它的功能（例如改变启动区中某一特殊的碱基对，以增加转录效率），则困难多了。现在基因可以从一个克隆体中分离出来，它的 DNA 顺序可以在细胞外用特殊的化学处理来改变，然后这个基因可以重新引入寄主中，依赖同源重组把细菌的基因用修饰过的基因换下来。同样，重组 DNA 技术还用来对特定基因进行删除（disruption 或 deletion）。

工业微生物遗传学现在已经成熟。现有的一系列遗传育种技术，都是以前所无法想象的。这些技术包括定位突变、原生质体技术，以及整套的 DNA 重组技术。此外，计算科学技术、信息科学技术、化学合成与组合技术、组学科学技术、共栖基因组（metagenome）科学技术等在工业微生物育种中得到了极大的应用。智能地单独或合并应用这些技术，必能为人类对微生物多姿多彩的生化特性有更深入的了解，进而予以改变并有效地利用，也为工业生物技术的第二个春天的来临注入新的活力。

第六节 微生物菌种选育的简史

微生物是经长期进化才达到适合其生存与繁殖的要求。野生型的细菌或酵母细胞经天择而能密切地适应环境并与其他物种竞争，但并不会碰巧适于制造人类所要的物质。现代工业微生物学所要获得的是一些畸形的微生物。这些经过遗传育种后的微生物能够生产大量的正常代谢物（其量之多，对野生型微生物的能源和营养而言是一种沉重的负担），甚至制造出本来无法生产的物质。从这一意义上讲，工业生产上应用的每一个微生物细胞又是一座最小的工厂。

一、工业微生物育种的简史

人类在一百多年前以纯株培养的方式，分离出能制造有用物质的细菌和真菌，才开始有可能选出适用于特定需要的菌株，这是控制及改良微生物的起步。有目标地培育特殊的工业用菌种，则等到人们对微生物遗传学有了一些了解以后，才成为可能。

首先是发现某些突变的机制，亦即遗传信息的基本单位——基因的突然改变成为新的形式。而早在 1927 年，就已经可以在实验室用 X 射线诱发出突变；1945 年以后，发现了各种强力的诱变性辐射线和化学诱变剂，更为微生物学家提供了一套有效的工具，来改变菌种的遗传成分。1940 年中期遗传学方面的进展，使人们能够重组两种或两种以上微生物的基因，而改组它们的遗传信息。对这些过程的进一步了解，促使微生物遗传学和分子生物学至今仍继续地蓬勃发展。

第二次世界大战之后的几年，发酵工业的生产规模和生产量都因抗生素的工业生产而起了重要的变化。青霉素早在战时就已经制造了，之后又持续开发许多对抗各种细菌性和真菌性疾病的新抗生素。而后新的发酵方法，让微生物生产其他的纯化学物质，如氨基酸和核苷酸，这些化学物质无法经济地用野生型菌生产。它们的工业生产仰赖代谢的调控，于是新的发酵工业乃与微生物遗传学这门新科学平行发展起来。

1973 年，有关重组 DNA（recombinant DNA）和分子克隆（molecular cloning）的实验成功后，工业微生物育种技术及其应用进入高速发展和成果形成阶段。新发展出来的这种技术原则上能把任何来源的基因转移到各种微生物中。这些遗传工程技术是揭示基因结构和功能的有力实验工具。它们在工业微生物育种上也有无限的潜力，不仅能培育生产人体胰岛素或生长激素这些新的发酵产品的工业菌株，也能有计划地发展更适于生产传统发酵产品的新菌株。现在，以新型微生物工业菌株为基础，以发酵工程为背景的新一代工业生物技术的重点已经转向人类最关心的资源、能源和环境三大主题。以优良的微生物工业菌种为基础的工业体系已经渗透到食品、医药、化工、能源、新材料、环境保护等各个领域，并且已经建立起不可替代的巨大作用。

二、与工业微生物育种有关的重要发现与成就

在工业微生物育种的发展过程中，有一些重要的发现与成就如表 1-1 所示。

表 1-1　与工业微生物育种有关的重要发现与成就

年　　代	人或单位	发现与成就
1684 年	安东尼·封·列文虎克(Antoni van Leeuwenhock)	发现细菌
1826 年	索多·施旺(Theodor Schwann)	酒精发酵由酵母菌引起
1857 年	路易·巴斯德(Louis Pasteur)	乳酸发酵的微生物学原理
1860 年	路易·巴斯德	酵母菌在酒精发酵中的作用
1866 年	路易·巴斯德	低温灭菌法
1881 年	罗伯特·科赫(Robert Koch)	研究纯培养细菌的方法
1884 年	罗伯特·科赫	科赫原则
1884 年	克里斯亭·格兰(Christian Gram)	革兰染色方法
1889 年	马尔亭乌斯·贝叶林克(Martinus Beijerinck)	病毒的概念
1917 年	费里斯·修伯特·代列尔(Félix Hubert D'Herelle)	噬菌体
1928 年	佛雷德里克·格里佛(Frederick Griffith)	肺炎球菌的转化
1929 年	阿列克山德尔·弗来明(Alexander Fleming)	青霉素
1940 年	乔治·威尔·比德尔(George Well Beadle) 爱德华·塔特姆(Edward Tatum)	红色脉孢菌的突变
1943 年	马克斯·德尔布鲁克(Max. Delbruck) 沙瓦多·爱德华·卢里亚(Salvador Edward Luria)	细菌的突变
1944 年	奥斯瓦尔德·阿佛雷(Oswald Avery) 科林·马克聊德(Colin Macleod) 马克林·马克卡提(Maclyn McCarty)	证明 DNA 是遗传物质
1944 年	赛曼·瓦克斯曼(Selman Waksman) 阿尔伯特·斯卡兹(Albert Schatz)	链霉素
1946 年	爱德华·塔特姆(Edward Tatum) 约夏·来德伯尔格(Joshua Lederberg)	细菌的接合
1951 年	巴巴拉·麦克林托克(Barbara McClintock)	可转座因子
1953 年	詹姆士·沃森(James Watson) 佛兰西斯·克里克(Francis Crick) 罗莎林·佛兰克林(Rosalind Franklin)	DNA 的结构
1958 年	M. Meselson, F. W. Stahl	证明大肠杆菌的半保留复制
1959 年	阿苏尔·帕地(Arthu Pardee) 佛兰可依斯·雅可布(Francois Jacob) 雅奎斯·莫诺(Jacques Monod)	基因受阻遏蛋白调控

续表

年 代	人或单位	发现与成就
1959 年	F. 马克发兰·伯内特(F. Macfarlane. Burnet)	克隆选择理论
1960 年	佛兰可依斯·雅可布(Francois Jacob) 戴维·佩林(David Perrin) 卡芒·桑切兹(Carmon Sanchez) 雅奎斯·莫诺(Jacques Monod)	操纵子概念
1966 年	马歇尔·雷仑伯格(Marshall irenerg) H. 哥宾·科拿那(H. Gobind Khorana)	遗传密码
1969 年	哈沃·泰明(Howard Temin) 戴维·巴尔迪摩(David Baltimore) 雷那托·丢贝可(Renato Dulbecco)	反转录病毒和反转录
1970 年	哈密尔顿·斯密斯(Hamiton Smith)	识别限制性内切酶的作用
1975 年	乔治·可雷尔(Georges Kohler) 塞莎尔·密尔斯泰因(Cesar Milstein)	杂交瘤技术
1977 年	卡尔·沃斯(Carl Woese) 乔治·霍克斯(George Fox)	古细菌
1977 年	佛里德·桑格尔(Fred Sanger) 斯梯文·耐科伦(Steven Niklen) 阿兰·考尔松(Alan Coulson)	DNA 序列分析
1988 年	卡里·莫里斯(Kary Mullis)	聚合酶链反应
1995 年	克拉依格·凡特尔(Craig Venter) 哈密尔顿·斯密斯(Hamilton Smith)	细菌基因组的完整序列
1999 年	基因组研究所等 (The Institute for Genomic Research,TIGR and other)	百余种微生物基因组序列

复习思考题

① 查阅有关资料后请回答：

a. 大肠杆菌、酿酒酵母和黑曲霉的基因组各有多大？

b. 这三种生物都含有烯醇化酶（enolase）基因，请找出各自的烯醇化酶基因，并比较其异同。

② 在体外（如试管中）利用 DNA 聚合酶进行 DNA 合成时需要添加哪些成分。

③ 大肠杆菌的转录终止子有哪些种类，各有什么特点。蛋白质翻译的终止密码子有哪几种？

④ 用基因工程手段将一个大肠杆菌的乳糖操纵子的阻遏蛋白基因敲除后，这一大肠杆菌的 β-半乳糖苷酶基因是否在任何情况下都表现为高水平的转录。

⑤ 基因发生移框突变后，基因编码的蛋白质一般是变得更短还是更长，为什么？

⑥ 请设想一种利用转座子向工业微生物菌种中导入外源基因的方案。

第二章 基因突变及其机制

突变泛指细胞内（或病毒颗粒内）遗传物质的分子结构或数量突然发生的可遗传的变化，它是一种遗传状态，往往导致产生新的等位基因及新的表现型。突变是工业微生物产生变种的根源，是育种的基础，但也是菌种发生退化的主要原因。基因突变作为重要的遗传学现象，是一切生物变化的根源。自然界形形色色的菌种是生物长期进化，即通过变异和自然选择的结果。基因突变连同基因转移、基因重组一起构成生物进化的原动力，提供了推动生物进化的遗传多变性。

本章将介绍各种基因突变的类型、基因突变的一般规律、各种引发基因突变的突变剂和作用机制，以及各种 DNA 损伤的修复和突变的形成过程。

第一节　突变类型和基因符号

核酸是遗传的物质基础，生物体中任何遗传物质的分子结构或数量突然发生的可遗传的变化都会导致新的遗传状态，即突变（mutantion）的发生。也就是说可以通过复制而遗传的 DNA 结构的任何永久性改变都叫突变。携带突变的生物个体或群体称为突变体（mutant），由于突变体中 DNA 碱基序列的改变，所产生新的等位基因及新的表现型称为突变型，相应的没有发生突变的基因型或表现型称为野生型（wild type）。需要指出的是，所谓野生型是指生物体的正性状，例如具有分解某种底物的能力、能够合成某种物质（如氨基酸）的能力。在大多数情况下从自然界中分离得到的生物体都具有这种正性状，但并非总是如此，例如大家熟悉的大肠杆菌（*Escherichia coli*）的 *lac* 基因，通常从自然界中分离到的 *E. coli* 都是 *lac*$^-$，即不能利用乳糖的类型。但人们仍然将 *lac*$^+$ 称为野生型，而将 *lac*$^-$ 称为突变型。因此对于野生型这一名称的理解只要遵循上述定义，就不会望文生义了。

一、基因符号

如何表示野生型和突变型的表现型和基因型呢，也就是基因符号的命名规则和表示方法的问题。最初的基因符号是以代表某一性状的英文名称的第一个大写字母来表示的，1966 年 M. Demerec 等提出大肠杆菌的基因命名原则，经过几十年遗传学家的约定俗成，发展成包括 18 种模式生物的与细菌规则大同而各有小异的《TIG 遗传命名指南》，采用统一的命名规则。即某个基因的名称是根据该基因突变后的表现型效应来命名的，所有基因型名称均用三个小写的斜体字母来表示，而其后的大写斜体字母表示具体基因。所有的表现型均用三个正体的字母表示，其中首字母大写，如表 2-1 所示。

表 2-1　表现型和基因型的表示方法

表现型或基因型	表 示 符 号
表现型	
具有合成或利用某种物质的能力	Sub^+
缺乏合成或利用某种物质的能力	Sub^-
具有对某种抗生素的抗性	Ant^r
具有对某种抗生素的敏感性	Ant^s
基因型	
能够合成或利用某种物质的野生型基因	sub^+
影响合成或利用某种物质的突变基因	sub^-
突变的 *subA* 基因	$subA^-$
subA 基因的 63 号突变	*subA63*
具有温度敏感表型的 *subA* 基因突变	*subA(Ts)*

①　每个基因座（locus）用斜体小写的三个英文字母来表示，这三个字母取自表示这一基因的特性的一个或一组英文单词的前三个字母，例如组氨酸基因用 *his*（histidine 的前三个字母），而一些与核糖体的装配、成熟有关的基因，称之为 *rim*，即由 ribosomal modification 的前三个字母组成。某些基因与核糖体中较小的蛋白质亚基有关，称之为 *rps*，它取自 ribosomal protein small 三个单词的第一个字母。

②　产生同一突变表型的不同基因，在三个小写字母后用不同的一个大写斜体字母来表示。例如色氨酸基因用 *trp* 表示，各个色氨酸基因分别用 *trpA*、*trpB* 等表示。

③　同一基因的不同突变位点（mutation site）在基因符号后用阿拉伯数字表示。例如色氨酸基因 *trpA* 的不同位点的突变型分别用 *trpA23*、*trpA46* 等表示。如果突变位点所属的基因不确定，大写字母用一连字符代替。

④　突变型的基因符号用基因座符号加上加号或其他符号来表示。例如在基因符号的右上角加"+"或"−"表示该基因功能存在缺陷，像 *his⁻* 表示组氨酸基因有缺陷，已丧失了合成组氨酸能力的突变型基因；而在在基因符号的右上角加"r"或"s"表示对药物的抗性或敏感性。

⑤　基因表型和产物用相应基因型的正写字母表示，其中第一个字母大写。例如乳糖发酵缺陷性的基因符号是 *lacZ⁻*，其表型符号为 LacZ⁻。

二、突变类型

由于突变的因果、状态、过程诸多方面是既有区别又有联系的，因而实际上突变是无法进行单系统分类的。以下为了阐述上的方便，将从不同的角度对突变进行分类。

（一）按突变发生原因分类

引起突变的物理化学因素多种多样，由此作用而产生的突变过程或作用称为突变生成作用（mutagenesis），简称为突变。如果这一作用是在自然界中发生的，无论是由于自然界中突变剂的作用结果还是由于偶然的复制错误被保留下来都叫做自发突变（spontaneous mutagenesis），通常频率非常低，平均为每一核苷酸每一世代 $10^{-10} \sim 10^{-9}$。

如果突变生成作用是由于人为使用突变剂处理生物体而产生的，则称为诱发突变生成，简称诱变（induced mutagenesis），诱发突变的频率要远远高于自发突变的频率千倍以上。

（二）按变化范围分类

突变可以发生在染色体水平或基因水平，发生在染色体水平的突变称为染色体畸变（chromosomal aberration），发生在基因水平的突变称为基因突变（gene mutation）。

1. 染色体畸变

染色体畸变指的是染色体结构的改变，多数是染色体或染色单体遭到巨大损伤产生断裂，而断裂的数目、位置、断裂端连接方式等造成不同的突变，包括染色体缺失、重复、倒位和易位等。染色体畸变涉及到 DNA 分子上较大范围的变化，往往会涉及到多个基因。对于二倍体的真核生物细胞，这些变化在减数分裂的前期 I 同源染色体配对时会产生光学显微镜下可观察到的图像，分别为缺失环、重复环、倒位环以及十字形图像（图 2-1）。

缺失（deficiency）指的是染色体片段的丢失，这种突变往往是不可逆的损伤，其结果会造成遗传平衡的失衡。

重复（repetition）是指染色体片段的二次出现，这种突变有可能获得具有优良遗传性状的突变体。例如控制某种代谢产物的基因，通过偶然的重复突变，有可能大幅度提高产量。缺失和重复主要是在 DNA 复制和修复的过程中产生错误造成的。

倒位（inversion）则是指染色体的片段发生了 180°的位置颠倒，造成染色体部分节段的位置顺序颠倒，极性相反。

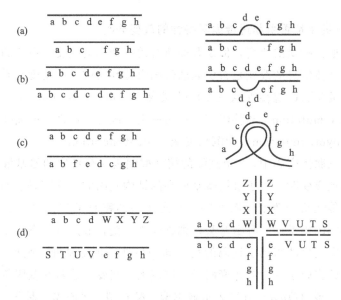

图 2-1　常见的几种染色体畸变及其减数分裂前期 Ⅰ 的染色体图像
(a) 缺失；(b) 重复；(c) 倒位；(d) 相互易位

易位（translocation）是指一个染色体的一个片段连接到另一个非同源染色体上，如果是两个非同源染色体之间相互交换了部分片段则称相互易位。

2. 基因突变

基因突变是指一个基因内部遗传结构或 DNA 序列的任何改变，包括一对或少数几对核苷酸的缺失、插入或置换，分为碱基置换（base pair substitution）和移码突变（frameshift mutation）。

(1) 碱基置换　DNA 链上一个碱基对被另一碱基对所取代叫碱基置换（图 2-2）。单碱基对的置换也称为点突变（point mutation）。碱基置换分转换和颠换，转换（transition）是指 DNA 链中一个嘌呤被另一个嘌呤所置换，或一个嘧啶被另一个嘧啶所置换；而颠换（transversion）是指 DNA 链中一个嘌呤被一个嘧啶所置换，或一个嘧啶被一个嘌呤所置换。在基因突变中转换比颠换更为常见。

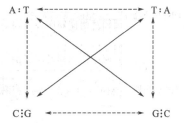

图 2-2　碱基置换的两种类型
对角实线表示转换，纵横虚线表示颠换

(2) 移码突变　在 DNA 序列中由于一对或少数几对核苷酸的插入或缺失而使其后全部遗传密码的阅读框架发生移动，进而引起转录和翻译错误的突变叫移码突变。移码突变一般只引起一个基因的表达出现错误。

（三）按突变是否引起遗传编码特性的改变分类

突变是遗传物质的改变，但是并非所有的突变都会改变蛋白质的氨基酸序列。从突变遗传信息的改变是否引起遗传编码特性的改变的角度来看，可以分为两类。一类是引起遗传性状改变的错义突变（missense mutation）、无义突变（nonsense mutation）和移码突变；另一类不改变遗传性状的突变包括同义突变（synonymy mutation）和沉默突变（silent mutation）。

在遗传三联体密码中，3个连续的核苷酸编码一个特定的氨基酸。当出现碱基置换的点突变时，由于置换碱基所在的结构基因的三联密码子的改变，可能会引起遗传性状的改变（图 2-3）。与野生型的密码子相比较，如果突变后的密码子编码的仍是同一种氨基酸，则称同义突变，显然这与密码子的简并性有关。如果突变后的密码子编码的是不同的另外一种氨基酸，则称错义突变；如果突变后的密码子变为终止密码子，则叫无义突变。通常在基因符号后加写（*Am*）、（*Oc*）或（*Opal*）分别表示琥珀型、赭石型、乳石型三种无义突变。

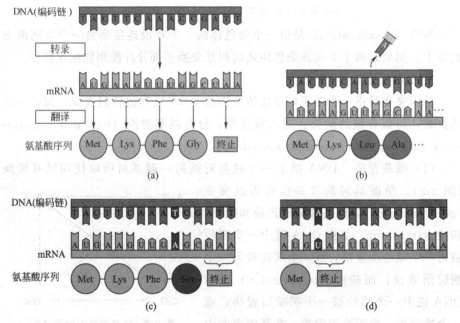

图 2-3　突变类型和对蛋白质的氨基酸顺序的影响

(a) 正常的 DNA 分子；(b) 移码突变；(c) 错义突变；(d) 无义突变

在移码突变中，如果在 DNA 中插入或缺失的核苷酸正好是 3 的整数倍，那么在翻译出的多肽上只是增加或丢失了一个或几个氨基酸，并不完全打乱整个氨基酸序列。但如果突变是由于在 DNA 中缺失或插入非 3 的整数倍的核苷酸而引起的，这种突变不仅能够转移翻译的阅读框，而且可导致突变位点下游的所有氨基酸的变化。在大多数情况下，移码突变不但改变了产物的氨基酸组成，而且往往会出现蛋白质合成的过早终止。

需要指出的是，只有编码蛋白的基因中发生碱基的增加或缺失才会出现移码突变，如若是发生在启动区域，则不是移码突变，但能引起这一基因功能上明显的变化。同样在非阅读框内发生的碱基置换也不会导致错义突变或无义突变。

值得注意的是，突变引起多肽链上氨基酸序列的改变，它能否具有遗传性状的意义，主要取决于这个氨基酸对蛋白质功能的影响大小。如果发生改变的氨基酸恰好是决定多肽链功能的主要氨基酸，那么这种突变会产生明显的表型改变。反之则产生沉默突变，碱基发生改变，造成多肽链上一个氨基酸的改变，但这一氨基酸的变化并不影响多肽链的正常功能，也就是说碱基置换造成的单个氨基酸的取代未发生可检测的表型效应。

虽然同义突变和沉默突变不会导致编码特性的改变，但往往会引起限制酶切割位点的变化，造成 DNA 限制片段长度的多态性。

（四）按突变的表型变化效应分类

突变引起的遗传编码性状的改变是表型效应的基础，表型是基因型和环境综合作用的结果。在二倍体细胞中，突变是发生在显性基因还是隐性基因上，将产生不同的表型效应。以下介绍常见的突变表型变化效应。

1. 形态突变型（morphological mutant）

形态突变型指发生细胞个体形态或菌落形态改变的突变型，是一种可见突变。包括细菌鞭毛、芽孢、荚膜的有无，霉菌或放线菌的孢子的有无或颜色变化，菌落的大小，菌落表面的光滑、粗糙，以及噬菌斑的大小或清晰度等的突变。

2. 营养缺陷型（auxotroph mutant）

野生型菌株由于基因突变而丧失合成一种或几种生长因子的能力的突变株叫营养缺陷型突变株。营养缺陷型突变株不能在基本培养基上正常生长繁殖，只能在补充了相应生长因子的补充培养基上或在含有天然营养物质的完全培养基上才能生长。主要有氨基酸缺陷型、维生素缺陷型和嘌呤嘧啶缺陷型。营养缺陷型突变株在遗传学、分子生物学、遗传工程和工业微生物育种学等工作中有着非常重要的用途。

3. 抗性突变型（resistant mutant）

由于基因突变而产生的对某种化学药物、致死物理因子或噬菌体具有抗性的变异菌株叫抗性突变株,突变前的菌株叫敏感型。抗性突变型包括抗药性突变型、抗噬菌体突变型、抗辐射突变型、抗高温突变型、抗高浓度酒精突变型和抗高渗透压突变型等。抗性突变普遍存在于各类细菌中,也是遗传育种最重要的正选择标记。往往可以通过在加有相应药物或物理因子处理的培养基上快速筛选出。

4. 致死突变型

由于基因突变而导致个体死亡的突变型叫致死突变型。通常可分为显性致死和隐性致死,杂合状态的显性致死和纯合状态的隐性致死都可导致个体的死亡,而在单倍体生物中两种类型都会引起个体的死亡,无法获得突变体。

5. 条件致死突变型(conditional lethal mutation)

在某种条件下可以正常生长繁殖并呈现其固有的表型,而在另一条件下却是致死的突变型叫条件致死突变型。温度敏感突变型(temperature-sensitive mutation)是一类典型的条件致死突变型。例如,大肠杆菌的一种温度敏感突变型在 37℃下正常生长,在 42℃却不能生长;噬菌体 T4 的一种温度敏感突变型在 25℃下可感染其宿主大肠杆菌并形成噬菌斑,而在 37℃却不能。引起温度敏感突变的原因是突变基因的编码产物对温度的稳定性降低,酶蛋白在较低的允许温度范围内有功能活性,而在较高的限制性温度范围内失去功能活性,导致细胞不能生长繁殖。如果是相反的情况,则称为冷敏感突变(cold-sensitive mutation),这种突变型具有比野生型较高的最低生长温度。

6. 产量突变型(metabolite quantitative mutant)

所产生的代谢产物的产量明显有别于原始菌株的突变株称产量突变型。产量高于原始菌株者称正突变菌株,反之称为负突变菌株。产量突变型一般不易通过选择性培养基被快速筛选出。筛选高产正突变株的工作对于生产实践极其重要,但由于产量的高低往往是由多个基因决定的,因此,在育种实践上,只有把诱变育种、基因重组育种以及遗传工程育种有机结合,才会取得良好的结果。

第二节　基因突变的规律

所有生物遗传物质的化学本质都是核酸,除部分病毒的遗传物质为 RNA外,绝大部分为 DNA,因此,在遗传变异特性上都遵循着共同的规律,这在基因突变水平上非常明显。基因突变遵循以下的一般规律,即突变具有自发性、稀有性、随机性、独立性、可诱发性、可遗传性、可逆性。

一、基因突变的自发性

突变可自发产生，突变的微生物与所处的环境因素没有对应关系。如微生物抗药性的产生不是由于药物引起的，抗噬菌体突变也不是由于接触了噬菌体后引起的。从表面上看这一结论似乎不可理解，有关抗性产生的原因也长期争论不休。直到 1943 年以后才有科学家从不同的角度开展严密的科学实验，如抗噬菌体的波动实验（fluctuation test）和涂布实验、抗链霉素的影印培养实验（replica plating），这些实验的结果证实抗性是在接触药物或噬菌体之前就已经自发产生了，环境中的药物或喷洒噬菌体仅仅是检出相应突变的筛子而已，终于令人信服地解答了这一长期争论。

1. 波动实验

1943 年，Luria 和 Delvruck 根据统计学原理设计了波动实验，如图 2-4 所示。

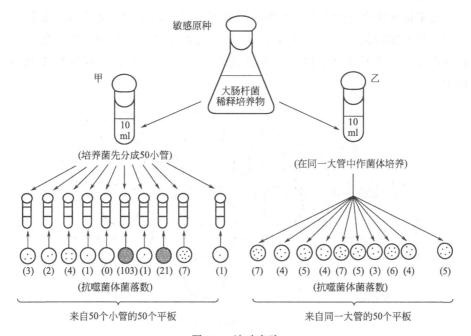

图 2-4 波动实验

取对噬菌体 T1 敏感的大肠杆菌对数生长期的肉汤培养物，用新鲜培养基稀释成 10^3 个/ml 的细菌悬浮液，然后在甲乙两个试管内各装 10ml。随即将甲管中的菌液先分装在 50 支小试管中，保温培养 24～36h，再分别把各小管的菌液加到预先涂布有噬菌体 T1 的平板上培养；而乙管中的 10ml 菌悬液直接整管保温培养 24～36h，然后再分成 50 份加到同样涂布有噬菌体 T1 的平板上培养。观察并记录两种方式中各平板上所产生的抗噬菌体的菌落数。实验中以敏感菌加到含有噬菌体的平板上培养为对照，以证实原始敏感大肠杆菌并没有抗噬菌体的个体存在。

　　统计结果显示来自甲管的 50 个平板上的抗性菌落数相差悬殊，而来自乙管的 50 个平板上的抗性菌落数则相差不多。对实验结果进行分析，如果抗性的出现是由于对噬菌体的适应，甲乙两组在接触噬菌体上是没有差别的，不应该出现差异如此大的结果。反之，如果大肠杆菌对噬菌体的抗性突变不是由于环境中噬菌体诱导而产生的，而是在接触噬菌体前随机自发产生的，那么甲组中在不同平板上抗性菌落的差异无非是说明突变发生在时间上的早晚，随着生长繁殖，在培养物中形成大量的抗性个体。噬菌体在这里仅仅起淘汰原始敏感大肠杆菌和鉴别抗性突变株的作用，与抗性的形成无关。

　　2. 影印培养实验

　　关于抗药性突变的发生与药物的存在无关这一结论的更为直观的证据来自影印培养实验结果。1952 年，Lederberg 夫妇设计了一种更巧妙的影印实验（图 2-5），直接证明了微生物的抗药性是自发形成的，与环境因素毫不相干。

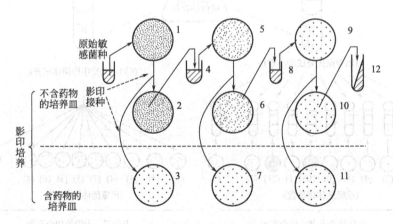

图 2-5　影印培养实验

　　将对链霉素敏感的大肠杆菌 K12 的培养物涂布在不含链霉素的平板 1 表面，将培养后长出的菌落用影印的方法分别复印到不含链霉素的平板 2 和含链霉素的平板 3，影印时注意两个平板在位置和方向上的对应性。经保温培养后，在平板 3 上长出个别的抗性菌落，从平板 2 中挑出与平板 3 上抗性菌落位置相应的菌落,移接到不含链霉素的培养基管4中进行培养,培养物再涂布到不含链霉素的平板5上,菌落长出后重复以上的影印过程。结果可在含药物的平板7和平板11上出现越来越多的抗性菌落,重复数次后,最后甚至得到纯的抗性细胞群体。实验中原始的链霉素敏感菌株大肠杆菌K12只通过1→2→4→5→6→8→9→10→12的移接和选择过程,在根本就没有接触过链霉素的情况下,筛选出大量的抗性菌落。这说明链霉素的抗性突变体在没有接触药物之前就存在,是自发产生的,与环境中链霉素的存在毫无关系,链霉素只是起到了筛选和鉴别抗性菌株的作用。

二、基因突变的随机性

1. 随机性

波动实验的结果还说明了突变具有随机性,突变发生的时间是随机的,否则甲组各个小管中抗性菌落的数目不会有那样大的差别。在一个微生物群体中,对于细胞而言,哪个细胞将发生突变是随机的,并且一个细胞的突变不仅在时间和个体上是随机的,而且在DNA的哪个位点发生突变也是随机的,因而在一个含有突变体的群体中会存在不同遗传性状的突变类型。

也就是说基因突变的发生从时间、个体、位点和所产生的表型变化等方面都带有比较明显的随机性。但随机性并非说突变是没有原因或是不可知的,突变这一偶然事件的必然性表现在特定的突变率上,也就是说,突变总是以一定的频率在群体中发生(表2-2)。

表 2-2　一些细菌的抗药性基因的突变率

细　菌	抗性对象	突变率
铜绿假单胞菌(*Pseudomonas aeruginosa*)	链霉素(1000μg/ml)	4×10^{-10}
大肠杆菌(*Echerichia coli*)	链霉素(1000μg/ml)	1×10^{-10}
大肠杆菌,链霉素依赖型(*E. coli*, streptomycin dependent)	链霉素(1000μg/ml)	1×10^{-10}
志贺菌(*Shigella* sp.)	链霉素(1000μg/ml)	3×10^{-10}
百日咳嗜血杆菌(*Bordetella pertussis*)	链霉素(1000μg/ml)	1×10^{-10}
百日咳嗜血杆菌(*Bordetella pertussis*)	链霉素(25μg/ml)	6×10^{-6}
伤寒沙门菌(*Salmonella typhi*)	链霉素(1000μg/ml)	1×10^{-10}
伤寒沙门菌	链霉素(25μg/ml)	5×10^{-6}
大肠杆菌	紫外线	1×10^{-5}
大肠杆菌	噬菌体 T3	1×10^{-7}
大肠杆菌	噬菌体 T1	3×10^{-8}
金黄色葡萄球菌(*Staphylococcus aureus*)	磺胺噻唑	1×10^{-9}
金黄色葡萄球菌	青霉素	1×10^{-7}
巨大芽孢杆菌(*Bacillus megaterium*)	异烟肼	5×10^{-5}
巨大芽孢杆菌	对氨基柳酸	1×10^{-6}
巨大芽孢杆菌	异烟肼以及对氨基柳酸	8×10^{-10}

2. 突变热点 (hot spots of mutation)

理论上，DNA 分子上每个碱基都能发生突变，但在实际上突变位点并非完全随机分布。DNA 分子上各个部分有着不同的突变频率，某些位点的突变频率大大高于平均值，这些位点称为突变热点，在自发突变和诱发突变中都存在突变热点。

分子遗传学的研究表明，形成突变热点的最主要的原因是 5-甲基胞嘧啶 (^{5m}C) 的存在，具体机制将在后面的内容中讲述。此外，形成突变热点的另一种情况发生在 DNA 上短的连续重复序列处，由于 DNA 复制时此处容易发生模板链和新生链之间碱基配对的滑动，从而造成插入或缺失突变，插入或缺失的正是这一重复序列。例如，大肠杆菌 *lac* I 基因中有三个连续的 CTGG 序列，很容易产生一个 CTGG 序列的插入突变或缺失突变。

突变热点也还与诱变剂有关，因为诱变剂的作用机制各不相同，使用不同诱变剂时出现的突变热点也不相同。

三、基因突变的稀有性

1. 稀有性

突变的稀有性是指在正常情况下，突变发生的频率往往很低。突变频率也称突变率 (mutant rate)，指的是在一个世代中或其他规定的单位时间内，在特定的环境条件下，一个细胞发生某一性状突变的概率。为方便起见，突变率可以用某一群体在每一世代 (即分裂 1 次) 中产生突变株的数目来表示。例如，某基因的突变率为 10^{-8} 时，表示一个细胞在 10^8 次分裂的过程中该基因发生了 1 次突变，也可以看成是一个含 10^8 个细胞的群体分裂成 2×10^8 个细胞的过程中该基因发生了 1 次突变。

通常自发突变的频率很低大约在 10^{-6} 以下，应用一般的检测方法要检测出如此低的突变率是非常困难的。但使用选择性培养基技术可有效地对突变基因进行检出，如用含有药物的选择性平板可检出抗药性突变，用不含生长因子的基本培养基可检测出营养型到原养型的回复突变等。据测定，基因的自发突变率约为 $10^{-9} \sim 10^{-6}$，转座突变率约为 10^{-4}，无义突变或错义突变的突变率约 10^{-8}，大肠杆菌乳糖发酵性状的突变率约为 10^{-10}。

2. 增变基因 (mutator gene)

生物体内有些基因与整个基因组的突变频率直接相关。当这些基因突变时，整个基因组的突变率明显上升，这些基因称为增变基因。

目前已经了解的增变基因有两类，一类是 DNA 聚合酶的各个基因，如果

DNA聚合酶的$3' \rightarrow 5'$校对功能丧失或降低，则使得突变率上升且随机分布。另一类是 *dam* 基因和 *mut* 基因，如果这些基因发生突变，则使得错配修复系统功能丧失，也能引起突变率的升高。实际上增变基因是一种误称，因为这些基因在正常状态时恰恰是维持DNA精确性的因素，它的突变势必导致突变频率的大幅提升。

四、基因突变的独立性

1. 独立性

突变的发生具有独立性。在微生物群体中，一个细胞的突变与其他个体之间互不相干，并且某一个基因的突变和另一个基因的突变之间也是互不相关的独立事件，也就是说一个基因的突变不受其他基因突变的影响，两个不同基因同时发生突变的频率为两个基因各自的突变率的乘积。

例如，巨大芽孢杆菌对异烟肼的抗性突变率为5×10^{-5}，对对氨基柳酸的抗性突变率是1×10^{-6}，同时具有这两种抗性突变的频率为8×10^{-10}，约等于两个单独抗性突变率的乘积。

2. 交叉抗性（cross resistance）

交叉抗性是指细菌对两种抗生素等药物同时由敏感变为抗性。交叉抗性现象似乎是与突变的独立性矛盾的，但事实上都可以从生理机制上找到原因。例如大肠杆菌和酵母菌都有报道，某一种突变型由于透性的改变使得它能同时抗四环素和氯霉素。这主要是由于细胞内单一基因的突变导致微生物对于结构类似或作用机制类似的抗生素均有抗性，从而表现为交叉抗性。各种抗性突变发生的独立性和生理作用机制类似药物的交叉抗性，对于药物治疗都有重要的指导意义。

五、基因突变的可诱发性

自发突变的频率可以通过某些理化因素的处理而大为提高，一般提高幅度为$10^1 \sim 10^5$倍。基因突变的可诱发性是诱变育种的基础，各种能促进突变率提高的理化因素称为诱变剂，是育种工作中非常有用的工具。需要指出的是，诱变剂的存在可大幅提高基因变异的频率，但并不改变突变的本质。

从本质上讲，突变不论是自然条件下发生的，还是诱发产生的，都是通过理化因子作用于DNA，使其结构发生变化并最终改变遗传性状的过程。两者的区别仅在于自发突变是受自然条件下存在的未知理化因子作用产生的突变；

而诱变则是人为地选择了某些可强烈地影响 DNA 结构的诱变剂处理所产生的突变。因此，诱变所产生的突变频率和变异幅度都显著高于自发突变。

六、基因突变的可遗传性

基因突变的实质是遗传物质发生改变的结果，突变基因和野生型基因一样是一个相对稳定的结构，通过复制传递给子代 DNA，突变基因所表现的遗传性状也是一个稳定的性状。例如在影印培养实验中筛选出的链霉素抗性突变株，在不含链霉素的培养基上接种传代无数次后，其抗药性丝毫没有改变。

七、基因突变的可逆性

1. 可逆性

野生型基因通过突变成为突变基因称为正向突变（forward mutation），突变基因通过再次突变回复到野生基因称为回复突变（reverse mutation）。

2. 抑制突变

真正的原位回复突变是指正好发生在原来的位点上，使突变基因回复到野生型基因完全相同的 DNA 序列，这种情况通常很少，大多数回复突变都是第二点突变抑制了第一次突变造成的表现型，即表型抑制，从而使得野生表现型得以回复或部分回复。

由于大多数回复突变都不是真正的原位回复突变，因此鉴定回复突变主要不是根据其基因型而是依据其表现型。

第二点回复突变并没有纠正原有突变的 DNA 碱基序列，只是使其突变效应被抑制了，因而第二点回复突变通常都称为抑制突变（suppressor mutation）。抑制突变可以发生在正向突变的基因中，也可以发生在其他基因中，前者称为基因内抑制突变（intragenic suppressor），后者称为基因间抑制突变（intergenic suppressor）。

第三节　自发突变的机制

基因突变的机制是多样性的，可以分为自发突变和人工诱发突变两大类。

自发突变是在自然状态下基因发生的突变，自发突变的产生并不是没有原因的。研究表明，自发突变引起的原因很多，包括微生物细胞所处的环境条件如自然界中的各种辐射、环境中的化学物质；细胞内自身的化学反应所产生的代谢产物的诱变作用；DNA 分子内部自身的运动和自发损伤；DNA 的复制错误以及修复能力的缺陷；转座因子的转座作用等都能引起基因的自发突变（图 2-6）。

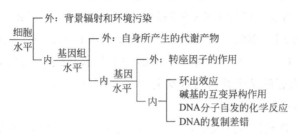

图 2-6　自发突变的原因

一、背景辐射和环境因素引起的诱变

微生物细胞所处的外环境因素是引起自发突变的主要原因之一。这些环境因素包括宇宙间的短波辐射、紫外线、高温、病毒以及自然界中普遍存在的一些低浓度的诱变物质等。自然环境中的这些低剂量的物理、化学诱变因素会导致 DNA 的变异。随着环境的恶化、臭氧层的减薄，这些因素的作用日见加强。

二、自身代谢产物的诱变作用

微生物在自身代谢过程中，细胞内产生的一些化合物如过氧化氢、咖啡碱、硫氰化物、二硫化二丙烯、重氮丝氨酸等具有诱变作用。细胞内所产生的这些物质会作用于 DNA 分子，由此引发突变的产生。

三、转座因子的作用

DNA 序列通过非同源重组的方式，从染色体的某一部位转移到同一染色体上另一部位或其他染色体上某一部位的现象，称为转座（transposition）。转座是由一段特殊的 DNA 序列引起的，这种具有转座作用的 DNA 序列叫转座因子（transposable element，TE），也称可移动基因、可移动遗传因子或跳跃基因。转座因子包括原核生物中的插入序列、转座子以及转座噬菌体（如大肠杆菌的 Mu 噬菌体）等。由于转座因子的转座作用，会使某一段 DNA 分子在染色体上发生位置变化，由此可引发突变。转座因子不仅能在基因组内的不同区域转移，而且也能改变插入基因或相邻基因的活性并导致功能的改变，引起多种遗传变异，如插入突变和基因重排（缺失、重复、倒位）。

四、DNA 分子的运动

由于 DNA 分子的运动，造成复制过程中的碱基配对的错误，引起自发突变。DNA 分子的运动包括 DNA 复制时运动引起的环出效应和 DNA 分子中碱基的互变异构作用。据统计在 DNA 分子的复制过程中，每个碱基对配对错误的发生频率为 $10^{-11} \sim 10^{-7}$，而一个基因的平均长度约 1000bp，所以，由于碱基配对错误引起的某个基因的自发突变率为 $10^{-8} \sim 10^{-4}$。

1. 环出效应（loop out）

在 DNA 复制或修复过程中，由于链的运动，一条 DNA 链发生环状突起，复制到此处时，环状突起区域并不复制，这样环状突起区域在子代 DNA 中就会发生缺失，如图 2-7(a) 所示。当模板链上有许多同一种碱基连续排列时更容易发生滑移错配（slipped mismatching），如图 2-7(b) 所示。

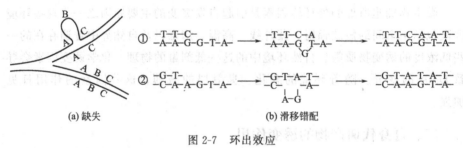

(a) 缺失　　　　　　　　　　　　　(b) 滑移错配

图 2-7　环出效应

如图 2-7(b) 中①所示，当 DNA 复制到 C 时，模板链上的碱基 G 向外滑动脱出配对位置，使得引物与模板发生过渡性的错排，当复制继续进行时，模板又恢复正常，其结果就在原来应出现 GC 碱基对的地方出现 GA 碱基对。碱基的错误掺入再经过一次 DNA 复制时，便会出现 TA，最终造成 GC→TA 的颠换。

2. 碱基的互变异构作用

自然界中互变异构是一个普遍现象，在细胞内 DNA 的碱基存在同分异构现象。根据四种碱基的第 6 位上的酮基和氨基，T 和 G 可以酮式或烯醇式两种互变异构状态存在，而 C 和 A 可以以氨基式和亚氨基式两种状态存在（图 2-8）。在生理条件下，平衡一般倾向于酮式和氨基式，因而在 DNA 双链结构中总是以 AT 和 GC 的碱基配对方式出现。

碱基的稀有形式及其配对方式见图 2-8。如果在 DNA 复制时，这些碱基偶然以稀有的烯醇式或亚氨基式瞬时存在，就会造成碱基配对性质的改变，产

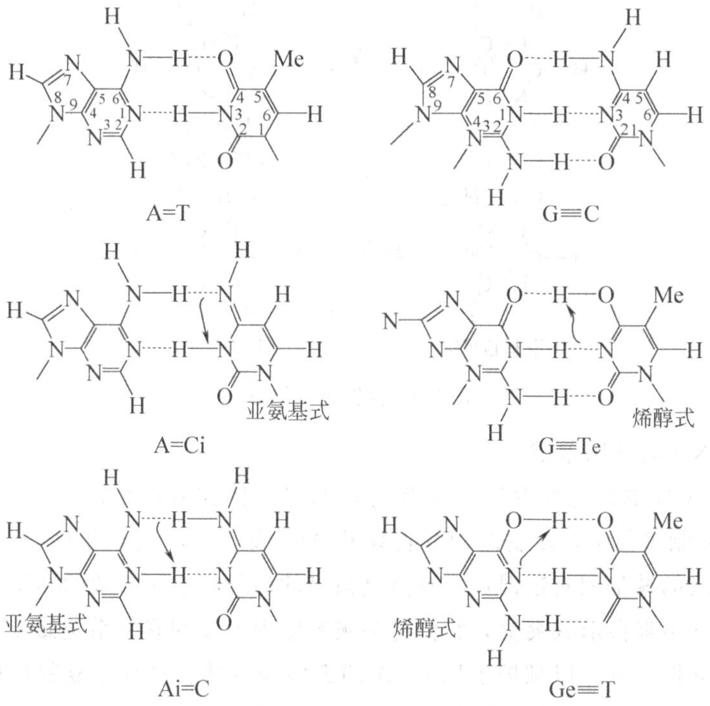

图 2-8 碱基的互变异构及其配对的改变

i—亚氨基式；e—烯醇式

生碱基对的错配。对于 DNA 分子来说，在任何一瞬间，一个碱基是酮式还是烯醇式，是氨基式还是亚氨基式，以及 DNA 分子中各种可能的局部构型的变化都是无法预测的，所以任何时间任何一个基因都可能发生突变，可是在什么时候、什么基因将发生突变却是无法预见的。

五、DNA 分子自发的化学变化和复制差错

1. 自发脱氨氧化作用

在 DNA 分子中，胞嘧啶 C 是一种不稳定的碱基，它很容易发生氧化脱氨基作用，自发地变成尿嘧啶 U 而形成错配的碱基对（图 2-9）。5-甲基胞嘧啶（^{5m}C）是基因组中常见的一种经甲基化修饰的碱基，^{5m}C 同样易于自发脱氨基转变为胸腺嘧啶 T，则 DNA 链上的 GC 配对就变成 GT 的错配。如果 DNA 修复系统不完善，在下一轮 DNA 复制前，未能修复这一损伤，那么由于 DNA 双链的无意义链上 ^{5m}C 转换为 T 后，使下一次复制中的有意义链发生 G→A 的转换，子代 DNA 发生 GC→AT 的突变。

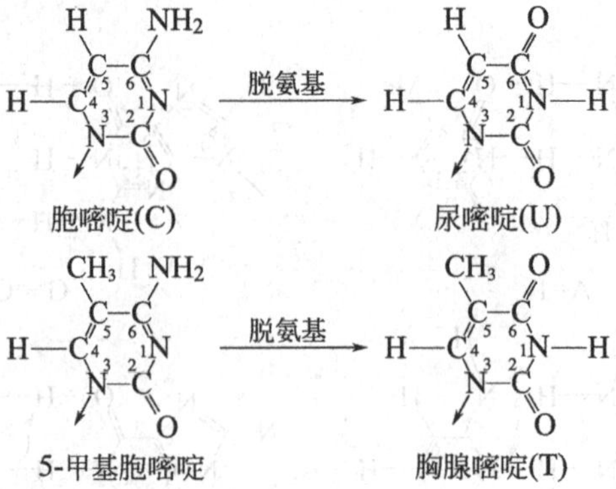

图 2-9　自发脱氨作用

2. DNA 的复制差错

DNA 复制的精确性取决于复制过程的保真性和错误修复系统的有效性。在 DNA 复制过程中，复制差错可能源于 DNA 聚合酶产生的错误、DNA 分子运动而造成的碱基配对错误，以及修复系统的各种缺陷所导致的结果，这些错误和损伤并不都会形成突变，它们将会被细胞内大量的修复系统修复，使得突变率降到最低限度，以维护子代 DNA 的遗传稳定性。只有当复制过程中出现的错误或损伤，不能被错误修复系统有效校正或修复时，才会再经过复制形成突变。

第四节　诱变剂及其作用机制

基因自发突变的频率是很低的，在实际生产中，为了获得遗传性状优良的菌种，往往通过人为的方法，利用物理、化学因素处理微生物以引起突变，这一过程称为诱发突变，简称诱变。凡是能诱发生物基因突变，且突变频率远远超过自发突变率的物理因子或化学物质称为诱变剂 (mutagen)。诱变剂可以分为三类，即化学诱变剂、物理诱变剂和生物诱变剂。

采用诱变剂进行的诱发突变与自发突变在效应上几乎没有差异，突变基因的表现型和遗传规律在本质上也是相同的。只是与自发突变相比，诱发突变速度快、时间短、突变频率高。诱发突变在工业微生物菌种选育与改造方面已经取得了惊人的效果。

一、化学诱变剂

化学诱变剂是一类能对 DNA 起作用，改变 DNA 结构，并引起遗传变异的化学物质。自 20 世纪中后期，在选择有效化学诱变剂的工作中，已经试验过几千种化学物质，发现从简单的无机物到复杂的有机物都有许多具有诱变作用的物质，如金属离子、一般化学试剂、生物碱、代谢拮抗物、生长激素、抗生素、高分子化合物、药剂、农药、灭菌剂、染料等。虽然可以起诱变作用的物质很多，但效果较好的只是少数。由于化学诱变剂用量很少，诱变时设备简单，只需要一般实验室的玻璃器皿就行，所以其应用发展较快。但是由于一般诱变剂都有毒，很多又是致癌物剂，所以在使用中必须非常谨慎，要避免吸入诱变剂的蒸气以及避免使化学诱变剂与皮肤直接接触（尤其是带伤口的皮肤）。最好操作室内有吸风装置或蒸气罩，有些人对某些化学诱变剂很敏感，在操作时就更应该注意。使用者除了要注意自身的安全，更加要防止污染环境，避免造成公害。

化学诱变剂的诱变效应与其理化特性有很大的关系，常用的处理浓度为每毫升几微克至几毫克，但是这个浓度取决于诱变剂的种类、浓度以及微生物本身的特性，还受水解产物的浓度、一些金属离子以及某些情况下诱变剂延迟作用的影响。一种化学诱变剂的处理剂量的参数主要是浓度、处理的持续时间及处理的温度。处理后一般采取稀释法、解毒剂或改变 pH 等来终止反应。由于诱变过程中，有些诱变剂本身会起变化，因此影响了菌悬液的 pH，为此制备菌悬液最好用缓冲液。当然，各种微生物最合适的诱变剂和诱变条件是不一样的，同一诱变剂对不同微生物或同一种微生物在不同条件下处理，效果也不相同。就是在相同条件下，微生物细胞所处的生长阶段不同，处理效果也不相同。所有这些，在设计试验时都应认真考虑。

根据化学诱变剂的作用方式，可以分为三大类，即碱基类似物（base analogue）、碱基修饰剂（base modifier）、移码突变剂（frameshift mutagen）。

（一）碱基类似物

1. 碱基类似物的诱变机制

碱基类似物是指与 DNA 结构中天然的嘧啶嘌呤四种碱基 A、T、G、C 在分子结构上相似的一类物质。如 5-溴尿嘧啶（BU）是胸腺嘧啶（T）的结构类似物，2-氨基嘌呤（2-AP）是腺嘌呤（A）的结构类似物。

当将碱基类似物加入到培养基中，它们可在微生物的繁殖过程中掺入到 DNA 分子中，并与互补链上的碱基生成氢键而配对，从而抵抗 DNA 聚合酶的 $3' \rightarrow 5'$ 的外切酶活性的校对作用。碱基类似物的掺入不影响 DNA 的复制，如果仅仅是单纯的替代也并不会引起突变，因为在下一轮的 DNA 复制时又可以产生正常的分子。然而与四种标准碱基一样，碱基类似物也存在互变异构现象，而且由于电子结构的改变，互变异构现象在碱基类似物中出现的频率比正常的 DNA 碱基更高，引发子代 DNA 复制时配对性质的改变，从而造成碱基置换突变，所有的碱基类似物引起的突变都是转换而非颠换。

由于其诱变作用是取代核酸分子中的正常碱基，再通过 DNA 复制引起突变的，显然这类诱变剂只对生长态的微生物细胞起作用，而对处于静止态的细胞（如细胞悬液、孢子悬液、芽孢悬液等）是没有效果的。

2. 5-溴尿嘧啶（5-BU）

(1) 5-BU 的互变异构 5-溴尿嘧啶是一种常用的诱变剂，具有与 T 极为相似的结构（图 2-10）。

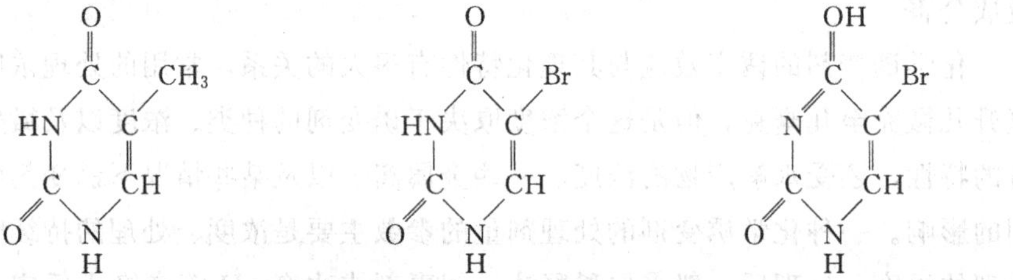

胸腺嘧啶(T)　　　　5-溴尿嘧啶(酮式)(5-BU$_k$)　　　5-溴尿嘧啶(烯醇式)(5-BU$_e$)

图 2-10　5-溴尿嘧啶（5-BU）的结构

在通常情况下 5-BU 以酮式（5-BU$_k$）存在，6 位上的酮基使其能和相对位置上腺嘌呤 A6 位上的氨基之间形成氢键。但当它以烯醇式（5-BU$_e$）同分异构结构存在时，就不再和腺嘌呤 A6 位上的氨基形成氢键，却可以和鸟嘌呤 G6 位上的酮基形成氢键（图 2-11），因此可以将 5-BU$_k$ 理解为正常的出现形式，将 5-BU$_e$ 理解为错误的出现形式。

由于 5-溴尿嘧啶分子中 5 位上的 Br 是电负性很强的原子，改变了酮式和烯醇式之间的平衡关系，使其烯醇式结构较为经常地出现，但出现的频率相对于酮式的 5-BU 还是要低一些。

(2) 5-BU 诱发的突变 5-BU 可以以两种不同的互变异构体的形式出现在 DNA 分子中，在 5-BU 渗入 DNA 后必须经过两轮复制才能产生稳定的可遗传的突变。

在第一次 DNA 复制过程中，若 5-BU 以"正常"形式的 5-BU$_k$ 取代 T 掺入 DNA 分子后，在第二次复制的瞬间呈现"错误"形式 5-BU$_e$，此时，G 出现在 BU 相对的位置上，第三次复制时 C 就会出现在 G 相对的位置上，其结果是，一个双链 DNA 分子经过三次复制所形成的 8 个分子中，就有一个发生

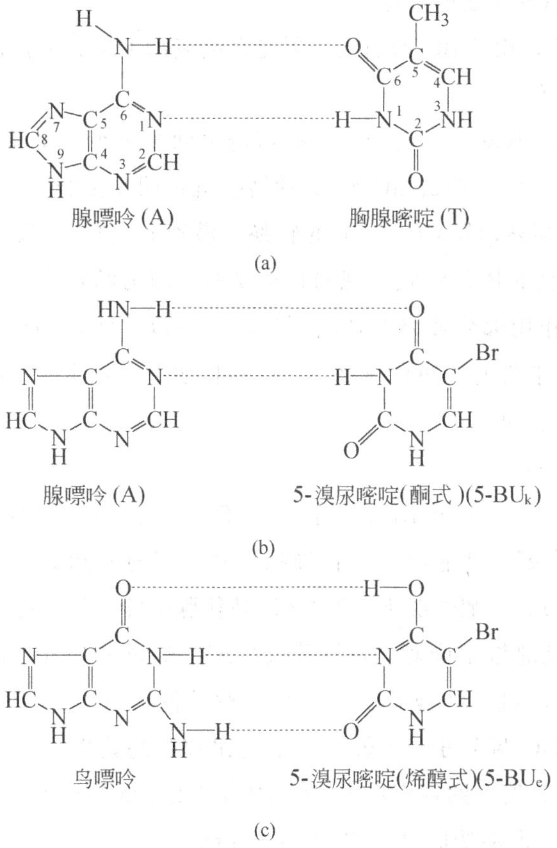

腺嘌呤 (A)   胸腺嘧啶 (T)

(a)

腺嘌呤 (A)   5-溴尿嘧啶(酮式)(5-BU$_k$)

(b)

鸟嘌呤   5-溴尿嘧啶(烯醇式)(5-BU$_e$)

(c)

图 2-11　5-溴尿嘧啶（5-BU）的碱基配对

了 AT→GC 的转换。这种 5-BU 以"正常"形式掺入 DNA 分子，在复制的瞬间呈现"错误"的形式，称作复制错误，可诱发 AT→GC 的转换。同样，如果 5-BU 在掺入 DNA 分子的瞬间呈现"错误"的形式 5-BU$_e$，而掺入以后回复成正常的 5-BU$_k$ 形式，则叫掺入错误，可诱发 GC→AT 的转换（图 2-12）。

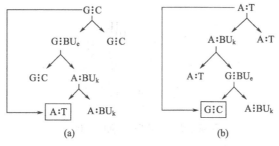

图 2-12　5-BU 所引起的掺入错误（a）和复制错误（b）

（3）5-BU 诱发突变的特点

① 虽然突变是由 5-BU 所引起，但是在突变型 DNA 分子中却并没有由 5-BU 代替 T 的位置。

② 5-BU 可以诱发正向突变，也能够诱发回复突变。如果把 AT→GC 的转换看作是正向突变，那么 GC→AT 的转换就是回复突变。

③ 5-BU 更容易诱发 GC→AT 的转换。游离状态的 5-BU 比结合于 DNA 分子中的 5-BU 呈 5-BU$_e$ 形式出现的频率要高，因为结合于 DNA 分子中的 5-BU 上溴原子的作用部分被邻近基团所抵消，所以，DNA 分子中的 5-BU$_k$ 异构成 5-BU$_e$ 的可能性与游离状态的 5-BU 相比更低，由此，5-BU 多是通过掺入错误而诱发突变的。

3. 2-氨基嘌呤

2-氨基嘌呤（2-aminopurine，简称 2-AP）是另一种常用的碱基类似物诱变剂。2-AP 具有氨基和亚氨基两种异构形式，但氨基形式是 2-AP 的主要存在形式（图 2-13）。一般情况下，2-AP 能替代腺嘌呤与胸腺嘧啶配对，氨基式 2-AP 通过两个氢键与 T 配对，亚氨基式 2-AP* 通过一个氢键与 C 配对，但此时由于只有一个氢键，结合的牢固程度相对较低，所以 2-AP 与 5-BU 一样，也能诱发 AT↔GC 两个方向的转换，不过比较容易诱发 AT→GC 这一转换。在饥饿的细菌中，发生的频率更大。2-AP 与 5-BU 的性质不同，尽管 2-AP 掺入 DNA 的量少，但能造成比 5-BU 更多的错误。

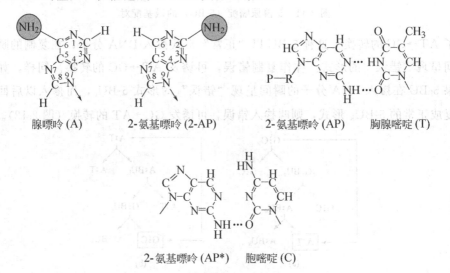

腺嘌呤 (A)　　2-氨基嘌呤 (2-AP)　　2-氨基嘌呤 (AP)　　胸腺嘧啶 (T)

2-氨基嘌呤 (AP*)　　胞嘧啶 (C)

图 2-13　2-氨基嘌呤的不同配对性质

（二）碱基修饰剂

许多化学物质都能以不同的方式修饰 DNA 的碱基，从而改变其配对性质而引起突变。改变碱基结构的化学修饰剂包括脱氨剂、羟化剂、烷化剂。图 2-14 为最典型和常见的碱基修饰突变剂亚硝酸（HNO_2）、羟胺（NH_2OH）、甲基磺酸乙酯（EMS）和 N-甲基-N'-硝基-N-亚硝基胍（NTG）的分子式。

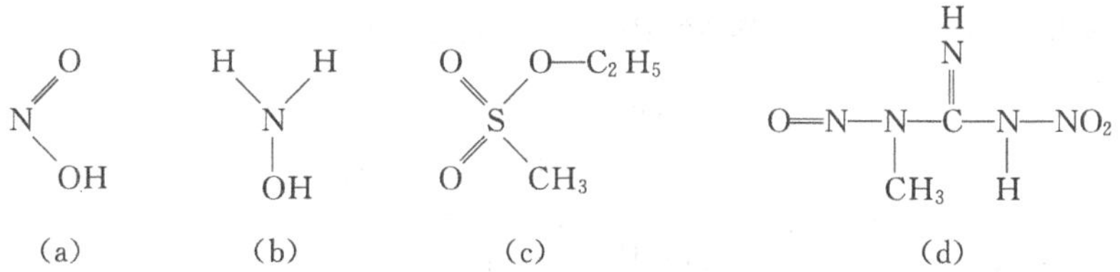

图 2-14 常见的碱基修饰剂

(a) 亚硝酸；(b) 羟胺；(c) 甲基磺酸乙酯；(d) N-甲基-N'-硝基-N-亚硝基胍

1. 脱氨剂

亚硝酸（nitrous acid）是典型的脱氨剂。凡是含有 NH_2 的碱基（A、G、C）都可以被亚硝酸作用产生氧化脱氨反应，使得氨基变为酮基，然后改变配对性质，造成碱基转换突变。与碱基类似物机制相似，不同的是碱基类似物是在 DNA 复制时由外界渗入，而亚硝酸是氧化 DNA 链上已有的碱基。然后同样需要两轮复制才能产生稳定的突变。

在亚硝酸作用下，胞嘧啶可以变为尿嘧啶，复制后可引起 GC→AT 的转换；腺嘌呤可以变为次黄嘌呤，复制后可引起 AT→GC 的转换，鸟嘌呤可以变为黄嘌呤，它仍然与 C 配对，因此不引起突变（图 2-15）。尿嘧啶、次黄嘌呤、黄嘌呤都可以为各自的糖基酶修复系统所修复，如果当修复系统还未来得及修复时，DNA 就开始复制，前两者则导致突变。

亚硝酸除了脱氨基作用以外，还可以引起 DNA 两条单链之间的交联作用，阻碍双链分开，影响 DNA 复制，也能引起突变。

2. 羟化剂

羟胺（hydroxylamine）是典型的羟化剂。羟胺是具有特异诱变效应的诱变剂，能专一性诱发 GC→AT 的转换，对噬菌体及离体 DNA 专一性更强。

羟胺主要是作用于 DNA 分子上的胞嘧啶，使之形成羟化胞嘧啶（图 2-16）。羟化后的胞嘧啶不再与 G 配对，而是与 A 配对，从而引起 GC→AT 的转换。羟胺的这种专一性的诱变作用在 pH 6.0 的环境中特别突出。在不同的 pH 和不同的羟胺浓度时有不同的产物，此外羟胺还能和细胞中的一些其他

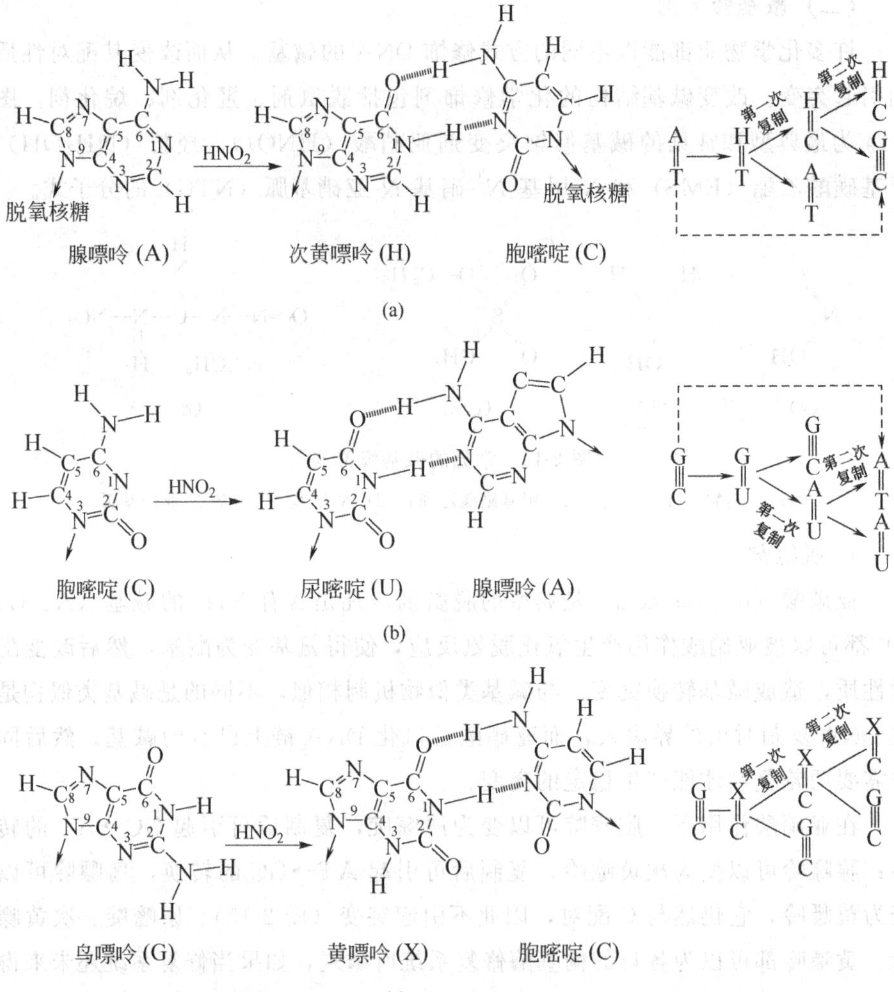

图 2-15　亚硝酸的脱氨基作用及其诱发的突变

(a) 作用于腺嘌呤，诱发 AT→GC 转换；(b) 作用于胞嘧啶，诱发 GC→AT 转换；

(c) 作用于鸟嘌呤，不诱发突变

物质发生反应产生过氧化氢，这是非专一性的突变剂。

3. 烷化剂

(1) 烷化剂及烷化作用　烷化剂是诱发突变中一种相当有效的化学诱变剂，这些化学物质具有一个或多个活性烷基，此烷基能转移到其他分子中电子密度极高的位置上去，它们易取代 DNA 分子中活泼的氢原子，使 DNA 分子上的一个或多个碱基及磷酸部分被烷化，从而改变 DNA 分子结构，使 DNA

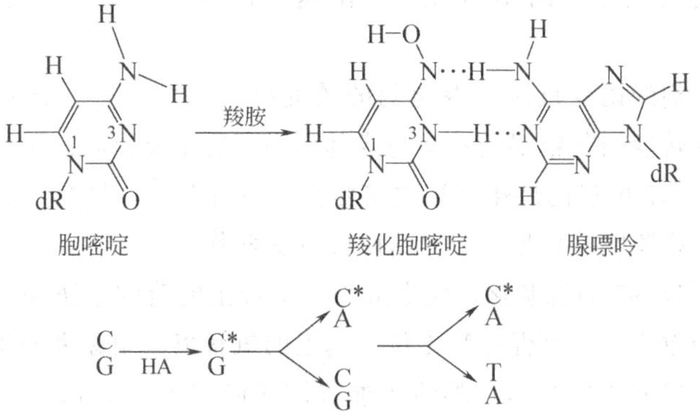

图 2-16　羟胺的诱发突变作用

复制时导致碱基错配而引起突变。

烷化剂中活性烷基的数目表示它具有单功能、双功能或多功能。单功能烷化剂包括亚硝基类、磺酸酯类、硫酸酯类、重氮烷类和乙烯亚胺类化合物，双功能烷化剂则包括硫芥子类与氮芥子类等。所有这些物质通过烷化磷酸基、嘌呤和嘧啶，而与 DNA 作用，因而双功能烷化剂的毒性比那些单功能的强。部分烷化剂和烷化碱基如图 2-17 所示。

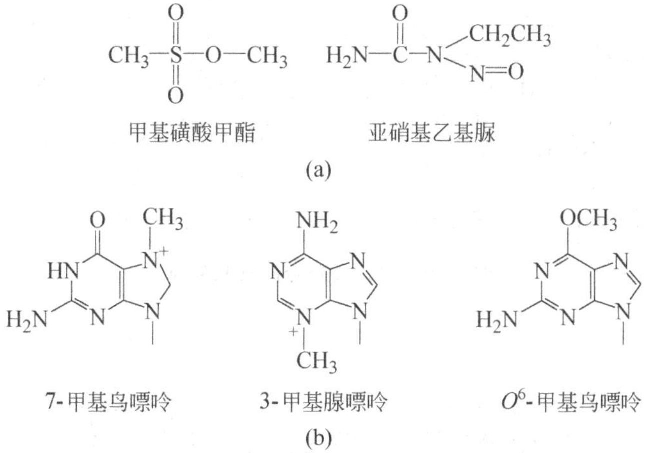

甲基磺酸甲酯　　　　　亚硝基乙基脲

(a)

7-甲基鸟嘌呤　　　　3-甲基腺嘌呤　　　　O^6-甲基鸟嘌呤

(b)

图 2-17　部分烷化剂 (a) 和烷化碱基 (b)

碱基中最容易发生烷化作用的是嘌呤类。其中鸟嘌呤 N7 是最易起反应的位点，几乎可以被所有烷化剂所烷化。此外 DNA 分子中比较多的烷化位点是鸟嘌呤 O6、胸腺嘧啶 O4，这些可能是引起突变的主要位点。其次引起烷化的位点是鸟嘌呤 N3、腺嘌呤 N2、腺嘌呤 N7 和胞嘧啶 N3，但这些位点引起碱基置换的仅占烷化作用的 10％左右，由这些位点的改变所引起的突变仅是少数。

（2）烷化剂的诱变机制　烷化剂的诱变机制比较复杂，有的尚未完全弄清。但是碱基转换引起错误配对是造成基因突变的主要原因。研究表明烷化剂通过对鸟嘌呤 N7 位点的烷化而导致突变有三种可能：一是烷化嘌呤引起碱基配对错误，二是脱嘌呤作用，三是鸟嘌呤的交联作用。

由于鸟嘌呤 N7 的烷基化，使之成为一个带正电荷的季胺基团，这个季胺基团产生两个效应：一是促进第 1 位氨基上的氢解离，由原来的酮式变为不稳定的烯醇式，烯醇式的烷基鸟嘌呤不能和胞嘧啶 C 配对，而是和胸腺嘧啶 T 配对，由此造成 GC→AT 转换（图 2-18），即烷化嘌呤引起碱基配对错误。二是 N7 成为季胺基团后，减弱了 N9 位上的 N-糖苷键，引起脱氧核糖-碱基键发生水解，使鸟嘌呤从 DNA 分子上脱落，而产生了去嘌呤作用（图 2-19）。大部分的无嘌呤位点都可以被无嘌呤内切酶系统所修复，但是有时在完成修复前复制就进行了，因此会在无碱基位点上插入任何一种碱基。在第二轮的复制后，原来的 GC 就可能变为任何碱基对，有可能是转换，也有可能是颠换。

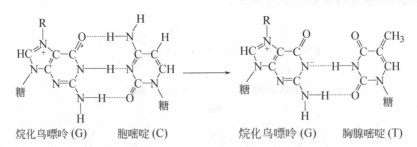

图 2-18　烷化鸟嘌呤的碱基配对

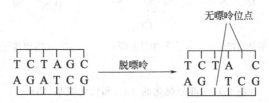

图 2-19　DNA 的脱嘌呤

此外烷化剂可以使两个鸟嘌呤通过 N7 位点的共价结合而发生交联（图 2-20），交联可以发生在 DNA 分子中的单链内部相邻位置，也可以发生在两条单链之间。链内的交联往往会引起碱基置换，而链间的交联会严重影响

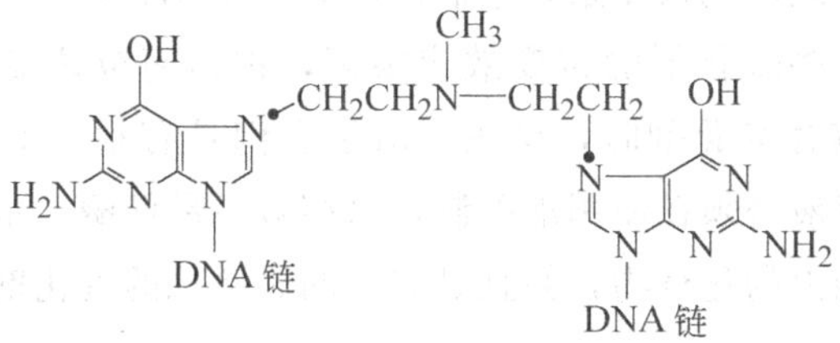

图 2-20 烷化鸟嘌呤的交联作用

DNA 的复制，引起染色体畸变甚至个体的死亡。一般双功能烷化剂易引起
DNA 双链间的交联。

碱基置换引起的突变是由于最终合成了新的蛋白质，如图 2-21 所示。从
图中可见，突变导致了第三代细胞质白质的改变。

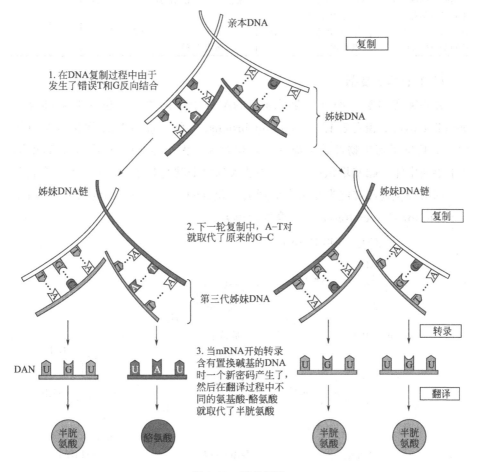

图 2-21 碱基置换

烷化剂的诱变效应也很复杂，它们能够诱发DNA多种突变，且形成各种突变类型。其中有些烷化剂的诱变效应很高，称为超级诱变剂，如亚硝基胍(NTG)。在实际应用烷化剂时，要注意由于它们具有很高的活性，而且能与水起作用，所以溶液必须在使用前配制，水溶液不易储藏。水合作用后，通常就形成没有诱变能力的化合物，并且是有毒的。常见的烷化剂及其主要性质如表 2-3 所示。

表 2-3　常见烷化剂的主要性质

烷化剂名称	理 化 特 性			pH 7 水中半衰期/h			相对分子质量
	状　态	水溶性	熔点或沸点	20℃	30℃	37℃	
甲基磺酸乙酯(EMS)	无色液体	约 8%	沸点 85～86℃(10mmHg)	93	26	10.4	124
乙烯亚胺(EI)	无色液体	易溶于水	沸点 56℃(760mmHg)				43
亚硝基乙基脲(NEU)	粉红色液体	约 5%	沸点 53℃(5mmHg)		84		117
亚硝基甲基脲(NMU)	黄色固体				35		103
硫酸二乙酯(DES)	无色油状物	不易溶		3.34	1	0.5	
亚硝基胍(NTG)	黄色固体		熔点 118℃				

(三) 移码突变剂

移码突变剂是一类能够嵌入到 DNA 分子中的物质，包括吖啶类染料(acridine dye)、溴化乙锭（ethidium bromise）和一系列 ICR 类化合物（图 2-22）。吖啶类衍生物都是平面的三环化合物，大小与嘌呤-嘧啶对大致相当，在水溶液中能与碱基堆积在一起，并插入到两个碱基对之间。ICR 类化合物是一系列由烷化剂和吖啶类相结合而形成的化合物，因由美国癌症研究所（The Institute for Cancer Research）合成而得名。

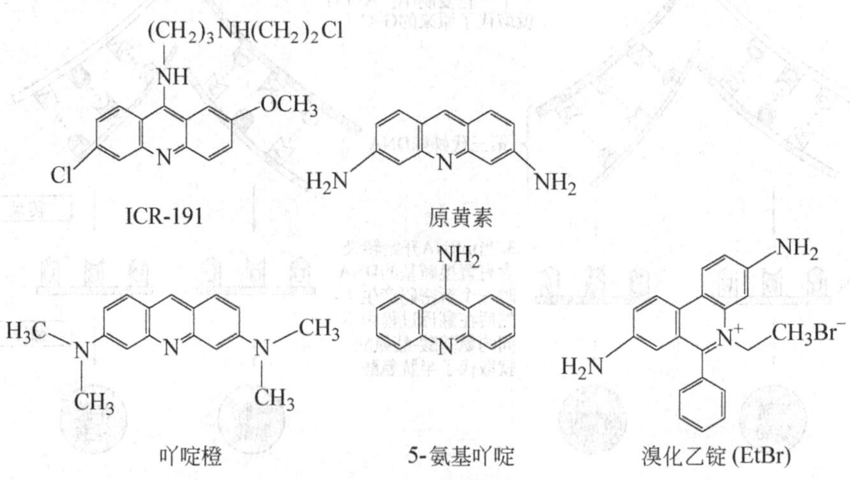

图 2-22　移码诱变剂

移码突变剂的诱变机制和它能嵌入到 DNA 分子中间这一特性有关。如图 2-23 所示，在 DNA 两个碱基之间插入扁平的染料分子，迫使相邻的两个碱基之间距离拉宽，使得 DNA 分子的长度增加。在复制过程中随着双螺旋伸展或解开一定的长度，造成阅读框的滑动，由于子代 DNA 分子上减少或增加一个或数个碱基，若增减的碱基数不是 3 的倍数，就会引起此后全部三联密码转录、翻译错误，导致移码突变。

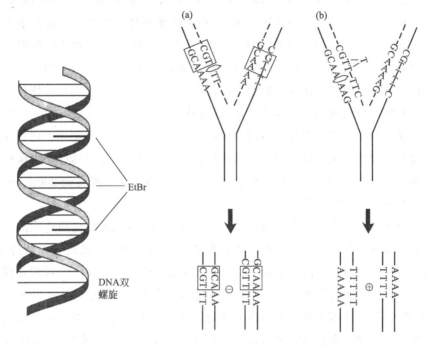

图 2-23　移码突变剂的诱变机理

（a）嵌入到新合成链上导致缺失突变；（b）嵌入到旧链导致插入突变

移码诱变剂的嵌入并不导致突变，必须通过 DNA 的复制才形成突变，因此这类诱变剂只能作用于生长态的细胞。例如分子生物学实验室中利用溴化乙锭能嵌入到 DNA 分子的特性，将其作为常用的 DNA 染料；而在微生物遗传育种中溴化乙锭是酵母菌小菌落突变型的有效诱变剂。

二、物理诱变剂

物理诱变因素很多，有非电离辐射类的紫外线、激光和离子束等，能够引起电离辐射的 X 射线、γ 射线和快中子等。诱变育种工作中常用的有紫外线和 γ 射线等。

(一) 紫外线

紫外线是波长短于紫色可见光而又紧接紫色光的射线，波长范围为 136～390nm。它是一种非电离辐射，紫外线波长虽较宽，但诱变有效范围是 200～300nm，其中又以 260nm 左右效果最好。其之所以具有诱变作用，主要是紫外线的作用光谱与核酸的吸收光谱相一致，所以 DNA 最容易受紫外线的影响。当然各种微生物对紫外线的敏感性并不相同，有的差异很大，可以相差几千倍，甚至上万倍。一般诱变用 15W 低功率的紫外灯，这时灯光的光谱比较集中于 253.7nm，是比较有效的诱变作用光谱。若用高功率紫外灯照射，由于放出的光谱分布比较均匀，范围较宽，诱变效果不如低的好。也有人认为，微生物在生长过程中对紫外线的敏感性，长波比短波更显著。用长波紫外线照射时，若同时加入光敏化物质如 8-假氧基补骨烯 (8-methoxypsorolen) 诱变效果更好。紫外线诱变育种已沿用多年，目前仍为大家所普遍使用。这种育种方法效果比较好，操作也方便，例如糖化酶产生菌黑曲霉变异株的出发菌株产酶不到 1000U/ml，经过紫外线诱变后选育的突变株，产量提高到 3000U/ml。

1. 紫外线的诱变机理

已经证明紫外线的生物学效应主要是由于它引起 DNA 变化而造成的。图 2-24 表示紫外线照射 DNA 后引起的结构改变。由于 DNA 强烈吸收紫外线，尤其是它链上的碱基，因此引起了 DNA 的变化。已知嘧啶比嘌呤对紫外线要更敏感，几乎要敏感 100 倍。紫外线引起 DNA 结构变化的形式很多，如 DNA 链的断裂、DNA 分子内和分子间的交联、核酸与蛋白质的交联及嘧啶产生两类光化合物，即水合物和二聚体（环丁烷型的嘧啶二聚体）。二聚体大多数为胸腺嘧啶二聚体 T＝T（图 2-25），但也有 T＝C 和 C＝C 二聚体。其中 T＝T的形成是改变 DNA 生物学活性的重要原因。

通常 T＝T 是在 DNA 链上相邻的嘧啶之间交联而成的。这个二聚体对热和酸都稳定，因为这时两条链的相应部分已由化学键代替了原来的氢键，使得连接更为牢固。在 DNA 复制时，两条链之间的二聚体会阻碍双链的分开和复制。而在同一链上二聚体的形成则会阻碍碱基的正常配对。在正常情况下 T 与 A 配对，若二聚体形成，就要破坏 A 的正常掺入，复制就会在这一点上突然停止或错误进行，以至在新形成的链上有了一个改变了的碱基序列。

在对生物复活能力的试验中，发现复活率与二聚体的减少有对应关系，这就说明紫外线照射后产生二聚体是 DNA 突变的主要原因之一。在被研究过的所有大肠杆菌中，发现每产生一个二聚体所需的紫外线照射剂量是相同的，

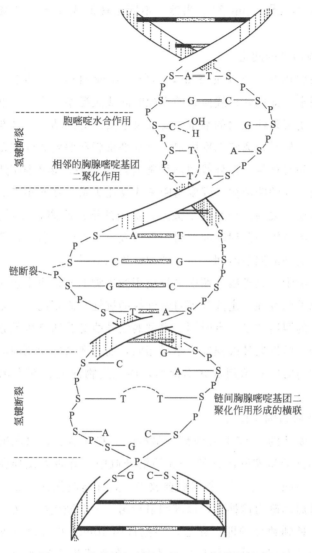

图 2-24　紫外线辐射引起的 DNA 结构的变化

胸腺嘧啶(T)　　胸腺嘧啶二聚体(T=T)

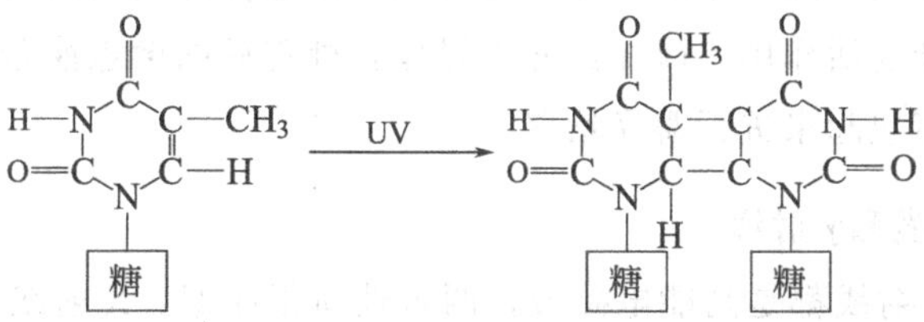

图 2-25　紫外线辐射所形成的胸腺嘧啶二聚体

为 6 个二聚体/(erg● · mm^{-2})。当然，不同菌株形成 T＝T 二聚体所需能量并不相同。

2. 紫外线剂量的测定

紫外线的强度单位为 erg/mm^2，但测定比较困难，所以在诱变工作中，常用间接法测定，即用紫外线照射的致死时间或致死率作为相对剂量单位。

微生物所受紫外线照射的剂量主要取决于紫外灯的功率、灯与微生物的距离和照射时间。如果距离和功率固定，那么剂量就和照射时间成正比，即可用照射时间作为相对剂量。紫外线的剂量随着灯与被照射物的距离缩短而增加，在短于灯管长 1/3 的距离内，强度与距离成反比关系，在此距离之外，则和距离的平方比成反比关系。按照这个关系，适当的增加距离，并延长照射时间，可以和缩短距离及缩短照射时间取得相等的效果。另外，若其他条件固定，分次处理与一次处理的照射时间一致，处理结果也应类似。

在很多文献中，紫外线的照射剂量还用微生物的死亡率来表示，因为在一般情况下，每种菌种在一定条件下对紫外线的抗性是固定的，一定的死亡率必定对应于一定的照射剂量。有时同一类型的紫外线灯管所产生的紫外线波长范围会有所不同，所以紫外线强度也不尽相同，而且还会随使用时间的延长而下降。因此用照射时间表示剂量并不确切，用微生物的死亡率表示剂量还比较实用。

3. 紫外线照射的操作方法

在暗室中安装的 15W 紫外线灯管最好装有稳压装置，以求剂量稳定。处理时，可将 5ml 菌悬液放在直径 5cm 的培养皿中，置磁力搅拌器上，使培养皿底部离灯管 30cm 左右，培养皿底要放平，处理前应先开灯 20～30min 预热稳定。照射时启动磁力搅拌器，以求照射均匀。一般微生物营养细胞在上述条件下照射几十秒到数分钟即可死亡，芽孢杆菌 10min 左右也可死亡，革兰阳性菌和无芽孢菌对紫外线比较敏感。当然，在正式进行处理前，应作预备实验，作出照射时间与死亡率的曲线，这样就可以选择适当的剂量了。

为了避免光复活作用，应在红光下操作，处理后的菌悬液若需进行增殖培养，也可用黑布包起来进行避光培养。

(二) X 射线和 γ 射线

X 射线和 γ 射线都是高能电磁波，两者性质很相似。X 射线波长是 0.06～

● 1erg=10^{-7}J。

136nm，γ射线的波长是 0.006～1.4nm，短波 X 射线也就是 γ 射线。X 射线和 γ 射线作用于某种物质时，能将该物质的分子或原子上的电子击出而生成正离子，这种辐射作用称为电离辐射。能量越大，产生的正离子越多。生物学上所用的 X 射线一般由 X 光机产生；γ 射线来自于放射性元素钴、镭或氚等。

1. 电离辐射诱变机理

尽管电离辐射在诱变育种方面开展较早，机理方面也早就提出靶子说，但它对 DNA 的作用还未得出较完整的概念。由于 X 射线和 γ 射线是一个一个光子组成的光子流，光子是不带电的，所以它不能直接引起物质电离，只有与原子或分子碰撞时，把全部或部分的能量传递给原子而产生次级电子，这些次级电子一般具有很高的能量，能产生电离作用，因而直接或间接改变 DNA 结构。直接的效应是造成碱基与脱氧核糖之间的糖苷键、脱氧核糖与磷酸之间的磷酸二酯键的断裂。间接的效应是电离辐射从水或有机分子产生自由基。自由基作用于 DNA 分子，引起缺失和损伤，自由基的作用对嘧啶更强。此外还能引起染色体畸变，即因染色体断裂引起染色体的倒位、缺损和重组等。但发生了染色体断裂的细胞常常不稳定，因为复制时会引起分离，这是此类诱变剂的一个缺点。

2. 剂量的测定

物理方法测定是直接测定每毫升空气内发生电离的数目或测定能量，单位以 erg/g 受照物表示。化学方法测定是用硫酸亚铁法，此法的原理是亚铁受一定能量的 X 射线或 γ 射线照射后就产生一定量的高铁，在一定范围内高铁生成量与所吸收的能量成正比。高铁的量可用紫外分光光度计在 304nm 波长处测定消光值，再由公式换算出剂量。

3. X 射线和 γ 射线的应用

各种微生物对 X 射线和 γ 射线的敏感程度差异很大，可以相差几百倍，引起最高变异率的剂量也随着菌种有所不同。照射时一般用菌悬液，也可用长了菌落的平板直接照射。一般照射剂量 $(4～10)×10^4R$[1]。

(三) 快中子

1. 快中子及其诱变作用

中子是原子核中不带电荷的粒子，可以从回旋加速器、静电加速器或原子反应堆中产生。中子具有很高的能量，其中快中子具有的能量最高，为 0.2～

---

[1]　$1R = 2.58×10^{-4}C/kg$。

10MeV。中子不带电荷，也不会直接引起物质的电离，但却能与被照射物质的原子核相撞击而将能量转移给后者，接收了中子能量的原子核释放出质子，它带正电荷并具有很高的能量。当这些质子透过物质时引起物质的电离。在受快中子照射的物质中，质子是被不定向地打出来的，电离是在受照射物体内沿质子的轨迹集中分布的。质子的电离作用所引起的生物学效应与 X 射线和 γ 射线基本相同，但是由于快中子较 X 射线和 γ 射线具有更大的电离密度，因而能够引起基因突变和染色体畸变，特别是正突变，因而近年来应用较广。

快中子的剂量通常以戈（Gy）表示，其定义为 1g 被照射物质吸收 100erg 辐射能量的射线剂量为 10^{-2} Gy，即 1rad❶。由于测定较困难，在水中和空气中也不一样。为了比较起见，可以转换以库（C/kg）为单位，1 伦琴（R）= $2.58×10^{-4}$ C/kg，即产生的离子数与 1R 的 X 射线所产生的离子数相当时的剂量为 1R，常用 X 射线剂量计在快中子照射下进行测定。

2. 快中子的应用

可将放在安瓿管中的菌悬液或长在平皿上的菌落置射线源一定距离处，进行快中子照射。所用剂量的范围大约为 10～150krad，约为 100～1500Gy。有人报道，用 10～30krad 的剂量进行处理，控制致死率为 50%～85%，产生的正突变率可达 50%。快中子在微生物诱变育种中有较为广泛的应用。

（四）离子注入

近十年来，离子注入技术的应用逐渐从物质表面修饰等方面发展成一种新型的生物诱变手段，并以其独特的诱变机理和较显著的生物学效应受到关注，被广泛地应用于植物、微生物的育种和转基因。离子注入的质量、电荷、能量参数可以按需要进行不同组合，这种联合作用不但使诱变具有较高的方向性和可控性，还可使产生的生物学效应比单一辐射更为丰富，这就为筛选有利的突变型提供了较大的空间。

离子注入技术的基本原理是用能量为 100keV 量级的离子束入射到材料中去，离子束与材料中的原子或分子将发生一系列物理的和化学的相互作用，入射离子逐渐损失能量，最后停留在材料中，并引起材料表面成分、结构和性能发生变化，从而优化材料表面性能，或获得某些新的优异性能。

有关诱变剂的主要效应见表 2-4。

---

❶ 1rad＝10mGy。

表 2-4　化学和物理诱变剂的主要效应

诱　变　剂	在 DNA 上的初级效应	遗 传 反 应
碱基类似物	掺入作用	AT↔GC 转换
羟胺	与胞嘧啶起羟化反应	GC→AT 转换
亚硝酸	A、C 的脱氧基作用 DNA 交联	AT→GC 转换 缺失
烷化剂	烷化碱基(主要是 G)而导致:脱嘌呤作用;烷化碱基的互变异构作用;DNA 链的交联作用;糖-磷酸骨架的断裂	碱基置换(AT↔GC 转换、AT→TA 颠换、GC→CG 颠换)及染色体畸变
吖啶类	个别碱基的插入或缺失	移码突变
紫外线照射	形成嘧啶二聚体;形成嘧啶的水合物;DNA 交联;DNA 断裂	AT→GC 转换、AT→GC 颠换、及移码突变
电离辐射	脱氧核糖-碱基之间化学键及脱氧核糖-磷酸之间化学键的断裂;通过自由基对 DNA 的作用	AT↔GC 转换、移码突变及染色体畸变

三、生物诱变剂

20 世纪 80 年代初,人们在采用某些噬菌体来筛选抗噬菌体突变菌株时,发现常伴随着出现抗生素产量明显提高的抗性突变株。这类具有转座功能的溶源性噬菌体即转座噬菌体,能引起突变,具有明显的诱变效应。其中研究得较多的是 Mu 噬菌体。

Mu 噬菌体(mutator phage)是大肠杆菌的温和噬菌体,为线状双链 DNA 分子,但不同于 λ 噬菌体,其 DNA 几乎可插入到宿主染色体的任何一个位点上,当 Mu 噬菌体发生转座插入到宿主染色体上时,会引起突变,是典型的生物诱变剂。

第五节　突变生成过程

生物体的遗传物质除了一部分病毒是 RNA 外,其余都是 DNA,由相同的四种核苷酸构成。理论上对于相同的诱变剂任何一个个体应该有相同的反应,但事实并非如此,原因就在于作用对象不是游离的 DNA。诱变剂在接触 DNA 之前必须经过细胞表面和细胞质等屏障,在接触 DNA 并造成 DNA 损伤后,细胞中的各种修复系统会对 DNA 进行修复,各种修复系统对最终导致的突变又有不同的影响。从诱变剂进入细胞到突变体的形成是一个复杂的生物学过程,受到多种酶的作用和影响。突变型细胞充分表达为突变表型,在大量野生型细胞中形成菌落还与环境因素及细胞的生理状态有关。具体的突变生成过程如图 2-26 所示。

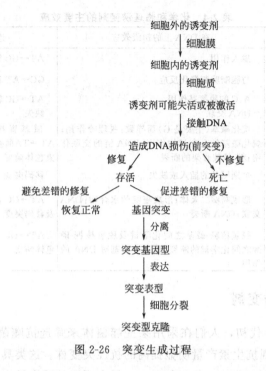

图 2-26 突变生成过程

一、诱变剂接触 DNA 分子之前

诱变剂处理微生物细胞时，首先要和细胞充分接触，然后诱变剂必须进入细胞，经过细胞质，到达核质体与 DNA 接触才能诱发突变，在这一过程中受到许多因素的影响。对于化学诱变剂来说，这个过程可能与诱变剂扩散速度的快慢、诱变效应和杀伤力强弱，以及细胞壁的结构组成成分及细胞的生理状态有关。

许多生物的细胞对辐射的杀伤和诱变反应各不相同，这在很大程度上是由于细胞表面对辐射的穿透能力不同而造成的。而从细胞透性突变型的诱变效应中可以看到细胞的透性对化学诱变剂诱变效应的影响。例如脂多糖是 G⁻ 细菌细胞膜的一个重要成分，在鼠伤寒沙门杆菌中有一个突变型称为深度粗糙突变型（deep rough，*rfa*），由于它的脂多糖是不正常的，所以诱变剂很容易地通过细胞膜而进入细胞，因此许多诱变剂对于这一菌株的诱变率比野生型菌株高出约 10 倍。

二、DNA 的损伤

诱变剂和 DNA 接触后能否发生突变，与 DNA 是否处于复制状态密切相关，而 DNA 复制活跃程度与某些营养条件和细胞的生理状态有关，因为 DNA 复制需要以蛋白质合成作为基础。诱变剂和 DNA 接触后，发生化学反应，继而使得 DNA 上的碱基发生变化，产生变异。

所谓的 DNA 损伤是指任何一种不正常的 DNA 分子结构，也称为前突变。DNA 分子的损伤类型很多，包括形成碱基的衍生物、非标准碱基、碱基的丢失、烷基化损伤、链的断裂、交联等。生物体内外许多因素都能造成 DNA 分子结构的异常，如紫外线、电离辐射、氧化剂、烷化剂等。一种因素可能造成多种类型的损伤，而一种类型的损伤也可能来自不同因素的作用。

1. 非标准碱基和碱基的衍生物

在 DNA 链中会存在非标准碱基和碱基的衍生物，例如尿嘧啶能够在 DNA 复制时渗入，胞嘧啶、腺嘌呤能自发脱氨氧化分别形成尿嘧啶和次黄嘌呤。此外，碱基在各种化学、物理因素如紫外线、电离辐射等的作用下，产生碱基的衍生物（如 3-甲基腺嘌呤、6-氢-5,6-二羟胸腺嘧啶、2,4-二氨基-6-羟-5-N-甲基甲酰亚胺嘧啶、嘧啶二聚体等）也会存在于 DNA 分子中。其中最常见的为胸腺嘧啶二聚体（图 2-27）。由于相邻的胸腺嘧啶产生二聚体，两个碱基平面被环丁基所扭转，引起双螺旋构型的局部变化，同时氢键结合力也显著减弱。这样，当以胸腺嘧啶二聚体的 DNA 作为模板进行复制时，PolⅢ将两个腺嘌呤核苷酸加上去，但由于不能很好地形成氢键，然后又由 3'→5'校对功能而将之水解。这样的事件反复发生，因而产生一个空耗的过程，即大量的 dATP 被分解，而 DNA 复制毫无进展。由于蛋白质仍在不断地合成，而 DNA 不能复制，细胞也就不能分裂，这样就出现细丝状的所谓蛇形细胞，最后导致

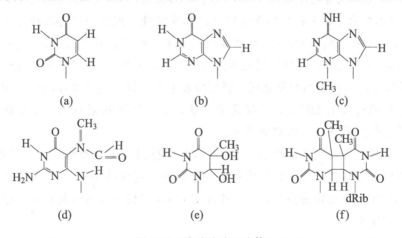

图 2-27　胸腺嘧啶二聚体

细胞死亡。

2. 碱基的丢失

一般说来，嘌呤或嘧啶碱基的甲基化作用往往会破坏 N-糖苷键。如鸟嘌呤甲基化后可形成 7-甲基鸟嘌呤，其结果就会使 DNA 分子立即发生脱嘌呤作用，形成无嘌呤位点。同样如果 DNA 分子中某个嘧啶碱基甲基化，就会发生脱嘧啶作用，形成无嘧啶位点。这些无嘧啶、无嘌呤位点统称为 AP 位点 (apurinic and apyrimidinic site)。此外，细胞内的各种糖基化酶 (N-glycosy-lase) 也能产生 AP 位点。

3. 烷基化损伤

许多烷化剂都能将 DNA 中的嘌呤碱基，特别是鸟嘌呤烷基化，除了 N7 和 N3 烷基化外，还能在 O6 位置上烷基化以及在磷酸骨架上出现烷基化。

4. 链的断裂和交联

许多理化因子能够引起 DNA 的单链断裂或双链断裂。电离辐射具有强烈的链断裂作用，这是通过辐射粒子的直接和间接作用（在体内产生次级高能电子和自由基作用于 DNA）造成的。过氧化物、巯基化合物、某些金属离子以及 DNAase 等都能引起 DNA 链的断裂。

某些抗生素如丝裂霉素 C 和一些试剂如亚硝酸等能引起链内碱基的交联和链间碱基的交联，就会引起双螺旋变形和阻遏复制时双链的分离。

三、DNA 的修复

DNA 是遗传信息的物质载体，对于生命状态的存在和延续来说是非常重要的。DNA 分子要求保持高度的精确性和完整性，细胞中没有哪种分子可以和它相比。在长期的进化中，生物体演化出了一系列保障 DNA 安全的修复系统 (repair system)，包括能纠正偶然的复制错误的系统，如 DNA 聚合酶 $3' \rightarrow 5'$ 的校读功能、糖基酶修复系统、错配修复系统，以及能修复环境因素即体内外化学物质造成的 DNA 分子损伤的系统，如光复活修复系统、切除修复系统、重组修复系统、SOS 修复系统。

自然界的各种生物都能通过 DNA 修复降低自发突变和诱发突变的水平，使其在整体遗传变异与原有遗传信息的稳定性之间保持平衡。DNA 损伤的修复和基因突变有密切的关系，突变往往是 DNA 损伤与损伤修复这两个过程共同作用的结果。

DNA 的修复是一种复杂而又多样化的过程，以下主要讨论细菌中各种

DNA 结构变异的修复机制以及各种修复机制之间的相互关系。

（一）复制修复

1. DNA 聚合酶的校读功能

DNA 聚合酶的校读功能对于 DNA 作为遗传物质所必需的稳定性和极高的保真度至关重要。Pol Ⅰ 和 Pol Ⅲ 都具有 DNA 聚合酶的活性，但是 Pol Ⅰ 的聚合酶活性主要用于 DNA 的修复和 RNA 引物的替换，而 Pol Ⅲ 才是使 DNA 链延长的主要的聚合酶。两者都具有 $3'{\rightarrow}5'$ 核酸外切酶的活性（图 2-28），这种酶活性是基于对不配对碱基造成的单链的识别，因此这种酶活性是保证 DNA 聚合作用的正确性必不可少的，这种功能称为校对功能或编辑功能。

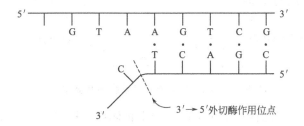

图 2-28　DNA 聚合酶的 $3'{\rightarrow}5'$ 核酸外切酶活性

从广义上说，DNA 聚合酶的校对功能也可以算作修复系统，不过它是 DNA 聚合酶所具备的性质，错误碱基并不存在于 DNA 链的内部，而是瞬时存在于链的生长点上，通常属于复制的范畴。

2. N-糖基酶修复系统

DNA 糖基酶修复系统对于生物体的生存十分重要，对于 DNA 分子中的非标准碱基和碱基的衍生物都是通过各自专一识别的 N-糖基化酶来参与完成错误碱基的切除修复（base excision repair）的，这一系统所要修复的错误碱基已经存在于新生 DNA 链的内部，修复是在复制过程中或复制完成后较短的时间内进行的。以下以尿嘧啶-N-糖基酶系统为例介绍这一修复机制。

DNA 链中尿嘧啶的来源有两种，一部分由 dCTP（脱氧胞苷三磷酸）自发脱氨氧化而产生，另一部分是极其少数逃逸 dUTPase（脱氧尿苷三磷酸酶）作用渗入到 DNA 中的，由于 DNA 聚合酶不能区分 dUTP（脱氧尿苷三磷酸）和 dTTP（脱氧胸苷三磷酸），因而 U 能和 A 发生氢键结合，从而使得 DNA 聚合酶的校对功能无法识别它。这些在 DNA 中的 U 必须要去除，就需要尿嘧啶-N-糖基酶修复系统的一系列酶的共同作用，包括尿嘧啶-N-糖基酶、AP 限制性内切酶，核酸外切酶，DNA 聚合酶 Pol I、DNA 连接酶。其修复过程如图 2-29 所示，首先在糖基化酶的作用下切开缺陷碱基与脱氧核糖之间的糖基化键，释放缺陷碱基，形成一个 AP 位点；然后在 AP 核酸内切酶的作用下，把 AP 位点的磷酸二酯键打开，进一步分解掉不带碱基的磷酸脱氧核糖，最后在 DNA 聚合酶 I 和连接酶的作用下完成修复。

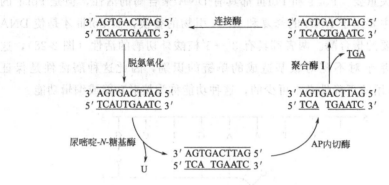

图 2-29　尿嘧啶-N-糖基酶系统的修复过程

DNA 糖基酶广泛存在于几乎所有的生物体内，根据它们是否具有内在的 AP 限制性内切酶活性，可分为两类：第一类不具有 AP 内切酶活性，如尿嘧啶糖基酶、次黄嘌呤糖基酶、3-甲基腺嘌呤糖基酶、甲酰亚氨嘧啶糖基酶等；第二类具有内在的 AP 限制性内切酶活性，如嘧啶二聚体糖基酶、水合胸腺嘧啶糖基酶。

3. 错配修复系统（mismatch repair system）

DNA 聚合酶偶尔能催化不能与模板形成氢键的错误碱基的渗入，通常这种复制错误由 DNA 聚合酶的 $3' \rightarrow 5'$ 校对功能立即纠正，然后才开始下一个核苷酸的聚合反应。然而在某些特殊条件下，DNA 聚合酶将极少数的错误碱基遗留在 DNA 链上而没有进行纠正，这种错误的频率估计为 10^{-8}，即 10^8 个碱基中有一个碱基是不配对的错误碱基。由于 DNA 的完整性和精确性是生命的根本所在，因而细胞中演化出另一种修复系统——错配修复系统给予第二次纠正错误的机会，从而使得人们实际测量到的突变频率为 10^{-10} 或 10^{-11}。

然而，新生的 DNA 链与模板链形成双螺旋结构（不配对的部位除外）时，错配系统如何识别不配对部分的碱基哪一个应该被纠正，识别标志与细胞中的甲基化作用有关：在 DNA 中天然的甲基化碱基有两种，一种是 N^6-甲基腺嘌呤，另一种是 5-甲基胞嘧啶。其中腺嘌呤的甲基化是错配修复系统的识别标志，这一标志具有碱基顺序特异性。N^6-甲基腺嘌呤（^{m}A）一般都包含在 G^{m}ATC 这样的顺序中，在亲本链上甲基化程度高并且均一。而沿着新生的

DNA 链，有一个甲基化的梯度，靠近复制叉处甲基化程度最小。根据这些特征，错配修复系统就可以识别出模板链和新生链，从而纠正新生链上的不配对碱基。

错配修复系统主要包括错配矫正酶、DNA 聚合酶和 DNA 连接酶。错配矫正酶（mismatch correction enzyme）由基因 *mutH*、*mutL*、*mutS* 所编码，是一个能识别新生链上错配碱基和未甲基化的 GATC 序列的内切核酸酶。错配修复过程如图 2-30 所示。首先 MutS 蛋白与错配位点结合，然后 2 个 MutH 蛋白和一个 MutL 蛋白结合到 MutS 蛋白上形成复合物。DNA 链通过这个蛋白复合物进行双向滑动，形成一个含有错配碱基在内的 DNA 环，蛋白复合物

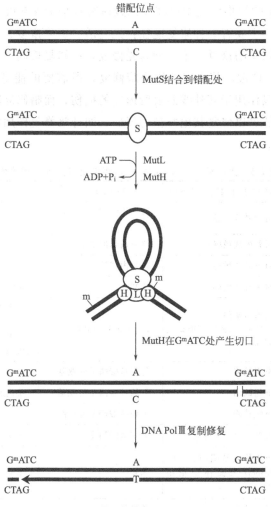

图 2-30　甲基化引导的错配修复系统

中的 MutH 蛋白的一个亚基从 5′ 或 3′ 方向移动到最近的半甲基化的 G^{m}ATC/CTAG 序列时，切割未甲基化的链。被切割的 DNA 链在核酸外切酶的作用下从断裂处开始朝错配位点进行降解，然后在 DNA PolⅢ 作用以亲本链为模板合成新的 DNA 链。

错配修复对于去除渗入 DNA 的碱基结构类似物也很重要。一些碱基结构类似物能够与模板上的碱基配对生成氢键而不被 DNA 聚合酶的校对功能所识别，但是这种碱基类似物常有烯醇式和酮式的转变，因而在下一轮复制时可能会引发突变。错配修复系统能在下一轮复制之前将碱基类似物去除。

(二) 损伤修复

在 DNA 分子的损伤修复中以嘧啶二聚体特别是胸腺嘧啶二聚体的修复机制研究得最清楚，主要有五种修复途径：光复活、切除修复、重组修复、SOS 修复以及二聚体糖基酶修复。第一种为光修复，在修复机制中利用光能来切除二聚体之间的 C—C 键，其余四种均为暗修复，所需要的能量来自 ATP 的水解。光修复机制只作用于紫外线照射所形成的损伤，而暗修复除了可以作用于嘧啶二聚体外，还可以修复其他类型的损伤，四种暗修复作用涉及到许多基因的产物（表 2-5）。

表 2-5 大肠杆菌 (*E. coli*) 中与暗修复有关的基因产物

基　　因	细胞中该基因突变的效应	基 因 产 物	功　　能
uvrA	对紫外线敏感	修复内切酶的 ATPase 亚基	除去胸腺嘧啶二聚体
uvrB	对紫外线敏感	修复内切酶的亚基	
uvrC	对紫外线敏感	修复内切酶的亚基	
uvrE	对紫外线敏感	未知	未知
recA	①重组缺陷 ②DNA 损伤后不能诱发修复途径	RecA 蛋白,40kDa[①]	①重组及重组修复所需的 DNA 链交换活性 ②诱导 SOS 修复系统所需的蛋白酶活性
recB	重组缺陷	外切核酸酶Ⅴ的亚基	重组及重组修复所需
recC	重组缺陷	外切核酸酶Ⅴ的亚基	
recD	重组缺陷	外切核酸酶Ⅴ的亚基	
sbcB	抑制 *recBCD* 突变	外切核酸酶Ⅰ	未知
recF *recJ* *recK*	重组修复缺陷;在 *recBCD*、*sbcB* 突变体中重组缺陷	未知	未知
recE	重组缺陷	外切核酸酶Ⅷ	未知

续表

基　　因	细胞中该基因突变的效应	基因产物	功　　能
umuC	不能产生 SOS 修复的突变效应	未知	未知
lon	UV 敏感,中隔缺失	结合于 NDA 的 ATP 依赖性的蛋白酶	控制荚膜多糖合成的基因
mutH, *mutL*, *mutS* 等 *mut* 基因	增加突变率	错配矫正酶亚基	错配修复系统所需
dam	UV 敏感,增加突变率	DNA 腺嘌呤甲基化酶	错配修复系统所需
lexA	使许多修复系统基因,特别是 SOS 系统的基因失去调节	阻遏蛋白,40kDa	控制许多修复系统基因的表达

① 1Da＝1u＝1.660540×10^{-27}kg。

1. 光复活

光复活作用是指细菌在紫外线照射后立即用可见光照射,可以显著地增加细菌的存活率,突变率相应降低,而且细菌的存活率随着可见光的剂量而增加。研究表明光复活是一种酶促反应,在 *E.coli* 中光复活修复只需要一个酶,即光复活酶(photo-reactivating enzyme,PR 酶),由基因 *phr* 编码,分子质量为 (5.5～6.5)×10^{4}Da,在可见光(波长为 300～500nm)的活化下,由光复活酶催化嘧啶二聚体分解成为单体(图 2-31)。几乎所有的生物细胞中都已发现光复活酶。

光复活过程并不是 PR 酶吸收可见光,而是 PR 酶先与 DNA 链上的胸腺嘧啶二聚体结合成复合物,这种复合物以某种方式吸收可见光,并利用光能切断胸腺嘧啶二聚体之间的 C—C 键,胸腺嘧啶二聚体变为单体,PR 酶就从 DNA 上解离下来。其具体的光化学机制还不清楚,光复活作用同样能使得细胞中形成的胞嘧啶二聚体以及胞嘧啶-胸腺嘧啶二聚体单体化。

2. 切除修复

核苷酸切除修复是生物体内进行 DNA 修复的重要途径,是在限制性内切酶、核酸外切酶、DNA 聚合酶以及 DNA 连接酶的协同作用下将嘧啶二聚体酶切除去,继而重新合成一段正常的 DNA 链以填补酶切所留下的缺口,使损伤的 DNA 分子恢复正常的修复方式。核苷酸切除修复是一种多步骤的酶反应过程,发生在 DNA 复制之前,是对模板的修复。

第一步:切。一种修复内切酶能够识别胸腺嘧啶二聚体所引起的 DNA 双螺旋结构的变形,并在二聚体两侧的糖-磷酸骨架上作一切口,切下包含损伤在内的核苷酸单链片段。切口的一边是 5′-P,另一边是 3′-OH。

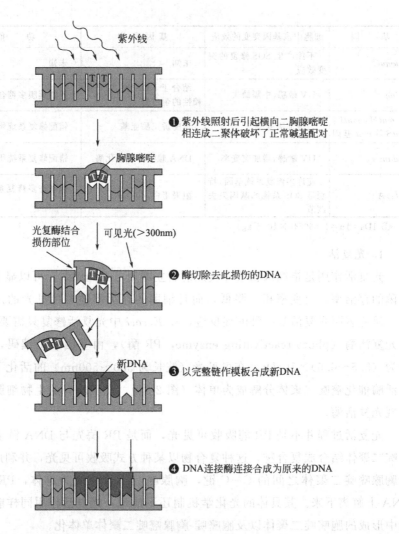

紫外线

❶ 紫外线照射后引起横向二胸腺嘧啶
相连成二聚体破坏了正常碱基配对

胸腺嘧啶

光复酶结合
损伤部位

可见光(>300nm)

❷ 酶切除去此损伤的DNA

新DNA

❸ 以完整链作模板合成新DNA

❹ DNA连接酶连接合成为原来的DNA

图 2-31 在紫外线作用下胸腺嘧啶二聚体的产生和修复

第二步：补。由 Pol I 在 3′-OH 末端聚合一条新的 DNA 链，并同时置换掉大约 20 个核苷酸的 DNA 片段（其中包括胸腺嘧啶二聚体）。

第三步：切。被置换出来的片段由 Pol I 的 5′→3′核酸外切酶活性和限制性内切酶活性切除。除了 Pol I 是执行这项任务的主要酶之外，还有其他的外切核酸酶也能进行这一反应。

第四步：封。DNA 连接酶封合新合成的 DNA 片段和原来的 DNA 链之间的一个缺口。

E. coli 的修复内切酶由三种亚基构成，即 UvrA、UvrB、UvrC。修复限

制性内切酶对于胸腺嘧啶二聚体的识别原理是由于胸腺嘧啶二聚体引起 DNA 双螺旋的变形，因而 Uvr 系统不但能修复胸腺嘧啶二聚体，其他能引起 DNA 双螺旋变形的损伤也能被修复限制性内切酶识别。也就是说 UvrABC 能修复不同类型的损伤，但它并不能直接识别任何一种损伤部位，相反它识别的是 DNA 某一部位非正常的形状（图 2-32）。

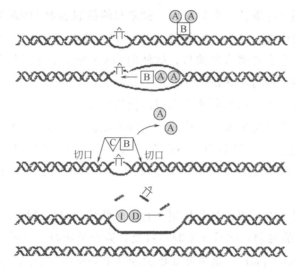

图 2-32 UvrABC 限制性内切酶切除修复系统

UvrABC 首先结合到不含胸腺嘧啶二聚体的一侧，然后被包裹到 DNA 双螺旋的另一侧。当它"触摸"到非正常形状时，立即触发它的限制性内切酶活性，在双螺旋不含嘧啶二聚体的一侧，在一圈多一点的两个位点切下包含二聚体在内的 12 对核苷酸单链 DNA 片段。

许多生物中都有修复限制性内切酶，大肠杆菌、微球菌、酵母菌以及许多哺乳动物的细胞中 Uvr 限制性内切酶已有详细的研究。患有干皮性色素沉着（xeroderma pigmentosum）的病人就是因为 Uvr 内切酶系统编码的基因发生突变而缺乏切除修复的能力，这种病人在太阳光下就会发生皮肤损伤甚至出现几种皮肤癌。

3. 重组修复

在正常的细胞中，除了 Uvr 系统外，还有 Rec 修复系统，它以不同的途径消除胸腺嘧啶二聚体造成的后果。Rec 修复系统和 Uvr 系统是两个相对独立的修复系统。Uvr 系统负责切除大量的胸腺嘧啶二聚体，而 Rec 系统则负责消除那些没有被切除的二聚体可能造成的可怕后果。Rec 修复系统比切除修复系统更为有效。

细胞中含有嘧啶二聚体或其他结构损伤的 DNA 可以通过两种途径使 DNA 复制继续进行，一种是所谓的二聚体后起始（postdimer initiation），由重组修复系统负责；另一种是所谓的超越二聚体合成（transdimer synthesis），由 SOS 修复系统负责。

重组修复系统中，DNA 复制到胸腺嘧啶二聚体时，大约暂停 5s 左右，而在二聚体的后面（即顺流方向）又以一种未知的机制起始 DNA 复制，这种起始很可能不需要引发。这样，模板链上有一个二聚体，子链上就有一个缺口，在合成的子链上存在许多大的缺口，这样的 DNA 分子如不经修复，是无法再复制下去的。然而通过姐妹链的交换机制，就能产生一条完整的 DNA 链，作为下一轮复制的模板。虽然原来的二聚体仍然存在，但是细胞却完成了这一轮复制。留下的二聚体可能被其他修复机制所去除；或者虽然没有去除，但是随着细胞分裂的进行，这种损伤的 DNA 在细胞群体中逐渐被"稀释"（图 2-33）。不过，当两条链上的两个二聚体处于非常近的位置，则重组修复系统无法进行修复。

重组修复是非常重要的修复机制，它不必像切除修复那样需要等待很久后细胞的 DNA 才能复制，而是先复制再修复，因而重组修复又称为复制后修复（postreplicational repair）。重组修复还能修复某些不能为切除修复所去除的损伤，比如某些损伤并不引起 DNA 双螺旋的变形，但确实阻碍了复制的进行。

在许多细菌中都发现了重组修复，重组修复所涉及的基因大多是细胞正常的遗传重组所需的基因，但重组修复和正常的遗传重组并不是完全一致的。在这个系统中，最关键的基因是 recA。RecA 具有催化 DNA 分子之间的同源联会和交换单链的功能，这对于正常的遗传重组和重组修复都是必不可少的。这两个系统还需要 recBCD 基因，RecB、RecC、RecD 是核酸外切酶 V 的亚基。

值得一提的是 RecA 这一特别的蛋白质，它不但有重组活性，而且还有单链 DNA 结合活性以及由此产生的蛋白酶活性。正是这种蛋白酶活性诱发了许多基因特别是修复系统基因的表达，其中包括切除修复系统、重组修复系统和 SOS 修复系统。

4. SOS 修复系统

（1）UV 复活和 SOS 反应（SOS response） SOS 修复与切除修复不同，切除修复系统的酶在正常的细胞中就存在，而 SOS 系统的酶只有到细胞受到损伤时才出现。

紫外线照射过的大肠杆菌比没有照射过的大肠杆菌更能支持紫外线照射过的 λ 噬菌体的生长。这一现象叫做 UV 复活或 W 复活（以纪念这一现象的发

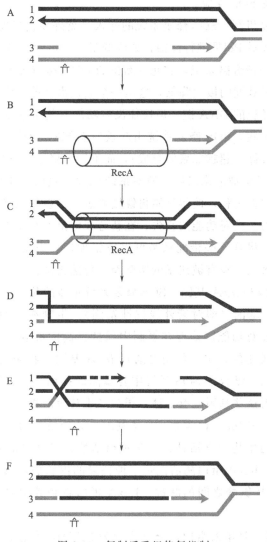

图 2-33　复制后重组修复机制

现者 Jean Weigle）。

　　细菌在紫外线、丝裂霉素 C、烷化剂等作用下，造成了 DNA 损伤，从而抑制了 DNA 的复制。在这种情况下，细胞会产生一系列的表型变化，包括对损伤 DNA 的修复能量迅速增强、诱变率提高、细胞分裂停止，以及 λ 原噬菌体的诱导释放，这些反应通称 SOS 反应。SOS 修复只是 SOS 反应的一部分。不单单是造成 DNA 损伤的因素可以引发 SOS 反应，其他凡能抑制 DNA 复制的因素，如胸腺嘧啶饥饿、加入 DNA 复制的抑制剂以及某些重要的 *dna* 基因突变等，均能触发 SOS 反应。

（2）SOS 修复机制　　SOS 修复系统的介入是紫外线诱发突变的主要原因，它可能以某种方式对 Pol Ⅲ 进行修饰，如改变某一个负责校对功能的亚基。

SOS 修复是一种旁路系统，它允许新生的 DNA 链越过胸腺嘧啶二聚体而生长，其代价是保真度的极大降低，这是一个错误潜伏的过程。有时尽管合成了一条和亲本一样长的 DNA 链，但往往没有功能。其原则是丧失某些信息而存活总比死亡好一些。SOS 修复系统引起校对系统的松懈，以使得聚合作用能够向前越过二聚体（超越二聚体合成），而不管二聚体处双螺旋结构的变形。

当 SOS 修复系统被活化以后，校对系统就大大丧失了识别双螺旋变形的能力，从而结束空耗过程，使得复制再继续前进。错误的碱基可以出现在生长链的任何位置，由于校对功能的丧失，在新合成的链上有比正常情况多得多的不配对错配碱基。尽管这些错配碱基可以被错配修复系统和切除修复系统纠正，但由于数量太大，没有被纠正的错配碱基仍然很多。

（3）*recA* 基因和 *lexA* 基因　　SOS 修复系统牵涉的几个基因中最清楚的是 *recA* 基因和 *lexA* 基因（即对紫外线抗性基因）。生物在长期的进化过程中，已经有了优良的校对功能以确保在复制中保持极高的准确性。在正常的细胞中，SOS 系统是关闭的，这一作用是通过 *lexA* 基因产物来实现的。LexA 蛋白是一种阻遏蛋白，结合在 SOS 系统中各基因的操纵子上，从转录水平上控制这些基因，使得这些基因没有活性，很少产生转录产物。

recA 基因长 1059bp，包含 353 个氨基酸，分子质量为 40kDa。*recA* 基因产物有三种主要的生物化学活性：一是重组活性；二是单链 DNA 结合活性；三是蛋白酶活性。RecA 蛋白酶活性是一种特异的内肽酶，只作用于少数几种蛋白质的丙氨酸-甘氨酸之间的肽键，LexA 蛋白就是其中之一，将底物一分为二。

LexA 蛋白是一种阻遏蛋白，分子质量为 22kDa，在正常细胞内 LexA 蛋白非常稳定，控制着许多操纵子的表达，特别是各修复系统的基因，包括 *recA*、*lexA*、*uvrA*、*uvrB*、*umuC*、*himA* 等 17 个基因，通称 *din* 基因（damage inducible genes），又称为 SOS 基因。在这些基因中有的基因只有在 DNA 复制受到抑制时才表达；有的在正常的细胞中就有低水平的表达，而在 DNA 受到损伤时表达量急剧增加。在大肠杆菌的对数生长期，每个细胞大约有 2000～5000 个 RecA 分子，而在引起 DNA 损伤的处理之后（如紫外线、丝裂霉素 C、萘啶酮酸等），迅速增加到 15 万个分子。

当细胞中 DNA 合成正常进行时，RecA 蛋白是没有蛋白酶活性的。然而当 DNA 合成受到阻遏时，一部分已经存在于细胞中的 RecA 蛋白就转变为有活性的蛋白酶，这种活化作用需要单链 DNA。

如果 LexA 蛋白被水解成两个片段，就不能再阻止 SOS 基因的转录，从而开启了 SOS 系统。当修复完成时，DNA 合成转入正常，RecA 蛋白又失去了蛋白酶活性，LexA 蛋白又得以控制 SOS 系统基因的转录，从而关闭 SOS 系统（图 2-34）。

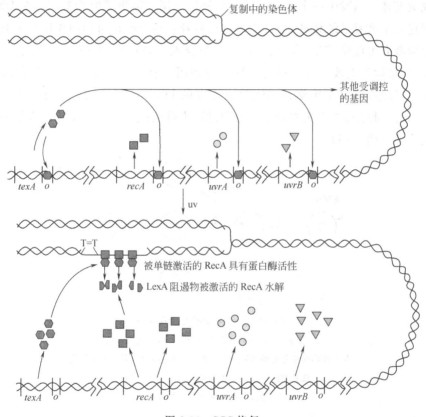

图 2-34 SOS 修复

值得一提的是在 SOS 系统的激活过程中，*lexA* 基因的表达也大量增加，这些大量增加的 LexA 注定要被 RecA 降解掉，一旦细胞度过了 DNA 复制受阻的难关，则 RecA 的蛋白酶活性很快消失，而大量产生的 LexA 又立即占领所有的 SOS 框，从而迅速关闭 SOS 系统。因为 SOS 修复过程是一个错误潜伏的过程，细胞不到万不得已不会启动这一系统的。

光复活、切除修复和二聚体糖苷酶修复都是修复模板链，而重组修复是形成一条新的模板链，SOS 是产生连续的子链。SOS 修复是唯一导致突变的修复，其余的修复机制都是将 DNA 损伤恢复到损伤前的状态或产生与亲本完成相同的子代 DNA。

四、突变基因的形成

1. 前突变的不同命运

从前突变到突变基因的形成要经过相当复杂的过程，并不是所有突变都能形成突变体。当发生一个前突变后，要经过复制才能形成突变基因。在 DNA 复制过程中修复系统会对变异 DNA 进行修补，还有校正机制的作用和一系列酶反应都有可能使其复原，以保证生物自身遗传物质的相对稳定。也就是说 DNA 的结构发生改变后，经过多种修复作用后有两种可能性：一种是 DNA 变异分子经过修复系统修补后恢复成原有的 DNA 分子结构，不能形成突变体；而另一种是 DNA 突变分子在复制过程中排除或克服修复系统的作用而成为突变体（图 2-35）。

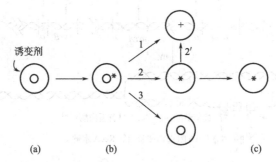

图 2-35　前突变的可能结果

（a）正常细胞；（b）DNA 的损伤；（c）突变细胞

1—由于损伤未修复导致细胞死亡；2—通过错误的修复而固定损伤，

细胞基因突变，这种突变也可能是致死的；

3—通过正确修复而恢复原序列

上述的修复系统似乎能修复一切损伤，然而实际上当射线和化学物质作用时，还是会出现细胞大批死亡。其原因一是 DNA 产生了不可修复的损伤，如射线引起 DNA 双链在同一点断裂；二是修复系统本身受到损伤；三是修复系统被饱和，修复不了大量的损伤；四是修复引起的突变导致所产生的对细胞生存所必需的产物没有活性。

2. 环境因素的影响

基因突变和 DNA 的损伤修复有关，所以影响修复系统中的酶活性的环境因素都能影响基因突变。例如咖啡碱能抑制切除修复系统中的酶，所以对于紫外线的诱变作用有强化效应。依赖于蛋白质合成的 SOS 修复系统属于促进差错的类型，因而丰富的培养基对于诱变作用有强化效应，而氯霉素则相反。

本身没有诱变作用，但是对于诱变剂的诱变作用具有增强效应的物质称为助变剂（comutagen），例如色氨酸焦化后转变为两种诱变剂和两种助变剂（图 2-36）。一些金属盐类如氯化锂、硫酸锰等本身没有诱变效果，但是与其他诱变剂复合使用，能发挥显著的作用。而能够减弱诱变剂的诱变效应的物质称为抗变剂（antimutagen）。例如 NTG 的诱变效应能被氯化钴和红细胞中的含硫化合物所减弱。

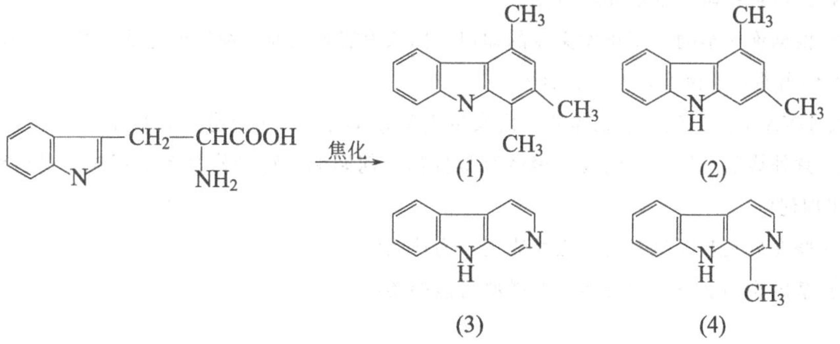

图 2-36　色氨酸焦化后转变为两种诱变剂（1）、（2）和两种助变剂（3）、（4）

五、从突变到突变表型

突变基因的出现并不意味着突变表型的出现，表型的改变落后于基因型的改变称为表型延迟（phenotype lag）。表型延迟现象是指微生物通过自发突变或人工诱变而产生新的基因型个体所表现出来的遗传特性不能在当代出现，其表型的出现必须经过 2 代以上的繁殖复制。

表型延迟的原因有两种，分别为分离性表型延迟（segregational lag）和生理性表型延迟（physiological lag）。

当突变发生在多核细胞的某一个核，该细胞就成为了杂核细胞。如果突变基因是隐性的，而突变细胞的表型仍然是野生型的，那么直到通过细胞分裂出现同一细胞中所有细胞核都含有突变基因时，细胞的表型才是突变型，这一过程称为分离性表型延迟。

生理性表型延迟是由于原有基因产物的影响。野生型细胞中每个基因的功能产物，例如某种酶聚积在细胞内，当某个基因突变后，虽然失去了产生这种功能产物的能力，但是原有的功能产物仍然能起作用，必须要经过几代繁殖后，子细胞中原有的基因产物浓度逐步被稀释降低到最低限度，才表现出突变表型，这就是生理性延迟。

复习思考题

① 名词解释：突变，突变型，染色体畸变，基因突变，转换，颠换，同义突变，错义突变，无义突变，移码突变，条件致死突变型，回复突变，沉默突变，突变率，转座因子，诱变剂，光复活作用，切除修复，重组修复，SOS修复，表型延迟。

② 突变的表现型有哪些？基因突变的特点有哪些？

③ 如何从突变的分子机制来解释突变的自发性和随机性？

④ 试述各种诱变剂的作用机制。

⑤ 根据你所学的关于诱发突变的知识，你认为能否找到一种仅仅对某一基因具有特异性诱变作用的化学诱变剂？为什么？

⑥ DNA链上发生的损伤是否一定发生表型的改变？尽你所能说出理由。

⑦ 紫外线引起的胸腺嘧啶二聚体对微生物有何影响？哪些修复系统可对此进行修复，其结果如何？

⑧ 突变后其基因型是否会很快表现？为什么？

⑨ 基因型的变异在表现型上有哪些可能的类型？

第三章 基因突变的应用

自基因突变被发现以来，其应用就体现在两个方面。其一是应用在科学研究中，主要是遗传学的研究中。比如应用营养缺陷型突变株和其他生化突变株揭示生化代谢途径及其调控机制；利用各种相关突变株揭示遗传信息的复制、转录、重组等分子遗传学机制；利用基因突变对生物进行遗传标记，用作遗传学研究的材料；利用基因突变研究基因的结构与功能等。正是有了不同类型的基因突变，才有了现代遗传学的发展。

其二是基因突变被广泛应用于生产实践中。比如利用自发突变和诱变育种选育高产菌株；利用基因突变对菌株进行遗传标记，用作杂交育种、原生质体融合育种或基因工程育种的亲本，以及对高产菌株退化的防止，并采取相应措施予以复壮等。

本章将主要介绍基因突变在工业微生物育种工作中的应用。

第一节 诱变育种

诱变育种是用物理和化学等因素，人为地对出发菌株进行诱变处理，然后运用合理的筛选程序及适当的筛选办法把符合要求的优良变异菌株筛选出来的一种育种方法。其工作过程并不复杂，包括诱变与筛选两步。用诱变剂处理出发菌株，诱发遗传物质发生突变，从变异群体中筛选优良菌株，然后再诱变，再筛选，如此连续反复，不断选育出一个又一个优良菌株，其工作量主要体现在筛选上。作为工业微生物育种学史上出现较早的方法，诱变育种是迄今工业微生物育种工作中成绩最辉煌、最行之有效和最常用的方法之一。

一、概述

1. 诱变育种技术的产生与发展

在诱变技术产生之前，人们主要通过自然选育技术培育工业微生物菌种，即从自然界中直接筛选高产菌株或通过自发突变（驯化）选育高产菌株。自然界存在的微生物，都是经过长期进化演变而来的，对其自身代谢有很严格的调节控制。代谢产物的合成大多被控制在满足其自身生长代谢需要的范围，很难有太多的"过剩"积累或分泌到细胞外。而自发突变频率低，突变幅度也不大。因此，单纯依靠自然选育进行工业微生物育种无疑有很大的局限性，不能满足发酵生产的需要。特别是抗生素工业兴起以后，对微生物育种技术的发展要求更为紧迫。青霉素卓越疗效的发现，是发酵工业的大事，也是国计民生的大事。但菌种水平太低和不适于大规模生产培养的缺陷阻碍了其生产的发展和临床应用。从自然界中广泛寻找新的生产菌株和用单孢子纯化方法进行自然选育，虽然使得自然选育育种技术逐步成熟，但收效却不令人满意。因此，育种工作者们急需一种有效的育种手段。当时，从微生物遗传学家那里传来一个令人振奋的消息。Thom 和 Steinberg（1939）用 X 射线在真菌中首次诱发基因突变成功。很快，这一人工诱变方法被成功地应用于高产菌株的选育。继 X 射线之后，紫外线诱变也获得成功。在短时间内，利用这些物理诱变因素使得青霉素产量突飞猛进，翻了好几番。并且这一方法被迅速推广到其他抗生素生产菌株的育种工作中。除物理诱变剂外，各种化学诱变剂也被广泛应用。

自此后的二三十年间，即从 20 世纪 40 年代中期至 70 年代末，诱变育种技术迅速发展。育种学家对一些有关的问题进行了探索。如 Davis（1964）通过对各种诱变筛选程序的统计学比较，提出了多步积累诱变育种法优于一次高效法的结论；Calam（1964）通过比较各种诱变剂量下的产量分步曲线，得出了低剂量和中等诱变剂量有利于获取高产菌株的结论；Dahl 等（1972）通过分析筛选工作的可能误差，从而提出了应使用对照菌株的概念等。这些有益的探索使诱变育种技术日益成熟，成为工业微生物育种史上成就最辉煌的育种技术。而随着各种自动化和高通量筛选技术的出现，诱变育种的工作效率也得以大大提高。

2. 诱变育种技术在育种工作中的作用

诱变育种技术是工业微生物育种史上成就最辉煌的育种方法。可以说，目前发酵工业中所使用的生产菌株，几乎都曾经过诱变处理。诱变育种的作用主要体现在以下几个方面。

（1）提高目标产物的产量　通过诱变育种可以提高代谢产物的产量，即可以获得高产突变株。在抗生素工业发展的过程中，通过诱变育种而提高抗生素的发酵效价的效果非常显著，有的产品产量提高了几百倍，甚至上千倍。例如青霉素 1943 年开始生产时发酵效价才 20U/ml，而 1955 年就达 8000U/ml，1979 年已达 50000U/ml，目前发酵效价已超过 85000U/ml；又如链霉素，1949 年刚发现时才 50U/ml，而 1955 年则达到 5000U/ml 以上，1979 年已达 25000U/ml，目前发酵效价已超过 35000U/ml；四环素和红霉素分别由刚发现时的 200U/ml（1948 年）和 100U/ml（1955 年）达到 1979 年的 30000U/ml

和 10000U/ml。当然这其中还涉及很多其他的技术进步，但主要因素还在于菌种的诱变选育。

（2）改善菌种特性，提高产品质量，简化工艺条件 通过诱变育种可以改进产品质量。如青霉素的原始生产菌株产黄青霉（*Penicillium chrysogenum*）Wis Q-176，在深层发酵过程中产生黄色素，在产品的提取过程中很难除去，影响产品质量。经过诱变育种获得的无色突变株 DL3D10 不再产生黄色素，既提高了产品质量，又可以简化产品的分离提取工艺，降低了生产成本。

通过诱变育种还可以提高有效组分的含量。像抗生素一类的大多数微生物次级代谢产物都是多组分的，除了有效组分外，还有不少活性低或毒副作用强的组分。通过诱变育种获取消除或减少无益组分的优良高产突变株的例子屡见不鲜。如麦迪霉素产生菌通过诱变育种获得了有效组分 A_1 含量高的突变株；替考拉宁产生菌通过诱变获得了 A_{2-2} 组分高的突变株。

通过诱变育种还可以选育出更适合于工业化发酵要求的突变株，简化工艺条件。如选育产孢子量多的突变株可以减少种子的工艺难度；选育产泡沫少的突变株可以节省消泡剂、增加投料量、提高发酵罐的利用率；选育抗噬菌体突变株可以减少发酵过程中噬菌体污染的可能性；选育对溶氧要求低的突变株，可以降低发酵过程的动力消耗；选育发酵黏度小的突变株，有利于改善溶氧状况，并有利于提高发酵液的过滤性能等。

（3）开发新产品 通过诱变，可以改变微生物的原有代谢途径，使微生物合成新的代谢产物。例如在对产柔红霉素产生菌 *Streptomyces peucetins* 的诱变育种工作中，筛选得到产具抗癌功能的阿霉素的突变株；四环素产生菌通过诱变育种可以获得 6-去甲基金霉素和 6-去甲基四环素的产生菌；卡那霉素产生菌通过诱发突变获得小诺霉素产生菌也是成功范例之一。

（4）给代谢调控育种提供技术手段 诱变育种技术与代谢调控知识相结合，形成了代谢调控育种技术，使工业微生物育种技术迈上了理性育种的新台阶，在氨基酸、核苷酸等高产菌株的选育中取得了非凡成功。有关内容将在下面的章节中加以介绍。

目前，在育种方法上，虽然杂交育种、原生质体融合育种以及遗传工程育种技术等已逐步应用于工业微生物菌种的选育与改良工作中，但诱变育种仍为最主要，也是使用最广泛的一种手段。

3.高产菌株诱变育种的特点

诱变育种的主要目标是选育目的代谢产物的高产菌株。目的代谢产物的产量是一种数量性状。数量性状是一个连续分布的变化，例如抗生素、氨基酸等微生物代谢产物的生产能力从高到低的差异是连续性差异。数量性状是由多个基因控制的，每个基因所起的作用是有限的，并且环境条件对表型有着很大的影响。

数量性状的上述特点和基因突变所具有的随机性、稀有性和独立性等特点，决定了高产菌株的诱变选育具有以下一些特点：①由于基因突变具有随机性和不定向性，而数量性状的变异又呈现连续性分布，因此，出发菌株诱变后其产量变化往往缺乏明显的正负效应，这就造成筛选工作具有相当大的盲目性。②由于数量性状受多基因控制，其诱变过程十分复杂，因此诱变后高产突变株出现的比例很低，需要从大量群体中进行筛选，这使得筛选工作十分繁琐，工作量很大。③由于产量突变是多次细微突变的积累，一般一次诱变很难得到产量大幅度提高的突变株，因此，在诱变育种实际工作中常常采用多步累积诱变育种法，这就使得整个诱变育种工作周期很长。单个诱变育种阶段的产量提高幅度一般不大，多数情况下只有 5%～15%，这与出发菌株产量波动范围十分接近，加上筛选过程中操作误差也很大（主要来自于培养和分析误差），有时甚至超过 5%～15%，这都增加了诱变育种工作的难度，降低了诱变育种工作的效率。④由于基因突变具有独立性，多个基因同时发生突变的概率很低，因此，诱变育种很难集合多个优良性状。

二、诱变育种方案的设计

由于从自然界分离筛选得到的野生菌大多对诱变剂比较敏感，因此，在诱变育种工作的早期阶段，工作进展一般比较顺利，一次诱变提高幅度较大，一个比一个高的突变株不断涌现。但经历长期诱变史得到的高产菌株，再进一步提高时，进展会逐渐变慢，困难也越来越多。因此，在诱变育种工作的早期设计一个周密的育种工作方案十分重要。在制定诱变育种工作方案时，必须考虑以下一些基本问题。

1. 制定明确的选育目标

正如前面所提到的，诱发突变是随机而不定向的，在诱变育种工作中有可能出现多种突变株。除高产性状外，生产菌株的选育还要考虑其他有利性状。但在一次诱变中，试图集合所有优良性状是不现实的。对于经过多次诱变的高产菌株，产量变异幅度越来越小，正变率越来越低，负变率却越来越高，即使单单考虑提高产量，经一次诱变，产量大幅度提高的可能性也不大。因此，一次诱变育种工作所定目标不可太高、太多，如果超过筛选可能性，就会欲速则不达，导致整个育种工作的失败。要充分估计实验室的人力、设备、测试能力，以及诱变过程中产量变异幅度和操作误差等因素，然后谨慎确定育种目标。包括选育什么样的菌株、选育多少株以及大致进度等。

对于从自然界分离筛选的生产菌，诱变育种的总体目标基本是明确的，那就是要满足大规模生产最基本的技术经济指标，使产品具有市场竞争力。在制定育种方案时，就要考虑达到这一总体目标需要进行多少次诱变选育、每一步的选育目标以及整个育种工作的分步进度和总体进度等，统筹考虑育种工作的效率及可行性。

2. 建立可行的筛选方法

与从自然界中分离生产菌株时对适宜培养条件几乎一无所知完全不同的是，在诱变育种工作中，往往对待筛选菌株的培养环境条件（培养基和培养条件）比较了解，可以较容易地确定筛选工作中的培养条件，即可以先采用对出发菌株优化过的培养条件进行初步筛选，然后再考虑对初步确定的正变菌株进行培养条件的优化。因此，与从自然界中直接分离筛选高产菌株相比，在诱变育种工作中，筛选方法的建立要容易一些，其关键问题便是确立一种测定产物的方法。要求该方法既简便易行又准确可靠，既有较高的可信度，又适于处理大量样本。这样，人们就和从自然界中分离筛选生产菌时遇到了同样的问题，即如何处理筛选过程中质与量的问题。一般现生产过程中所采用的发酵分析方法往往是一些经典方法或标准方法，可信度高，但大多情况下会操作较繁琐，不适于处理大量样本；而一些简便的分析方法又往往可信度较差，误差较大。由于在高产菌株的诱变育种工作中，一次诱变其正变幅度往往只有5％～15％，若分析方法误差较大会对筛选工作造成一定影响。因此，在筛选工作中，建立什么样的测定方法，必须具体情况具体分析，权衡利弊，慎重考虑。而筛选方案一旦建立，要有一定的稳定性，不要频繁多变，以利于总结改进。

3. 确定诱变筛选流程

这是诱变育种工作方案设计的中心内容。比如说，拟将出发菌株的生产能力提高20％左右，可以按两种方案进行。一种是一次诱变筛选大量样本，从中选育产量提高20％以上的；另一种育种方案是进行两次诱变，第一次选取生产能力提高10％左右的，第二次再选取提高10％左右的。第一种方案虽然筛选的工作量大，但整个育种周期可能会较短；第二种方案虽然多进行了一次诱变，但每次的筛选工作量会降低，并且对实现筛选目标相对较有把握。那么，在实际育种工作中应该采取哪种工作方案呢？统计资料表明，对于既往诱变史较少的低产菌株，采用第一种方案将有利于提高育种工作的进度。而对于已经进行过多次诱变处理的高产菌株，第二种方案就远比第一种方案有利，有时第一种方案根本就筛选不到满足目标的菌株。因此，在具体工作中，要视具体情况，设计合理而有效的工作流程。

三、诱变育种的一般流程

诱变育种的流程并不复杂，主要包括诱变与筛选两步以及培养环境条件的优化。用诱变剂处理出发菌株，诱发遗传物质发生突变，从变异群体中筛选优良菌株，然后再诱变，再筛选，如此连续反复，不断选育出一个又一个优良菌株。由于多步累积诱变选育法是目前高产菌株诱变育种工作中常用的育种工作方案，因此，图 3-1 就以这种方案为例，介绍诱变育种工作的一般流程。下面将从诱变和筛选两个方面对这一工作流程中的有关问题进行介绍。其大致包括如下基本步骤：出发菌株的选择、诱变菌株的培养、诱变菌悬液的制备、诱变处理、后培养和高产突变株的分离与筛选等。

（一）出发菌株的选择

用于进行诱变处理的菌株叫做出发菌株。诱变育种的目的是提高目的代谢产物的产量，改进质量或改变原有代谢途径，产生新的代谢产物。选好出发菌株对提高诱变效果有着极其重要的意义。由于在诱变育种工作中总是对某一特定物质的产生菌进行诱变处理，有时是对原有生产菌株进行进一步的诱变选育，因此，出发菌株的选择余地通常是很有限的。如果有多株不同菌种，或同一菌种的多个菌株可供选择，那就应该从以下几个方面认真考虑。

1. 尽量选择既往诱变史少的高产菌株

用于诱变育种的出发菌株常有以下几类。

（1）从自然界分离的野生型菌株　这类菌株的特点是对诱变因素敏感，容易发生变异，而且容易产生正突变。

（2）在生产中经历生产条件考验的菌株　这类菌株往往是经自发突变而筛选得到的菌株，从细胞内的酶系统和染色体 DNA 的完整性上看类似于野生型菌株，产生正突变的可能性大。另一方面，由于出发菌株已经是生产菌株，对发酵设备、工艺条件等已具备了很好的针对性，经过诱变育种所获得的正突变株易于推广到工业生产。

（3）已经过诱变甚至是多次诱变改造过的菌株　这类菌株在育种工作中经常采用。对于这类菌株，由于情况比较复杂，必须视具体情况区别对待。一般的看法是，经过多次诱变的高产菌株，经过再诱变，容易产生负突变，这种菌株要继续提高就比较困难。相比之下，产量较低的野生型菌株容易提高产量。

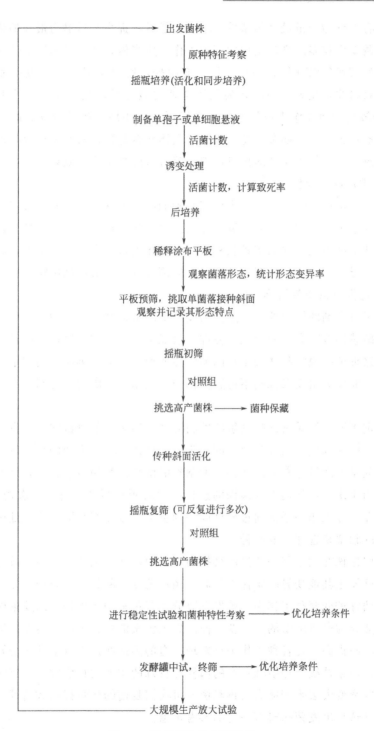

图 3-1 诱变育种的典型流程

所以，有人认为产量最高的菌株，不一定是继续提高产量潜力最高的菌株。当然既往诱变史较多的高产菌株的育种工作也应当做，如果采用针对性的育种方法能改变其遗传保守性，一旦获得正变菌株，则对于提高生产效率和降低成本，效果将非常显著。一般认为最为合理的做法是，在每次诱变处理后选出3~5个较高产菌株作为出发菌株，继续诱变。如果是产量特别高的菌株，可结合其他育种手段，如杂交育种或原生质体融合育种，对其遗传背景进行较大幅度地改变，再作为诱变的出发菌株，就有可能得到好的效果。

2. 挑选纯系菌株

纯系菌株遗传性单一，作为诱变育种的出发菌株，诱变效果较好。如果出发菌株的遗传性不纯时，应先进行分离纯化，然后再进行诱变处理。这些所谓的遗传性不纯现象，在采用丝状真菌的菌丝体进行诱变时更为常见，如出发菌株本身是异核体，这对诱变及其诱变后的筛选都将造成不利影响。

3. 选择对诱变剂敏感的菌株

对于诱变剂的敏感性也是选择出发菌株的依据之一。不同的菌株对同一诱变剂的敏感性有时会差异很大。在许多情况下，微生物的遗传物质具有抗诱变作用，这种情况说明某些微生物的遗传性能稳定，像这类菌株用到生产上是很有益的，而作为出发菌株则不适宜。作为出发菌株，应对诱变剂具有较高的敏感性。

测定不同菌株对某诱变剂敏感性的方法有很多，如测试同一剂量下产量分布范围；同一剂量下的致死率；同一剂量处理诱发回复突变的频率等。通过测试同一剂量下产量分布范围考察出发菌株的敏感性最为可靠，但是该方法太复杂，相当于未进行任何出发菌株的选择，就对所有菌株进行了一次诱变处理。因此，在实际工作中通常通过测试同一剂量下的致死率和同一剂量处理诱发回复突变的频率来选择出发菌种。

有些菌株在发生某一变异后会提高对其他诱变因素的敏感性，故有时可考虑选择已发生其他变异的菌株作为高产菌株诱变育种的出发菌株。如在对金霉素生产菌株诱变育种工作中，曾发现以分泌黄色素的菌株作为出发菌株时，绝大多数变异为产量降低的负突变，而以失去色素的变异株作为出发菌株时，则产量会不断提高。在育种工作中还发现，有的菌株在发生抗紫外线变异后，经过回复，对紫外线更加敏感；有的菌株对特殊的诱变剂特别敏感；有的菌株在发生回复突变失去生产能力后再经诱变可比回复前的产量提高数倍等。上述各种现象在选择出发菌株时有一定的参考价值。

4. 采用多出发菌株

在诱变育种工作中，在不了解特定的出发菌株对诱变剂敏感性的情况下，有时为了缩短育种周期，可以考虑采用多出发菌株进行诱变。一般情况下，可以选择3～4株具有不同遗传背景和既往诱变史不同的菌株作为出发菌株，这样可以提高诱变育种工作的效率。

5. 更换出发菌株

当某一选育谱系经长期诱变处理效果不理想或继续提高有困难时，更换出发菌株，建立新的诱变谱系，有时可能有效。在育种实践中不乏成功的实例。如青霉素诱变育种工作中，用产黄青霉替代音符青霉做出发菌株从而大大提高诱变效果，是一个最为著名的例子。

6. 对出发菌株的其他要求

作为出发菌株，必须具有合成目的产物的代谢途径。这在选育氨基酸和核苷酸类的生产菌时尤为重要。一般情况下，若某菌株能够积累少量目的产物或其前体，说明该菌株本来就具有该产物的代谢途径，通过诱变而改变原有的代谢调控，就比较容易获得积累目的产物的突变株。

出发菌株最好是单倍体的单核细胞。单倍体细胞中只有一个基因组，单核细胞中只有一个细胞核，通过诱变所造成的某一变化就会是细胞中唯一的变化，不会发生分离现象。若是双倍体或多核细胞，一般情况下，突变只发生在双倍体中的一条染色体或多核细胞中的一个核，该细胞在诱变后的培养过程中会发生性状的分离现象，必须注意进行充分的后培养。因此，对于丝状菌，通常选择其单倍体孢子进行诱变，而不使用其菌丝体。但在此时一定要和诱变剂的选择进行统筹考虑，因为要注意有些诱变剂的诱变机理可能使它们对休眠的孢子作用效果很差，甚至没有诱变效果。

总之，在诱变育种的实际工作中，如何选择一个好的出发菌株，不仅要积累实际经验，而且还需要与诱变方法密切配合，才能得到好的结果。

（二）诱变菌株的培养

若出发菌株是细菌或酵母菌等单细胞微生物，一般采用营养细胞进行诱变处理。处理前，细胞应处于最旺盛的对数期，群体应尽可能达到同步生长状态，细胞内应具有丰富的内源性碱基，这样诱变剂对群体中各细胞的处理均一，DNA被诱变剂作用后所造成的损伤能快速通过复制而形成突变，可以获得较高的突变率。通常把诱变前对出发菌株的这种特定培养称为前培养。

前培养的目的是将诱变细胞的生理状态调整到处于同步生长状态的旺盛的对数生长期，而细胞内又要含有丰富的内源性碱基。前培养的培养基的嘌呤、嘧啶碱基含量要丰富，一般可以通过直接补充碱基或添加富含碱基的酵母提取物而实现。细菌可使用 LB 培养基，酵母菌可使用 YEPD 培养基。

对于大肠杆菌，前培养的方法为：

① 用培养 24h 的斜面培养物接种 LB 液体培养基，于 37℃振荡培养过夜（约 16h）；

② 以 5% 接种量转接新鲜 LB 培养基，于 37℃振荡培养 4~6h，使细胞处于对数生长期；

③ 将上述培养物置 4~6℃放 1h，低温诱导同步生长；

④ 将经低温诱导的细胞以 20% 接种量转接新鲜 LB 培养基，于 37℃振荡培养 30~50min，使细胞处于同步生长状态，立即置冰浴中保藏 10min，离心收获细胞。

对于丝状菌，一般取其孢子进行处理，因为多数丝状菌的孢子是单核，经诱变处理后不易发生分离现象。但孢子处于休眠状态，所以诱变效果不如营养细胞好。可将孢子培养至刚刚萌发，使其处于生理活性高的同步生长状态。在试验中可取成熟而新鲜的孢子，接种于富含碱基的培养基中振荡培养一定的时间，使其芽管的长度相当于孢子直径的 0.5~1 倍，立即置冰浴中保藏 10min，离心收获。

对于某些不产孢子的真菌，可直接采用年幼的菌丝体进行诱变处理。有三种方法：第一，对菌丝尖端进行诱变处理。取灭菌后的玻璃盖片，紧贴于平皿内的琼脂培养基表面，在玻璃盖片上滴加数滴液体培养基，接种菌丝。培养至菌丝刚生长延伸到盖片以外的琼脂培养基上，揭去盖片及其上的菌丝，使盖片周围部分菌丝尖端断裂而留在琼脂培养基上，然后对这些菌丝进行诱变处理。第二，对单菌落边缘菌丝进行处理。取生长于琼脂培养基平板上的年轻菌落（控制每个平板上 1 个或少数几个菌落），利用紫外线、X 射线、γ 射线等物理因素直接对菌落进行诱变处理，或在培养基中加入致死率较低剂量的化学诱变剂进行处理。继续进行培养，使菌落继续生长延伸。然后，从菌落边缘新延伸的菌丝尖端挑取小段菌丝，接种于斜面培养基，经培养后进行筛选。第三，对小段菌丝悬浮液进行诱变处理。取培养后相当年幼的菌丝体，用玻璃研磨器进行匀浆处理，经过滤后制成小段菌丝的悬浮液，然后进行诱变处理。

（三）诱变菌悬液的制备

对于诱变菌悬液的制备，需从三方面加以考虑。

（1）选择合适的介质 菌悬液一般可用生理盐水或缓冲液制备，当用化学因素处理时，要使用缓冲液，因很多化学诱变剂需要在一定的 pH 环境中才能发挥作用，而且在处理过程中 pH 也会变动。

（2）使细胞或孢子要处于良好的分散状态　采用单细胞悬浮液诱变处理的理由有两个：一是如果几个细胞聚在一起，诱变时接受的剂量不均匀，导致几个细胞变异情况不一致，长出的菌落就是由几种不同状态的细胞组成，每批、每代筛选结果将产生很大的误差，给筛选造成很大的麻烦，造成不能将真正的突变菌株筛选出来；二是细胞聚集在一起，会使细胞不能和诱变剂充分接触，从而会降低诱变的效果。

使细胞分散均匀的方法是先用玻璃珠振荡分散，然后再用脱脂棉或两层擦镜纸过滤。经过如此处理后，分散度可达 90％以上，这种均匀分散的细胞供诱变处理较为合适。

（3）调节适当的细胞或孢子密度　一般处理真菌孢子或酵母细胞悬浮液的浓度大约 $10^6 \sim 10^7$ 个/ml 左右。放线菌或细菌密度大些，可在 10^8 个/ml 左右。悬浮液的细胞数可用平板菌落计数法估计活菌数，也可用血球计数器或光密度法测定细胞总数，其中以活菌计数法较为准确。

（四）诱变处理

为了获得良好的诱变效果，对出发菌株的单细胞悬液进行诱变处理，要考虑诱变剂的种类、诱变剂量和诱变处理方式三方面的因素。

1. 诱变剂的选择

各种诱变剂有其作用的特殊性，但由于目前对绝大多数微生物表现各种性状的相应基因了解还很不够，因此，目前还不能肯定哪一种诱变剂在高产菌株选育中最优异。同时，出发菌株的性状，尤其是既往诱变史对诱变效果有更重要的影响。但这并不是说不需要对诱变剂进行选择，相反，事实上选择诱变剂仍然十分重要。以下一些原则和经验将有助于对诱变剂的选择。

① 诱变剂多为致癌因子，因此，在不影响诱变效果的前提下，尽量选择毒性小、易于防护、安全性强的诱变剂。②尽量选择操作简便易行、便宜易得的诱变剂。③尽量选择不易发生回复突变的诱变剂。有些化学诱变剂主要引起碱基置换，得到的突变株的回复变率高，是一大缺点。而能引起移码突变和染色体畸变的电离辐射、紫外线和吖啶类物质等诱变剂，则不易产生回复突变。④诱变处理一些既往诱变史少的低产菌株，往往使用任何诱变剂都有效。这时，紫外线通常是首选诱变剂，因为它使用方便、经济，危险性小，并在多种工业微生物菌株中均被证明效果良好。而经历了多次诱变处理的高产菌株对多

数诱变剂反应迟钝，这时，宜于采用能诱发染色体发生重排等较大损伤的强诱变剂。⑤在反复使用同一诱变剂进行长期诱变处理后，诱变剂的诱变效果会逐步减弱，这时，换用其他诱变剂可能会提高诱变效果。

直至目前，尚无一种诱变剂是十全十美的，诱变剂的选择还只能取决于实际上的便利和经验上的成功。

2. 诱变剂量的选择

诱变剂量的高低对诱变效果十分重要，而剂量的选择也是一个比较复杂的问题。因为最适剂量涉及的因素至少有诱变剂种类、菌种的遗传特性、诱变史、生理状态以及处理条件等。若单讲剂量与变异率之间的关系，是不完全的。因为在工业微生物中，至少涉及到三个方面的变异，即生产性能的提高（称为正突变）、生产性能降低（称为负突变）、还有形态突变。三种突变中，希望的是提高正突变率，这样获得优良菌种的概率就增加了。

对于各种诱变剂所进行的剂量-效应曲线的研究表明，在多数情况下，正突变较多地出现在低剂量或中等剂量区（致死率 30%～70%），而负突变和形态突变株则较多地出现在偏高剂量区（致死率 90% 以上）。具有不同既往诱变史的菌株诱变结果也有所不同。低产野生菌正变株高峰远高于负变株，并且出现于较高剂量区；而经长期诱变的高产菌株，往往负变株大于正变株，并且多出现在低剂量区。图 3-2 和图 3-3 列举了两种不同的高产菌株在不同诱变剂处理下所获得的结果。

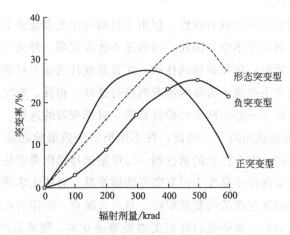

图 3-2　X 射线的照射剂量与亚热带链霉菌白霉素高产菌株 39[#] 变异的关系

鉴于以上统计学结论，一般在选择诱变剂量时遵循以下原则：①对于低产菌和野生菌，采用较高的诱变剂量（致死率 90% 以上），这样，可以提高诱变

效果和产量变异幅度；②一次较高剂量的
强诱变后，通常接着进行 2～3 次较低剂
量的温和诱变，以利于菌株遗传性状的稳
定；③对于经长期诱变的高产菌株，通常
采用较低的诱变剂量进行处理（致死率
30%～70%）；④多次低剂量处理反应太
迟钝时，也可采用一次大剂量的高强度诱
变，以对菌株的遗传背景有较大幅度的改
变；⑤对于多核细胞或孢子来说，则宜采
用较高的诱变剂量，因为高剂量的诱变处

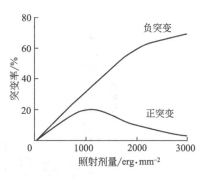

图 3-3　紫外线照射剂量与龟裂链霉菌
土霉素高产菌株 293# 变异的关系

理可以杀死细胞中的绝大多数核，而个别存活下来的核中则会发生突变，可以
消除突变菌株的分离现象，最终能形成较纯的变异菌落；⑥在实际工作中，还
可以在一次诱变中，分别采用不同剂量处理出发菌株，从中选出最佳剂量。

总之，对剂量的选择目前还停留在经验和统计学原则上，通过进一步的研
究，有些规律也许今后会更清楚些。

诱变剂量的控制方法：化学诱变剂主要通过调节诱变剂的浓度、处理时间
和处理条件（温度和 pH 等）来实现；物理诱变剂可以通过控制照射距离、照
射时间和照射条件（氧、水等）实现。

3. 诱变处理的方式和方法

诱变处理可以采用单因子处理和复合处理两种方式进行。单因子处理是指
采用单一诱变剂处理出发菌株；而复合处理是指采用两种以上的诱变剂同时进
行诱变处理或进行两次以上的诱变处理后再进行筛选。复合处理又可分为如下
几种方式：两种或两种以上诱变剂同时处理、不同的诱变剂交替处理、同一诱
变剂连续处理以及紫外线与光复活交替处理等。

为了提高诱变效果，采用复合处理是一个不错的选择。如乙烯亚胺和紫外
线复合处理、紫外线和 LiCl 复合处理、紫外线与光复活的交替处理等都是效
果明显的复合处理组合。图 3-4 是乙烯亚胺和紫外线单独或复合处理时对金色
链霉菌变种形态突变的结果。可以看到，用乙烯亚胺加不同剂量的紫外线处理
的效果都比单独处理时效果好，突变率有显著提高。有人报道，灰色链霉菌经
6 次紫外线照射与光复活的交替处理，变异率从最初的 14.6% 提高到 35%。

但在进行复合处理时，有些问题是值得注意的。首先，并不是任何两种诱
变剂复合处理都能提高诱变效果，有些诱变剂之间是不能搭配进行复合处理
的。例如，发现亚硝基胍等化学诱变剂预处理能减弱紫外线或 X 射线的诱变

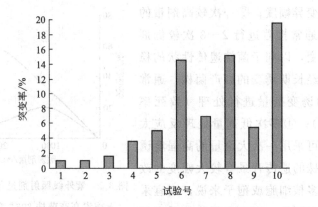

图 3-4　乙烯亚胺与紫外线复合诱变的处理结果

1—对照；2—乙烯亚胺（浓度 1：7000）；3、5、7、9—紫外线；4、6、8、10—乙
烯亚胺加紫外线。紫外线的剂量（erg/mm²）：3、4—2000；5、6—4000；
7、8—6000；9、10—10000

效果。其次，即使两个诱变剂具有复合效应，其处理顺序对诱变效果也可能有很大影响。如先用 X 射线处理，再复合紫外线具有相加作用，而反过来就有相减作用。这种事例不少，在复合处理时需要多加注意。此外，需要注意的是，只有诱变能力强的、对 DNA 作用较为广谱的诱变剂可以采用同一诱变剂连续处理的方式，而对于作用方式单一的诱变剂，如羟胺、碱基类似物等，则不宜采用该方式，因为诱变剂作用于 DNA 上的位点是有限的，连续重复处理并不会提高突变率，甚至会导致回复突变的发生。

诱变处理可以采用直接处理和生长过程处理两种方法进行。前者是指在缓冲液或无菌生理盐水体系中对出发菌株进行诱变处理，然后涂布平板分离突变株；而后者是指在摇瓶培养基或固体平板中加入诱变剂，在菌体生长时进行诱变处理。后者一般适用于那些诱变率高而致死率却较低的诱变剂，或只对分裂中的细胞（复制过程中的 DNA）起作用的诱变剂。采用哪种诱变处理方法需结合诱变剂的作用机理和出发菌株的特性进行选择。

（五）后培养

后培养是指诱变处理后，立即将处理过的细胞转移到营养丰富的培养基中进行培养，使突变基因稳定、纯合并表达。

遗传物质经诱变处理后发生的改变，必须经过 DNA 的复制才能稳定成突变基因，而突变基因则要经过转录和蛋白质的合成才能表达，呈现突变型表型。研究指出，诱变后的 1h 内必须进行新的蛋白质合成，变异才有效。后培养所用的培养基的营养一定要丰富,必须含有足量的氨基酸和嘌呤嘧啶碱基,可以通过添加酪素水解物或酵母浸出物等富含生长因子的天然物质而实现。

后培养的一个重要作用是可以消除表型迟延。表型迟延是指表型的改变落后于基因突变的现象。其原因有两个,即分离性迟延和生理性迟延。对于具有表型迟延的突变,诱变后必须进行充分的后培养以后再进行分离筛选。若直接将诱变处理后的菌悬液接种筛选平板,则很难获得突变型个体。

(六) 高产突变株的分离与筛选

经后培养的诱变菌悬液经过适度稀释后涂布平板进行分离培养。由于经诱变处理后正变株仍属少数,特别对经多次诱变的高产菌株更是如此,即使产量有所提高,幅度也不会很大。因此,诱变后往往需要筛选大量的菌落才能获得高产突变株。由于目前大规模生产多采用通风液体发酵,因此,在诱变育种工作中,筛选过程常常采用摇瓶发酵培养法,以尽量保证和大规模生产条件的接近。

1. 筛选工作步骤

筛选工作步骤是很重要的战术问题。在实际育种工作中必须从实际条件出发,如设备水平与数量、检测手段、人员等,估计出最大筛选量、筛选测试误差、高产菌株的可能突变率以及可能筛出率等,并据此来制定筛选步骤。为了合理解决筛选工作量与准确性的矛盾,一般将筛选工作分成初筛和复筛两个阶段进行。在初筛阶段,量是主要矛盾。要在实验室工作条件一定的情况下,筛选尽量多的菌株。初筛的菌株越多,优良菌株的漏筛机会就少。当然准确性也重要,但为了尽量扩大挑选范围,可以暂时退居次位。为此,一般初筛时,一个菌株做一瓶发酵。实际上,初筛时,多选菌落、一瓶发酵,或少选菌落、多瓶发酵,对于哪个更合理的问题,有人已做过统计,结果发现前者更合理。为了缩短初筛周期,往往还采用平板菌落预筛的方法对初筛方法进行简化 (见下文)。进入复筛阶段,已经淘汰了约 80%~90% 的菌株,剩下的菌株已经不多了,这时对菌株的发酵性能和稳定性的测定准确性就显得重要了,一般一个菌株要同时做 3~5 个平行发酵。有时甚至连接做几次复筛。为了更有效地获得高产菌株,在复筛时还可参照生产的工艺条件采用不同的培养基和培养条件进行一次复筛,使每个菌株都能最大限度地发挥自己的生产潜力,然后每个菌株都在自己的最优培养条件下和其他菌株进行比较,择优保留。

有人通过统计学分析,推荐如下高产突变株的筛选工作步骤 (摇瓶工作限量 200 只)：

出发菌株 $\xrightarrow{\text{诱变处理}}$ 挑取 200 个单细胞菌株 $\xrightarrow[\text{1 瓶/株}]{\text{初筛}}$ 选出 50 株 $\xrightarrow[\text{4 瓶/株}]{\text{复筛}}$ 选出 5 株 $\xrightarrow{\text{再次诱变处理}}$

每菌株各挑 40 株，共 200 株 $\xrightarrow[\text{1 瓶/株}]{\text{初筛}}$ 选出 50 株 $\xrightarrow[\text{4 瓶/株}]{\text{复筛}}$ 选出 5 株 $\xrightarrow{\text{再次诱发处理}}$ 用同样方式

进行筛选

2. 筛选方法

筛选可以采用随机筛选，也可以采用平板预筛方法提高初筛的效率。

（1）随机筛选　也称摇瓶筛选。即从分离平板上随机挑选菌落进行摇瓶筛选。具体做法是：将经过后培养的菌液在琼脂平板上进行分离，培养后随机挑选单菌落，一个菌落转接一支斜面作为原始菌株保藏。初筛时，每个菌株接一个摇瓶，振荡培养后测定目的产物的产量，根据产量的高低，决定取舍。而复筛时，应先培养液体种子，每个菌株接 3～5 个摇瓶。复筛可多次进行，直至获得产量最高的突变株。

一般情况下，正突变的概率远小于负突变的概率，所以要挑取足够数量的菌落进行筛选，如果挑取菌落数较少，很容易筛选不到正突变变异株。

（2）平板预筛　在随机的突变群体中，正突变率极低，为了获得高产突变株，大量菌株的筛选是十分必要的。初筛用摇瓶发酵培养，不仅要花费大量的人力物力，而且筛选周期长，限制了筛选数量，降低了高产突变株的获得概率。因此，在诱变育种工作中，育种工作者常根据特定代谢产物的特性，在琼脂平板上设计一些特殊的筛选方法对产物进行粗测，这就是平板预筛法。大量菌落经过平板预筛，可保留 5%～15% 的菌株，再进行摇瓶发酵培养，从中筛选高产突变株。这样，在总工作量不增大甚至减小的前提下，可放大筛选范围。平板菌落预筛是摇瓶初筛前的一种预筛，实际上是初筛工作的一部分。具体的方法有多种，但常用的有根据形态变异淘汰低产突变株和根据平皿生化反应直接挑取高产突变株两种。

① 根据形态变异淘汰低产菌株。对于霉菌和放线菌，若形成不产孢子的变异株，一般可立即淘汰，因为它们会引起接种的困难。但在有些情况，不产孢子的变异株可能是高产突变株。如在黑曲霉产糖化酶高产菌株育种中就发现，不产孢子的光滑凹陷型菌落具有较高的产酶能力。对于某些菌落形态突变与生产性能有对应关系的情况，可以采用平皿上直接筛选。如在灰黄霉素生产菌种中，菌落暗红色变深者产量就提高；在赤霉菌中发现有可溶性紫色色素的菌落，赤霉素产量一般都很低；四环素产生菌经诱变后，若在固体培养基上，菌丝呈赤褐色，还分泌可溶性色素的，就只产生去甲基金霉素和去甲基四环

素。从上述数例可以看到，形态与生理变化的相关性，但从目前的研究情况，多数变异菌落外观形态和生理的相应关系还不那么清楚。尽管有人提出，形态特征的剧烈变化常与活性完全丧失或部分丧失有关，但活性已起重大变化而菌落形态几乎无变化的例子也有。为此，从菌落形态变化来挑取优良菌株的方法，目前还只能用于少数几种生产菌，就多数情况而言，还是一个需待研究的问题。目前，一般情况还是挑取正常的菌落，因为这种菌落往往保留了正常代谢的基本能力，但要注意观察这些菌落之间的细微差异，因为正突变多数与细微的形态突变有密切相关性。

②　根据平皿反应直接挑取高产菌株。所谓平皿反应系指每个菌落产生的代谢产物与培养基内的指示物作用后的变色圈、透明圈等的大小。因其可表示菌株生产能力之高低，所以可作为预筛标志。具体方法和从自然界筛选某些代谢产物的产生菌时所用的方法相同，在此不再赘述。需要注意的是，在从自然界直接分离菌种时，平皿反应可直接反应出某菌落是否产生目的产物，获得阳性菌落比较容易；在诱变育种时，由于出发菌株已经具有产生目的产物的能力，有时甚至产量已经很高，而诱变后菌株之间的产量差异也相对较小，因此，在诱变育种工作中，根据平皿反应直接挑取高产突变株的概率较低，其作用与从自然界分离筛选微生物时相比，重要性相差很大。其在诱变育种工作中的主要作用是淘汰明显的负变株，这也能达到减小摇瓶筛选工作量、提高筛选效率的作用。

除了上述两种主要的筛选方法，近十几年来，结合了自动化筛选和大批量分析的高通量筛选方法也已在诱变育种工作中广泛使用，从而大大提高了筛选工作的速度和效率，扩大了筛选量（一次诱变可以筛选成千上万只单菌落），从而增加了得到高产菌株的可能性。

四、诱变育种需要注意的一些问题

1. 安全问题

在诱变育种工作中所使用的各种诱变剂几乎都有致癌作用，因此在操作中应时刻注意安全问题。安全问题包括个人安全和环境安全两个方面。

（1）个人安全　所谓个人安全问题是指在操作时注意防护，不要让诱变剂对操作者造成伤害。不同的诱变剂要求不同的防护方法，如γ射线辐射防护要求较高，需要按有关管理规程进行防护，一般需要在专门的设备内由专人进行操作；而紫外线防护要求较低，只需要普通玻璃就可以阻止它对人体的伤害。化学诱变剂则要求不与身体有关部位直接接触，一般需要戴塑料或乳胶手套进行操作，对于具有挥发性的化学诱变剂，则需要在具有通风条件的隔离设备内进行操作。

（2）环境安全　所谓环境安全问题是指在诱变剂的使用过程中和诱变剂使用后，要严格控制诱变剂对环境的污染和由此引起的对他人的伤害。这就要求对所用物品要进行必要的解毒处理，而诱变过程中形成的液体也要经过解毒或充分稀释后才可以排放。在操作过程中要严格控制诱变剂的滴漏，若出现这种现象要及时对受污染的设备、实验台面或地面进行必要的解毒处理。诱变操作最好在规定的实验室或设备中进行，并有明确的提示及警示标记。此外，诱变剂的领用和储存也要严格按照相关的管理规定进行，要有专人进行管理，并有明确的购买、领取和使用台账。

2. 要养成良好的工作习惯

在诱变育种工作中，养成良好的工作习惯对提高育种工作效率大有帮助。如应仔细观察每次诱变和筛选工作中菌株细微的形态变化；要详实记录菌株的诱变史和诱变谱系。

3. 诱变育种技术要和其他育种手段相结合

4. 诱变育种工作的合理设计

诱变育种由于其突变的不定向性和筛选的盲目性，工作量十分大，因此要对整个工作进行合理的设计并结合新技术提高其工作效率。

第二节　营养缺陷型突变菌株的筛选与应用

自 Thom 和 Steinberg（1939）用 X 射线在真菌中首次通过诱发基因突变获得营养缺陷型突变株成功以后，20 世纪 40 年代初，遗传学家开始采用微生物作为遗传学研究材料。在各种微生物中，相继获得了大量营养缺陷型菌株，筛选营养缺陷型的方法也不断发展完善。微生物遗传学家和生化学家在一些微生物中利用这些菌株，初步阐明了部分代谢产物的合成途径，以及这些途径之间的关系和调控特点。

当时，诱变育种技术的使用已相当普及。虽然此方法行之有效，但也暴露出一些缺点，如筛选盲目性大、工作繁琐等。

为克服这一缺点，育种工作者们建立了一种合理的高效选育方法，这就是利用代谢调控知识指导筛选工作的代谢调控育种技术。通过筛选某些营养缺陷型菌株，改变代谢流向，使氨基酸生产菌的产量有了重大突破。接着，用抗代谢反馈突变株来解除代谢控制，在氨基酸和核苷酸高产菌株的选育中也获得成功。

随着对微生物代谢途径的研究不断深入，越来越多的代谢途径和代谢调控方法被阐明。这些都推动了代谢调控育种技术的发展。目前，代谢调控育种技术已成为常用的育种方法，被广泛应用于多种代谢产物高产菌株的选育中，这将在以下几节中分别加以介绍。

一、营养缺陷型及其应用

(一) 营养缺陷型

从自然界分离到的微生物在其发生突变前的原始菌株，称为野生型菌株。营养缺陷型菌株是野生型菌株经过人工诱变或自发突变失去合成某种生长因子的能力，只能在完全培养基或补充了相应的生长因子的基本培养基中才能正常生长的变异菌株。营养缺陷型菌株经回复突变或重组变异后所产生的、在营养要求上与野生型相同的菌株叫做原养型菌株。

营养缺陷型是一种生化突变型，是由基因突变所引起的。生长因子的合成代谢是在一系列酶的催化下通过多步生化反应而完成的。若编码其中的任何一个酶的基因发生突变导致该酶失活，则反应将在此处受阻，相应的生长因子就不能合成，菌株就表现为该生长因子的营养缺陷型。

在筛选营养缺陷型突变株的工作中，常用三种培养基。一是基本培养基（minimal medium，MM），它是仅能满足微生物野生型菌株生长要求的培养基。不同的微生物，其基本培养基也是不同的。一般从自然界分离的青霉菌、曲霉菌等霉菌大多数能在察氏培养基（Czapek）上生长；放线菌能在瓦克丝曼（Waksman）培养基上生长；大肠杆菌能在格热（Gray）培养基上生长等。这些基本培养基都是仅含糖类、无机氮和其他一些无机盐类的合成培养基。第二种是完全培养基（complete medium，CM），它是能满足某微生物所有营养缺陷型菌株营养要求的天然或半合成培养基。完全培养基的营养丰富、全面，一般可在基本培养基种加入富含氨基酸、维生素和碱基等生长因子的天然物质（如牛肉膏、蛋白胨、酵母浸出物等）配制而成，也可以直接用天然物质制备（如培养大肠杆菌用的 LB 培养基、培养真菌用的麦汁培养基等）。第三种培养基是补充培养基（supplemental medium，SM），凡是只能满足某营养缺陷型生长需要的合成培养基，称为补充培养基。补充培养基是通过向基本培养基中直接添加相应的生长因子制备而成的。补充了 A 营养因子的补充培养基可用"MM＋A"表示。野生型菌株、营养缺陷型菌株和原养型菌株之间的相互关系以及它们各自所能生长的培养基如图 3-5 所示。

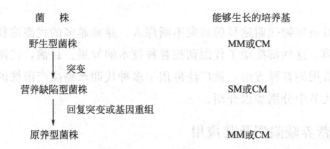

菌 株	能够生长的培养基
野生型菌株	MM或CM
↓ 突变	
营养缺陷型菌株	SM或CM
↓ 回复突变或基因重组	
原养型菌株	MM或CM

图 3-5 野生型、营养缺陷型和原养型三种菌株之间的关系

应该指出，有些从自然界分离得来的微生物本身就需要某些维生素或氨基酸才能生长。例如啤酒酵母一般需要维生素 B1、吡哆醇、肌醇、生物素等二三种或三四种维生素；生产谷氨酸的棒杆菌和短杆菌都需要生物素。这是自然界存在的变种，是自然突变后长期自然选择留下来的。这些营养突变株较之用人工诱变的同类变异株要稳定，为了区别于人工诱变的营养缺陷型，人们把自然界分离的这类变株称为野生营养缺陷型菌株。

营养缺陷型不但可以缺陷一种营养物质，而且有缺二种、三种或更多的，可以分别称为单缺、双缺、三缺或多缺的缺陷型。有的不但需要补充氨基酸，还需要补充维生素，所以营养缺陷型的种类是很多的。

（二）营养缺陷型突变株的应用

营养缺陷型突变株的筛选，在理论研究和生产实践上都有重要的意义。在理论研究中，营养缺陷型不仅被广泛应用于阐明微生物代谢途径上，而且在遗传学的研究中具有特殊的地位。在转化、转导、原生质体融合、质粒和转座因子等遗传学研究中，营养缺陷型是常用的标记菌种。此外，营养缺陷型菌株还是研究基因的结构与功能常用的材料。在生产实践中，营养缺陷型可以用来切断代谢途径，以积累中间代谢产物；也可以阻断某一分支代谢途径，从而积累具有共同前体的另一分支代谢产物；营养缺陷型还能解除代谢的反馈调控机制，以积累合成代谢中某一末端产物或中间产物；也可将营养缺陷型菌株作为生产菌种杂交、重组育种的遗传标记。营养缺陷型突变株广泛用于核苷酸及氨基酸等产品的生产。下面通过几个具体的事例来阐述营养缺陷型在菌种选育中的应用。

1. 阻断代谢途径，积累中间代谢产物

生物化学研究表明，微生物在长期进化过程中形成的代谢调控机制，使其中间代谢产物几乎不积累。如想积累重要的中间代谢产物，需要通过筛选营养缺陷型突变株，阻断代谢途径。一个典型的例子是利用谷氨酸棒杆菌的精氨酸

缺陷型进行鸟氨酸发酵（图 3-6）。由于合成途径中酶⑥的缺陷，导致后续代谢途径中断，终产物精氨酸不能合成，解除了对酶①的反馈抑制，从而积累了鸟氨酸。

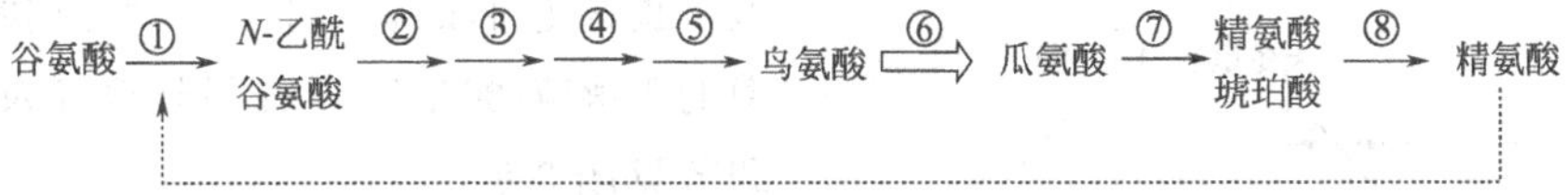

谷氨酸 —①→ N-乙酰谷氨酸 —②→ —③→ —④→ —⑤→ 鸟氨酸 ⟹ 瓜氨酸 —⑦→ 精氨酸琥珀酸 —⑧→ 精氨酸

图 3-6　利用谷氨酸棒杆菌的精氨酸缺陷型积累鸟氨酸

⟹ 营养缺陷；┈┈→ 反馈抑制

①乙酰谷氨酸合成酶；②乙酰谷氨酸激酶；③乙酰谷氨酸半醛脱氢酶；④乙酰鸟氨酸转氨酶；⑤乙酰鸟氨酸酶；⑥鸟氨酸转氨甲酰酶；⑦精氨酸琥珀酸合成酶；⑧精氨酸琥珀酸酶

　　利用营养缺陷型突变株积累中间代谢产物的另一个例子是肌苷酸（IMP）的生产。肌苷酸是一种重要的呈味核苷酸，它是嘌呤核苷酸生物合成过程中的一个中间代谢产物。谷氨酸棒杆菌的肌苷酸合成途径及其代谢调节机制见图 3-7。从图可知，肌苷酸是腺苷酸（AMP）和鸟苷酸（GMP）生物合成的共同前体物质，只有选育一个在 IMP 转化为 AMP 或 GMP 的代谢过程中发生障碍的营养缺陷型突变株，才有可能积累 IMP。如选育腺苷酸琥珀酸合成酶缺失的 AMP 缺陷型，由于 GMP 对肌苷酸脱氢酶⑤的反馈抑制没有解除，因此，该突变株可以积累 IMP。当然，AMP 的缺失，还可以部分解除对核糖-5-磷酸焦磷酸转氨酶的反馈抑制，从而更有利于 IMP 的积累。

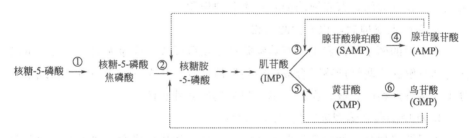

图 3-7　谷氨酸棒杆菌的 IMP 合成途径及其代谢调节

①核糖-5-磷酸焦磷酸激酶；②核糖-5-磷酸焦磷酸转氨酶；③腺苷酸琥珀酸合成酶；④腺苷酸琥珀酸分解酶；⑤肌苷酸脱氢酶；⑥黄苷酸转氨酶，虚线箭头表示反馈抑制

　　2. 阻断分支代谢，改变代谢流向，积累另一终端代谢产物

　　在微生物的合成代谢中，存在很多具有共同前体的分支代谢途径。通过筛选一条分支途径的缺陷型突变株，就可以改变代谢流向，积累另一代谢途径的终端产物。这方面最典型的例子是赖氨酸的生产。

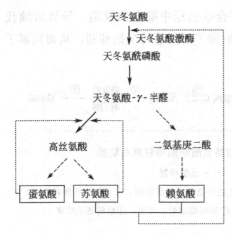

图 3-8　北京棒杆菌 L-赖氨酸生
物合成部分途径及其调节
虚线表示反馈抑制

赖氨酸是一种必需氨基酸，而且是许多禾谷类蛋白质中较为缺乏的一种氨基酸，因此添加到食品和饲料中就可提高它们的营养价值。北京棒杆菌的 L-赖氨酸生物合成部分途径及其调节见图 3-8。

从图 3-8 的代谢途径可以看出，天冬氨酸-γ-半醛将全部转化成赖氨酸、蛋氨酸和苏氨酸三种氨基酸，如果要求该代谢反应只积累赖氨酸，就要选育高丝氨酸的营养缺陷型，使天冬氨酸-γ-半醛完全转化为赖氨酸。当然这时必须添加少量高丝氨酸（或苏氨酸和蛋氨酸），使突变株维持一定的生长。生产谷氨酸的北京棒杆菌 AS1.299 经硫酸二乙酯处理，得到的高丝氨酸缺陷型突变株 AS1.563，便能积累赖氨酸。同时，高丝氨酸合成的缺陷，造成苏氨酸不能合成，从而解除了苏氨酸和赖氨酸对天冬氨酸激酶的协同反馈抑制，从而更有利于赖氨酸的积累。

蛋白质中的 20 余种氨基酸除 5～6 种采用合成法生产外，多数都已用发酵法生产，在这方面，营养缺陷型起着主要的作用。

3. 解除反馈抑制，积累代谢产物

从上面的例子可以看出，营养缺陷型不仅可以改变代谢流向，而且，可以同时部分解除代谢终产物对合成途径的反馈抑制，从而有利于中间产物或某一分支代谢终产物的合成。在此，不再列举其他育种实例。

4. 利用渗漏缺陷型进行代谢调控育种

渗漏缺陷型是一种特殊的营养缺陷型，是一种遗传代谢障碍不完全的营养缺陷型。其特点是酶的活力下降但不完全丧失，使其能少量合成某一代谢产物，但产物的量又不造成反馈抑制。因此，这种缺陷型菌株在不添加该生长因子时，在基本培养基上能缓慢生长。其在大规模生产中的优点是不需要限量添加缺陷的生长因子。由于往发酵培养基中限量添加生长因子是很难控制的，因此，渗漏缺陷型突变株应用于发酵生产具有其独特的优势。例如在上面赖氨酸发酵生产的例子中，采用高丝氨酸渗漏缺陷型，就可以不需要限量添加高丝氨酸。

二、营养缺陷型突变株的筛选

营养缺陷型突变株的筛选，一般包括诱变处理、后培养、淘汰野生型、检出缺陷型和鉴别缺陷型、生产能力测试等主要步骤，具体操作流程和方法见图 3-9、图 3-10。

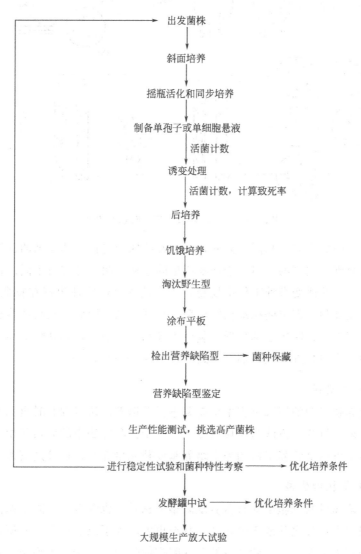

图 3-9 营养缺陷型突变株筛选的一般流程

（一）诱变处理

从操作流程可以看出，对于诱变这一步，营养缺陷型突变株筛选与经典诱

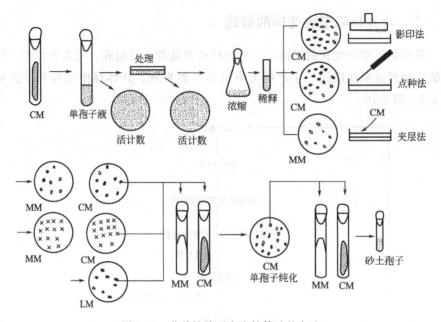

图 3-10   营养缺陷型突变株筛选的方法

变育种工作的操作完全相同。因此，在出发菌株的选择、诱变剂的选择上，它们遵循的原则是相同的。但关于诱变剂量的选择，两者却有所不同。在前面讲过，在高产菌株诱变育种工作中发现，正变菌株高峰往往出现在较低剂量区，而生化突变株和形态突变株却往往出现在高剂量区。因此，在高产菌株的经典诱变育种工作中，倾向于选择低剂量或中等剂量，而在营养缺陷型筛选等代谢调控育种工作中则选择较高剂量（致死率为 90%～99.9%）。

（二）后培养

在营养缺陷型的筛选过程中也需要进行后培养，该步骤有时也称为中间培养。其原理、目的及方法与经典诱变育种的步骤和方法中的后培养相同。后培养的培养基可以是营养丰富的完全培养基或补充培养基，培养过夜即可。

（三）淘汰野生型

经后培养后的细胞中除有营养缺陷型菌株外，也含有大量野生型菌株，一般缺陷型仅占百分之几或千分之几，甚至更低。为了以后检出的简便，需要把野生型细胞大量淘汰，起到"浓缩"缺陷型的作用。由于野生型菌比营养缺陷型具有生长优势，因此，无法设计一种选择培养基，使营养缺陷型生长而野生型不生长。因此，在淘汰野生型时采取的是另外一种策略。限制营养成分使缺陷型细胞生长受抑制，而野生型细胞则在生长过程中被杀死或在生长后被除去。常用的方法有热差别杀菌法、抗生素法和菌丝过滤法。

为了防止由于细胞内源性营养物质的存在而引起对营养缺陷型菌株的"误杀"，在浓缩前就必须先使细胞耗尽体内或细胞表面的营养。所以在淘汰野生型之前，应将经后培养的细胞先用基本培养基洗涤，接着再用无氮基本培养基培养 4～6h。该步骤被称为饥饿培养。

1. 热差别杀菌法

利用产芽孢细菌的芽孢或产孢子微生物的孢子比其相应的营养体细胞耐热，让诱变后的菌株形成芽孢或孢子，然后把处于芽孢或孢子阶段的微生物转移至基本培养基中进行培养，野生型芽孢或孢子萌发成营养体，而缺陷型芽孢或孢子不萌发，此时将培养物加热到 80℃ 处理一定时间，野生型营养细胞大部分被杀死，而仍处于芽孢或孢子状态的营养缺陷型则得以保留。该方法适用于产芽孢的细菌，有时也用于一些产其他孢子的微生物。

2. 抗生素法

抗生素法常用于细菌和酵母菌营养缺陷型的浓缩，前者用青霉素法，后者用制霉菌素法。在加有青霉素的基本培养基中接入细菌以后，由于细菌细胞壁的主要成分是肽聚糖，而青霉素能抑制细菌细胞壁肽聚糖链之间的交联，阻止合成完整的细胞壁，所以，处于生长态的野生型细胞对青霉素非常敏感，因而被杀死，处于休止状态的缺陷型细胞由于不需要合成细胞壁，所以不能被杀死而得以保留下来，达到相对浓缩的目的。制霉菌素作用于酵母细胞膜上的甾醇，引起细胞膜的损伤，从而可杀死处于生长状态的野生型酵母细胞，起到浓缩缺陷型的作用。青霉素法的具体操作步骤如下。

将经后培养的细胞先用基本培养基洗涤，接着再用无氮基本培养基培养 4～6h 进行饥饿培养，消耗内源营养因子。然后加入 2N（正常氮源浓度的 2 倍）基本培养基，并加入一定浓度的青霉素（一般革兰阴性细菌加 500～1000μg/ml，革兰阳性细菌加 50μg/ml）培养不同的时间（12～24h）。取样分别涂布 MM 和 CM 平板，菌落数差异大的浓缩效果较好。为了避免在处理期间由于野生型细胞自溶产生的营养物质促进缺陷型细胞的生长，处理细胞的浓度要限制在 10^6 个细胞/ml。同时为了防止由于野生型细胞壁被破坏导致细胞崩溃、释放出细胞内营养物质而促进缺陷型细胞的生长，应在培养基中加入渗透压稳定剂如 20％蔗糖，也可使用较高单位抗生素和短时间的处理法。

3. 菌丝过滤法

真菌和放线菌等丝状菌的野生型孢子在基本培养基中能萌发长成菌丝体，而营养缺陷型孢子则不能萌发。将诱变处理后的孢子接种至液体 MM 中，振荡培养一定时间，使野生型孢子萌发的菌丝刚刚肉眼可见，用无菌脱脂棉、滤纸等过滤除去菌丝。然后将滤液继续培养，每隔 3～4h 过滤一次，重复 3～4次，尽可能多地除去野生型细胞。最后，将滤液稀释涂布完全培养基平板进行分离。该方法适用于那些产孢子的丝状微生物。

4. 饥饿处理法

该方法用于在某些条件下浓缩双缺突变株。微生物的某些缺陷型菌株在某些培养条件下会因代谢不平衡自行死亡，可是如果在细胞中发生了另一营养缺陷型突变，这一细胞反而会因代谢平衡的部分恢复而避免死亡，从而双重缺陷型突变株可被浓缩。如胸腺嘧啶缺陷型细菌在不加胸腺嘧啶时，在短时间内细胞大量死亡，而在残留下来的细菌中可以发现许多其他营养缺陷型。又如二氨基庚二酸是合成赖氨酸和细胞壁物质的共同前体，二氨基庚二酸营养缺陷型在不加赖氨酸的情况下不生长也不死亡，而给以赖氨酸，则因细胞能生长时不能合成细胞壁反而大量死亡。如果细胞中发生了另一个营养缺陷型突变，它反而可以存活。因此，在加入赖氨酸的补充培养基中培养二氨基庚二酸营养缺陷型，可以富集二氨基庚二酸和其他生长因子的双重缺陷株。

（四）检出营养缺陷型

用浓缩法得到的培养物，虽然营养缺陷型的比例较大，但仍然是营养缺陷型与野生型的混合物，还需通过一定的方法将缺陷型从群体中分离检出。常用的方法有逐个检出法、夹层检出法、限量补充培养检出法和影印检出法。

1. 逐个检出法

把上述处理液在 CM 平板上进行分离，然后将平板上长出的菌落用无菌牙签逐个按一定次序点种到 MM、CM 平板相应的位置，经过培养后，逐个对照，如发现某一位置上在 CM 上长出菌落，而在 MM 上不长，就可初步认定这是一个营养缺陷型菌株。图 3-11 上有 3 株可能为营养缺陷型。

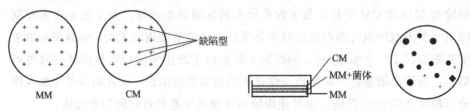

图 3-11　营养缺陷型的逐个检出法　　　图 3-12　营养缺陷型的夹层检出法

2. 夹层检出法

先在培养皿内倒一层 MM 作底层，冷后加上一层含处理细胞的 MM 层，待凝固后再继续加第三层 MM。经培养一段时间，平板上长出野生型菌落，在培养皿底部相应位置做记号，再在上面加一层 CM，再继续培养。在加入 CM 后新长出的菌落，个体较小，可能是缺陷型菌落，而在加入 CM 之前已经形成的野生型菌落个体较大（图 3-12）。此法虽然操作简便，但可靠性差，需对检出的菌落进一步确认。

3. 限量补充检出法

将经过处理的菌液接种在含有微量（0.01％或更少量）蛋白胨的 MM 上培养，野生型迅速生长成较大菌落，而营养缺陷型生长较慢，形成小菌落，因而可以检出，此为限量法。如果要筛选特定的营养缺陷型，可以在 MM 中加入少量的这种单一生长因子，此为补充法。所需补充生长因子的量，最好能用已有的缺陷型进行测定后确定。

4. 影印培养法

就是采用一种专用的接种工具——"印章"，一次将一个 CM 平板上长出的菌落依次分别转接到 MM 和 CM 两个平板上，经过培养，分别观察在两个平板相应位置上长出的菌落，如果在 CM 上生长，而在 MM 上不长，可初步认定是营养缺陷型（图 3-13）。也可省略影印 CM，因为从原 CM 平板上就可以比较出。

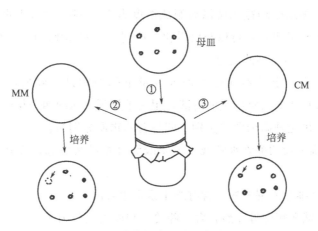

图 3-13　营养缺陷型的影印检出法

①用印章从母皿平板上取菌；②转印至 MM 上；③再转印至 CM 上

接种"印章"的制作方法：将一块边长 15cm 的正方形的灭菌绒布，绒面向上蒙在一个直径 8cm、高度 10cm、上面平整的铜柱或木柱上，并用圆形的金属卡子固定。每影印一次，更换一块绒布。使用后，将绒布洗净晒干，用刷子将绒面理平，把绒面朝里平整叠起，蒸汽灭菌。

对于霉菌，因孢子容易分散，所以，用此"印章"影印会引起误差，有人用薄纸代替"印章"。即将薄纸放在 CM 平板上，涂孢子液于薄纸上，待孢子长出的菌丝伸入 CM 中，就将薄纸移到 MM 平板上，以便在相应位置上长出菌落，以资比较。但由于薄纸易粘带 CM，所以在 MM 平板上需多移植几个平板作平行试验。为了防止某些霉菌菌落的扩散和蔓延，可以在培养基中加入0.5%左右的去氧胆酸钠，使菌落长得小而紧密。

（五）营养缺陷型的鉴定

经过缺陷型的检出，确定菌株为营养缺陷型后，就需进一步测定它到底是什么缺陷型？是氨基酸、维生素缺陷型，还是嘌呤、嘧啶缺陷型，如果是氨基酸缺陷型，还要确定氨基酸的类型，这就是缺陷型的鉴定。营养缺陷型的鉴定通常有两种方法：一是在一个培养皿上加入某一种生长因子，测试许多营养缺陷型菌株对该种生长因子的需要情况；另一种是在同一培养皿上测定一个缺陷型菌株对多种生长因子的需求情况，由此确定该菌株是何种生长因子的缺陷型，该方法称作生长谱法，是鉴定缺陷型常用的一种方法。其基本步骤如下。

1. 营养缺陷型菌株平板的制备

将待测微生物从生长斜面上用无菌生理盐水洗下或从液体培养物中离心收集细胞，沉淀物用生理盐水洗涤后制成浓度为 $10^6 \sim 10^8$ 个/ml 的悬浮液。取0.1ml 涂布在 MM 上，也可以与已融化并冷到 50℃ 的 MM 混匀，倾注平板。

2. 营养缺陷型类别的确定

在含菌体平板上的不同位置加入少量下列四种试验物质，或者用直径0.5cm 的滤纸片沾取试验物质的溶液，用镊子放到平皿的四个相应位置，观察其生长情况，确定缺陷的营养类别。四种营养物质分别为：

① 不含维生素的酪素水解液或氨基酸混合物或蛋白胨，含有氨基酸类生长因子；

② 水溶性维生素混合物，含有维生素类生长因子；

③ 0.1%碱水解酵母核酸，含有嘌呤、嘧啶类生长因子；

④ 酵母浸出物，含有所有的生长因子。

培养后，观察各滤纸片周围菌株的生长情况，若①和④号滤纸片周围出现生长圈，则表明该菌株为氨基酸类的缺陷型，依次类推（图 3-14）。当然类别的归并完全是按需要进行的，可以根据具体要求进行组合。

3. 缺陷型所需生长因子的确定

当某一营养缺陷型突变株所需的营养大类确定后，就应确定它需要的是哪

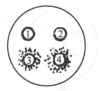

(a) 氨基酸缺陷型   (b) 氨基酸-维生素缺陷型   (c) 嘌呤嘧啶缺陷型

图 3-14　缺陷型营养类别的生长谱形式

一种氨基酸、维生素或碱基，有的缺陷型可能是双缺、三缺或更多。在这里主要介绍单缺菌株生长因子的确定方法。

一般说，当变异株不多，而实验用的营养因子数目较多时，多把试验突变株做成含菌的 MM 平板，把沾有生长因子组合溶液的纸片放在上面观察其生长情况。这就是通常所说的分组法。

（1）营养成分编组　如果采用 21 种生长因子（如 21 种氨基酸），可以编成 6 组，每组 6 种（表 3-1）；15 种生长因子（如 15 种维生素），可以编成 5 组，每 5 种 1 组（表 3-2）。这 15 种或者全是氨基酸，也可以是氨基酸和维生素，也可以是其他组合，可以根据需要去编组。

表 3-1　21 种生长因子组合设计

组　别	组合生长因子					
A	1	7	8	9	10	11
B	2	7	12	13	14	15
C	3	8	12	16	17	18
D	4	9	13	16	19	20
E	5	10	14	17	19	21
F	6	11	15	18	20	21

表 3-2　15 种生长因子组合设计

组　别	组合的营养因子				
A	1	2	3	4	5
B	2	6	7	8	9
C	3	7	10	11	12
D	4	8	11	13	14
E	5	9	12	14	15

（2）培养　将沾有组合营养因子溶液的滤纸片放在涂有试验菌的 MM 平板上，培养后观察生长情况。图 3-15 表示了 15 种生长因子分 5 组时的部分生长谱。表 3-3 则列出了在此情况下，各种单缺所对应的生长情况。平板①上的

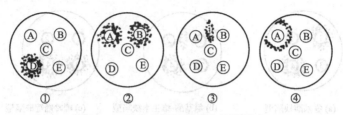

图 3-15　组合营养因子的生长谱形式

菌株只在 D 组周围生长，查表 3-3 可知是生长因子 13 的营养缺陷型；平板②上的菌株在 A 与 B 周围均生长，表示该菌株为生长因子 2 的缺陷型。若出现③的情况，则是由于需要 A、B 组合中的两个或多个营养因子。若出现④的情况，是由于所加入的营养物质浓度过高，产生了抑制圈，当浓度变稀后，仍可生长，这是一株缺营养因子 1 的缺陷型。表 3-4 列出了 21 种生长因子的生长谱形式及对应需求生长因子。

表 3-3　15 种生长因子的生长谱形式及对应需求生长因子

生长组合	要求的生长因子	生长组合	要求的生长因子	生长组合	要求的生长因子
A	1	A 与 B	2	B 与 D	8
B	6	A 与 C	3	B 与 E	9
C	10	A 与 D	4	C 与 D	11
D	13	A 与 E	5	C 与 E	12
E	15	B 与 C	7	D 与 E	14

表 3-4　21 种生长因子的生长谱形式及对应需求生长因子

生长组合	要求的生长因子	生长组合	要求的生长因子	生长组合	要求的生长因子
A	1	A 与 C	8	B 与 F	15
B	2	A 与 D	9	C 与 D	16
C	3	A 与 E	10	C 与 E	17
D	4	A 与 F	11	C 与 F	18
E	5	B 与 C	12	D 与 E	19
F	6	B 与 D	13	D 与 F	20
A 与 B	7	B 与 E	14	E 与 F	21

（六）生产性能检测及高产菌株筛选

经以上步骤筛选得到的营养缺陷型菌株，并不一定都是高产菌株，还需要对所得到的菌株进行生产性能的测试，从中选出高产突变株。由于一些代谢产物的合成途径往往有很多步反应，筛选得到的有些营养缺陷型突变株可能阻断了太靠近终端代谢产物的酶，从而积累一些不需要的中间代谢产物。如前面提到的鸟氨酸发酵的例子中（图 3-6），如果筛选的不是酶⑥的缺陷株，而是酶

⑦的缺陷株，同样表现为精氨酸营养缺陷型，后者则不是积累鸟氨酸，而是积累瓜氨酸。而在谷氨酸棒杆菌赖氨酸高产菌选育时，如果筛选 Thr⁻ 或 Met⁻ 等营养缺陷型菌株，就有可能不是累积赖氨酸，而是大量累积高丝氨酸（图3-8）。如有人发现，在钝齿棒杆菌中，筛选 Hse⁻ 突变株，其赖氨酸产量为17.93g/l，而筛选 Thr⁻ 或 Thr⁻ ＋Met⁻ 突变株，其赖氨酸产量却分别只有2.33g/l 和 2.00g/l。

第三节　抗反馈调节突变型的筛选及应用

一、反馈调节和抗反馈调节突变

1. 反馈调节

自然界的微生物在漫长的进化过程中，对其细胞内的代谢途径一般都具有比较严密的调节控制，细胞内代谢产物往往恰好满足其自身生长代谢的需要。其中，对合成代谢的调节控制最重要的方式是反馈调节。所谓反馈调节，是指当合成代谢途径的终产物或分支代谢途径的终产物过量合成时，抑制合成代谢途径的关键酶（往往是代谢途径或分支代谢途径第一步的酶）的活力或其酶合成。反馈调节分为反馈抑制和反馈阻遏。

反馈抑制是指合成代谢途径终产物对该途径前端某些酶活性的抑制作用。反馈抑制发挥调节作用的机理如下：合成代谢途径的关键酶（代谢途径或分支代谢途径第一步的酶）是一种变构酶（也称调节酶），具有两个结合位点。一个是与底物结合的催化中心，另一个是与效应物结合的调节中心。代谢终产物是该酶的变构效应物。当其过量时，可以和变构酶的调节中心结合，促使变构酶构象发生变化，从而反馈抑制酶活性，终止产物的合成［图 3-16（a）］。反馈抑制直接以产物浓度控制关键酶的活性，从而控制整个代谢途径，具有快速、有效、经济和直接的特点。在微生物合成代谢中涉及的范围十分广泛。

反馈阻遏是指微生物合成代谢中高浓度终产物对该途径上酶合成的抑制作用。其形成机理如下：合成代谢途径的酶构成一个操纵子，其表达受终产物的阻遏。其调节基因合成的是无活性的阻遏蛋白，代谢终产物是辅阻遏物，当其过量时，可以激活阻遏蛋白，从而关闭操纵子中结构基因的表达，从而终止合成途径中相关酶的合成［图 3-17(a)］。反馈阻遏作用是胞内产物过量后终止酶合成的一种机制，与反馈抑制相比，反应较慢，并且往往影响代谢途径中所有

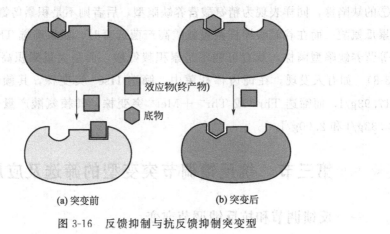

(a) 突变前   (b) 突变后

图 3-16 反馈抑制与抗反馈抑制突变型

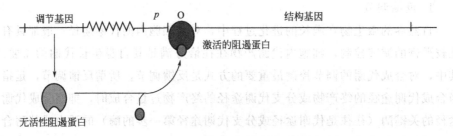

(a) 突变前(结构基因不表达)

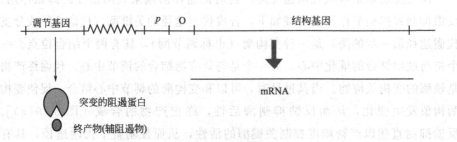

(b) 突变后(结构基因表达)

图 3-17 反馈阻遏与抗反馈阻遏突变型

酶（整个操纵子）的合成。

2. 抗反馈调节突变

所谓抗反馈调节突变是指解除了反馈调节的突变株，包括抗反馈抑制突变和抗反馈阻遏突变。

抗反馈抑制突变是指解除了反馈抑制的突变株，可能由两种机制产生。一种是变构酶的调节中心经突变后发生构象的改变，造成其与变构效应物（终产物）的结合能力下降，甚至完全丧失。当终产物合成过量时，不再能和变构酶结合，从而无法抑制变构酶的活力 [图 3-16（b）]。另一种机制是变构酶的其他位点发生变化，造成其构象改变，但并未影响其酶活性。这种突变的酶即使调节中心结合了效应物，其构象也不再发生足以造成酶活性下降或丧失的改变。

抗反馈阻遏突变则可以通过以下原因形成。一是相应的调节基因发生突变，所合成的阻遏蛋白不再能和辅阻遏物（终产物）结合，从而不能生成有活性的阻遏蛋白。或者突变后的阻遏蛋白即使能和辅阻遏物结合，也不能形成有活性的阻遏蛋白 [图 3-17（b）]。二是操纵子中对应的操纵基因发生了突变，使其和阻遏蛋白的结合能力下降，或者完全丧失结合能力，从而也可以造成过量的辅阻遏物（终产物）不能关闭相关基因的转录与酶合成。

3. 抗反馈调节突变株的筛选

抗反馈调节突变株可以通过筛选抗结构类似物突变和通过回复突变两种方法筛选获得。关于抗结构类似物突变将在下面进行专门介绍，因此，在此只介绍利用回复突变筛选抗反馈调节突变株的方法。

（1）初级代谢产物营养缺陷型回复突变筛选抗反馈调节突变株　由野生型向营养缺陷型的突变是由于催化代谢终产物合成的酶的结构基因突变使酶活性丧失所导致，对于调节酶，这种酶活性的丧失可能是只有催化中心的改变使其不能与底物结合引起，也可能同时伴随有调节中心的改变，使其也不与代谢终产物结合。对于后一种情况，回复突变若只发生在催化中心区域，而调节中心仍保持不能与代谢终产物结合的状态，则该回复突变就实现了对反馈调节作用的解除。用回复突变的方法筛选抗反馈调节突变株是通过"原养型→营养缺陷型→原养型"的选育途径进行的。营养缺陷型回复突变株的筛选方法是首先将野生型菌株通过诱变处理，筛选代谢终产物的缺陷型突变株，然后，再对该突变株进行诱变处理，用基本培养基筛选原养型回复突变，然后从这些原养型回复突变株中分离筛选能过量积累代谢终产物的突变株。

例如在图 3-7 中，从谷氨酸棒杆菌筛选腺苷酸和黄嘌呤核苷酸的双重缺陷型（$ade^- xan^-$），由于酶③和酶⑤的缺陷，因此可大量积累肌苷酸。该营养缺陷型再诱变得到黄嘌呤核苷酸的回复突变株（$ade^- xan^+$），得到了既能积累肌苷酸，也能积累鸟苷酸的菌株。这是因为回复突变使次黄嘌呤脱氢酶的结构基因发生突变，导致酶的调节中心改变而失去与终产物鸟苷酸结合的能力，解除了鸟苷酸对该酶的反馈抑制作用，因此，能大量累积鸟苷酸。

（2）次级代谢产物营养缺陷型回复突变筛选抗反馈调节突变株　在抗生素生产中，只有个别营养缺陷型突变株的抗生素产量较高，一般缺陷型产量都很低。但其回复突变型有的产量却很高。Dulaney 等使用"原养型→营养缺陷型→原养型"的路线，在提高金霉菌的金霉素产量中获得成功。甲硫氨酸是金霉素生物合成的甲基供体，从金霉菌甲硫氨酸营养缺陷型中筛选回复突变型，其中 88％的回复突变株的金霉素产量比亲株高，产量是亲株的 1.2～3.2 倍。

（3）次级代谢产物零产量回复突变筛选抗反馈调节突变株　用回复突变方法筛选次级代谢产物产生菌抗反馈调节突变株还可以利用"高产株→零变株→高产株"的选育途径进行。抗生素产生菌经反复诱变后，有时会出现不产抗生素的零产量突变株。这种突变型一般是抗生素生物合成途径中某一酶的结构基因发生障碍性突变所致。再次诱变处理筛选抗生素合成的回复突变株，有时也可以解除次级代谢途径的反馈调节，从而获得高产菌株。例如用诱变剂处理金霉素产生菌，得到了金霉素产量的零变株，再次进行诱变处理，得到了产金霉素的回复突变型。其金霉素产量大都很低，但部分回复突变株的金霉素产量却比亲株高 3 倍左右。因此，在抗生素产生菌的选育中，应注意零变株的出现，如再进行诱变处理，有望得到高产突变株。

二、抗结构类似物突变株的筛选及应用

（一）结构类似物与抗结构类似物突变

所谓结构类似物（亦称代谢拮抗物）是指那些在结构上和代谢终产物（氨基酸、嘌呤、嘧啶、维生素等）相似，可起到代谢物所具有的调节作用而不具备其生理活性的一类化合物。图 3-18 所示的是一些氨基酸和它们的结构类似物。

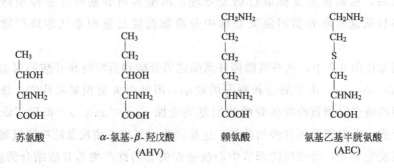

图 3-18　部分氨基酸及其结构类似物

　　由于和代谢终产物结构上相似，它们和代谢终产物一样，能够与变构酶的调节中心相结合而抑制酶的活性，或可以作为辅阻遏物激活阻遏蛋白，从而终止合成途径中酶的合成。因此，可以起到代谢产物所具有的反馈调节作用。所不同的是，终产物可以掺入到生物大分子中，从而具有一定的生理功能；而结构类似物不能用于合成有活性的生物大分子。并且终产物与酶的结合是可逆的，当终产物被用于合成生物大分子后，其在细胞中的浓度下降，酶的调节中心空闲，酶活性恢复。而结构类似物由于不掺入细胞结构，在细胞中的浓度是不变的，其反馈调节作用不能被解除。因此，在含有结构类似物的基本培养基中，由于结构类似物的存在，代谢终产物的合成被抑制。由于这种代谢产物是生长所必需的，因此野生型细胞必然不能生长。而那些能在含有结构类似物的基本培养基中能够生长的菌株被称作抗结构类似物突变株。它们之所以能够生长，是因为它们解除了反馈调节。

　　抗结构类似物突变株可能是抗反馈抑制突变株。由于酶的结构基因的突变，新合成的酶的调节中心不再与结构类似物结合，使结构类似物失去了对该酶的反馈抑制作用，细胞在突变酶的催化下合成代谢终产物供细胞生长所需，因此，能在结构类似物存在的情况下生长。

　　结构类似物抗性突变也可能是解除了终产物对代谢途径酶的反馈阻遏作用。调节基因突变后不能合成阻遏物蛋白或合成的阻遏物蛋白不再与结构类似物结合、操纵基因突变后不再与阻遏物蛋白-结构类似物复合物结合，都可以解除结构类似物的阻遏作用。

（二）抗结构类似物突变株在代谢调控育种中的应用

　　由于抗结构类似物突变的实质是解除了反馈抑制或反馈阻遏，因此，在这类突变株中，合成代谢途径也不再受代谢终产物的反馈调节，能够在终产物过量积累的情况下还不断合成该产物，从而可以大大提高终产物的合成量。抗结构类似物突变在氨基酸、核苷酸和维生素等初级代谢产物的高产菌株选育中被广泛应用。表3-5列出了其中的一些例子。

（三）抗结构类似物突变株的筛选

　　抗结构类似物突变株可以用一次性筛选法和梯度平板法进行筛选。实际工作中更多的是采用梯度平板法进行筛选。

　　1. 一次性筛选法

　　在对于出发菌株完全致死的环境中一次性筛选少数抗性突变株的方法，称为一次性筛选法。

表 3-5   部分结构类似物抗性突变及其积累的代谢产物

结构类似物	过量积累产物	使用的菌种
S-(2-氨基乙基)-L-半胱氨酸(AEC)	赖氨酸	黄色短杆菌
甲基赖氨酸(ML)		乳糖发酵短杆菌
苯酯基赖氨酸(CBL)		乳糖发酵短杆菌
α-氯己内酰胺(CCL)		谷氨酸棒杆菌
α-氨基β-羟基戊酸(α-AHV)	苏氨酸	黄色短杆菌
		谷氨酸棒杆菌
邻甲基-L-苏氨酸(MT)		大肠杆菌
		黄色短杆菌
乙硫氨酸(ET)	蛋氨酸	谷氨酸棒状菌
		大肠杆菌
N-乙酰正亮氨酸		鼠伤寒沙门菌
ET+蛋氨酸氧肟酸(Met-Hx)		
(Met-Hx)+硒代蛋氨酸		谷氨酸棒杆菌
L-精氨酸氧肟酸(Arg-Hx)	精氨酸	枯草杆菌
α-噻唑丙氨酸(α-TA)		黄色短杆菌
D-精氨酸(D-Arg)		谷氨酸棒杆菌
苯丙氨酸氧肟酸(Phe-Hx)	苯丙氨酸	谷氨酸棒杆菌
对氟苯丙氨酸(PFP)		
对氨基苯丙氨酸(PAP)		
6-氟代色氨酸(6-FT)	色氨酸	谷氨酸棒杆菌
5-甲氨色氨酸(5-MT)		黄色短杆菌
对氟苯丙氨酸(PFP)	酪氨酸	大肠杆菌
D-酪氨酸(D-Tyr)		枯草杆菌
酪氨酸氧肟酸(Tyr-Hx)		谷氨酸棒杆菌
3-氨基酪氨酸(3-AT)		枯草杆菌
三氟亮氨酸	亮氨酸	链孢霉
2-噻唑丙氨酸(2-TA)		乳糖发酵短杆菌
亮氨酸氧肟酸(Leu-Hx)		
α-氨基丁酸(α-AB)	缬氨酸	黏质赛氏杆菌
2-噻唑丙氨酸(2-TA)		乳糖发酵短杆菌
3,4-二羟脯氨酸	脯氨酸	大肠杆菌
硫胺胍(SG)		黄色短杆菌
硫胺胍(SG)	谷氨酰胺	黄色短杆菌
8-氮杂鸟嘌呤(8-AG)	肌苷	短小芽孢杆菌
异烟肼	吡哆醇	酿酒酵母

在采用此方法筛选抗性突变株时，首先要测定药物对出发菌株的临界致死浓度。然后将经过后培养的细胞以较高的密度涂布或倾注到含有高于临界致死浓度的药物平板上，经培养后长出的菌落即为抗性突变株。使用一次性筛选法筛选抗性突变株的前提是药物不是很昂贵，允许一定的用量。由于一些结构类似物价格昂贵，因此一般使用药物梯度平板法进行筛选。

2. 梯度平板法

使用药物浓度梯度平板筛选在对敏感菌致死的药物浓度区生长的抗性突变株的方法叫梯度平板法或阶梯性筛选法。此法适用于筛选对昂贵药物具有抗性的突变株。

该方法的第一步是制备药物浓度梯度平板，如图 3-19 所示。先在培养皿中倾注 7～10ml 不含药物的琼脂培养基，将培养皿一侧搁置在木条上，使培养基形成的斜面刚好完全覆盖培养皿的底部。待培养基凝固后将培养皿放平，再倾入 7～10ml 含有一定浓度药物的琼脂培养基，也使之刚好完全覆盖下层培养基，凝固并放置过夜。由于药物在上下层培养基之间的扩散作用，在平板内形成了随上层培养基由厚到薄的药物浓度梯度。将经过后培养的细胞涂布在此平板上，经培养后会逆药物的浓度梯度形成菌落的密度梯度。如果细胞对药物存在临界致死浓度，则菌的生长也呈现明显的界线。在低药物浓度区，细胞大量生长，形成厚厚的菌苔；高药物浓度区，菌落数逐渐减少。在菌落的稀少及几乎空白区域所长出的少数菌落即为抗性突变株。越是靠近高浓度药物区域出现的抗性菌株，其抗性越强。应用此法，还可以在同一平板上获得抗性不同的突变菌株。

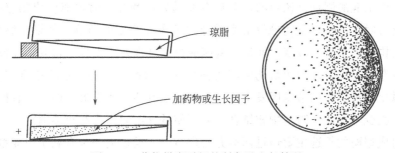

图 3-19　药物梯度平板的制备及生长情况

阶梯性筛选的另一种方法是将固体药物直接加到涂有菌的平板表面，在培养过程中，药物逐渐溶解并向周围扩散，形成一个以固体药物为中心的药物浓度梯度。经培养后，能看到固体药物的周围有一个明显的抑菌圈，存在清晰或模糊的边缘，在抑菌圈区域长出的少数菌落即为抗药性菌株。也可以先将药物制成一定浓度的溶液，然后用较厚的圆形滤纸片吸取一定量的药液，放置于涂有菌的平板上。利用药物的自然扩散在圆形滤纸片周围形成药物浓度梯度。

3. 筛选抗结构类似物突变株应注意的问题

采用上述方法筛选抗结构类似物突变株时，要注意以下三个问题。

① 如果终产物是和其他分支途径的终产物通过协同反馈抑制对共同前体

合成途径进行调节，则要在基本培养基中添加起协同反馈抑制作用的产物或其结构类似物。如前面所讲的赖氨酸高产菌选育中，由于赖氨酸和苏氨酸协同反馈抑制天冬氨酸激酶活性，筛选 AEC^r 突变株时，必须在含 AEC 基本培养基中同时加入苏氨酸或其结构类似物 AHV。否则，虽然有 AEC 存在，但野生型在苏氨酸被过量合成之前，是不会关闭整个代谢途径的，因此，也可以合成赖氨酸而生长。

② 抗结构类似物突变是由多基因控制的，属于数量性状，可通过逐渐提高结构类似物的浓度使产物的积累水平逐渐提高。

③ 如果抗结构类似物突变和营养缺陷型突变等共同使用，提高产量的效果会更好。如在钝齿棒杆菌中，单独筛选 AEC^r 突变株，赖氨酸产量为 20g/l，而筛选 AEC^{r}Hse$^-$ 突变株，赖氨酸产量可以达到 50g/l。

第四节 其他突变型的筛选及应用

一、组成型突变株的筛选

一些工业酶制剂是诱导酶，即只有在诱导底物存在时才能合成相应的酶。诱导物有时很昂贵，且诱导效果受诱导物种类和浓度的影响。如果经突变后，酶的结构基因未发生改变，而调节基因或操纵基因发生变异，将获得在没有诱导底物存在时也能产生大量诱导酶的突变株。这种突变株就是组成型突变株。通过诱变处理，使调节基因发生突变，不产生有活性的阻遏蛋白，或者操纵基因发生突变不再能与阻遏物相结合，从而使诱导型酶变为组成型酶。

组成型酶的筛选主要通过两类方法进行。一是创造一种有利于组成型菌株生长而不利于诱导型菌株生长的培养条件，造成对组成型的选择优势，从而富集并筛选出组成型突变株；另一类方法是选择适当的鉴别培养基，直接在平板上识别两类菌落，从而把组成型突变株选择出来。具体方法有如下几种。

1. 限量诱导物恒化培养法

控制低于诱导浓度的诱导物作碳源进行恒化连续培养。野生型细胞由于不能合成诱导酶而不能利用底物，所以不能生长，而组成型酶突变株由于可自行合成酶，所以就能够生长。虽然由于底物浓度很低，组成型酶突变株生长速度也不会过高，但只要控制合适的流加速度，经过一定时间的连续不断的流加新鲜培养基，野生型就会被"洗出"，组成型突变株就被不断"浓缩"，从而可以很容易地从培养液中分离获得组成型酶突变株。例如在低浓度乳糖的恒化器中，经连续培养生长的大肠杆菌突变株，它不用诱导物，也能生成 β-半乳糖苷酶，生成量达细胞总蛋白的 25%。

2. 循环培养法

在一个不含诱导物的培养基上和一个含诱导物为唯一碳源的培养基上进行连续循环培养时，就能使组成型突变株在生长上占优势，而予以选出。例如把大肠杆菌先在含有葡萄糖的培养基中培养一定时间，这时组成型突变株和诱导型菌株都能生长。但组成型突变株已开始合成 β-半乳糖苷酶而诱导型菌则不能合成。把这些混合菌体移植到以乳糖为唯一碳源的培养基中，这时组成型菌立即可以分解利用乳糖进行生长繁殖，而诱导型菌则还需一段诱导期。这样组成型在繁殖速率上就占优势。培养一定时间后再将其转回含有葡萄糖的培养基中培养，诱导型的 β-半乳糖苷酶不再被合成，当再次转移到乳糖培养基上又需要一段时间进行酶的诱导合成，从而在生长上再次落后于组成型突变株。如此反复几个生长周期，最终组成型在数量上占绝对优势，很容易被分离筛选出来。

3. 诱导抑制剂法

有些化合物能阻止某些酶的诱导合成，称为诱导抑制剂，如 α-硝基苯基-β-岩藻糖苷对大肠杆菌的 β-半乳糖苷酶的合成有抑制作用。为了选择组成型突变株，可将细胞培养在含有乳糖和 α-硝基苯基 β-岩藻糖苷的培养基中。由于 β-半乳糖苷酶的诱导被抑制，只有组成型酶突变株，才能利用乳糖而生长繁殖。

4. 低诱导能力底物培养法

利用诱导能力很低但能作为良好碳源的底物作为唯一碳源对诱导后的菌液进行培养，组成型突变株由于能合成分解该底物的酶，因此能生长；而需要诱导的野生型菌则不能生长，从而可以筛选出组成型突变株。

5. 鉴别培养基法

利用在鉴别培养基平板上，两种类型的突变株可以形成不同颜色的菌落，可以直接挑选出组成型突变株。例如，将诱变后的菌液涂布在以甘油为唯一碳源的平板上进行培养，待长出菌落后，在菌落上喷洒上邻硝基苯酚-β-D-半乳糖（ONPG）。组成型突变株由于不需要底物诱导就能产生 β-半乳糖苷酶，能分解无色的 ONPG，产生黄色邻硝基苯酚，故而形成黄色菌落；而诱导型菌株由于在无底物诱导的情况下不能合成 β-半乳糖苷酶，故菌落呈白色。

二、抗降解代谢物阻遏突变株的筛选与应用

在微生物代谢中，一些易分解利用的碳源或氮源及其降解代谢产物阻遏与较难分解的碳氮源利用相关的酶的合成，称为降解代谢物阻遏效应。如大肠杆

菌中葡萄糖降解代谢对乳糖利用的阻遏作用，当培养基中还有葡萄糖时，即使存在诱导物乳糖，与乳糖利用有关的酶也不能被合成。降解代谢物阻遏在微生物中广泛存在。在工业生产中，一般使用缓慢利用的碳氮源（如多糖或黄豆粉等）或流加低浓度的易利用碳氮源（如流加葡萄糖和氨）的方法避开降解代谢物阻遏作用。但若能从育种学的角度，筛选抗降解代谢物阻遏突变株，则能简化生产工艺，便于发酵控制，可以更好地满足工业生产需要和提高发酵水平。

1. 抗碳源降解代谢物阻遏突变株的筛选

常常采用选育抗葡萄糖结构类似物突变株的方法筛选抗碳源降解代谢物阻遏突变型。用于这种筛选的葡萄糖结构类似物包括 2-脱氧-D-葡萄糖（2-dG）和 3-甲基-D-葡萄糖（3-mG）等。具体筛选方法是将诱变后的菌涂布在含葡萄糖结构类似物的琼脂培养基上培养。筛选培养基要含有氮源、无机盐、生长因子、低浓度的 2-dG 或 3-mG 等，以及一种可被菌株利用的生长碳源。这种生长碳源必须经相应的诱导酶水解才能被微生物同化利用。由于葡萄糖结构类似物会阻遏诱导酶的合成，因此，野生型菌不能在此培养基上生长，而抗碳源降解代谢物阻遏突变株则由于解除了这种阻遏作用，故而可以在此培养基上生长。

例如螺旋霉素的生物合成为葡萄糖降解代谢物所阻遏，选育出的 2-dG 的抗性突变株，解除了这种阻遏作用，大幅度地提高了螺旋霉素的发酵效价。

2. 抗氮源降解代谢物阻遏突变株的筛选

氮源降解代谢物阻遏主要是指分解含氮底物的酶受快速利用氮源的阻遏。抗生素等次级代谢产物的生物合成可被氨或其他快速利用氮源阻遏。解除这种阻遏的方法是筛选氨结构类似物和氨基酸结构类似物抗性突变株，甲胺是最常用的氨结构类似物。例如螺旋霉素的生物合成受 NH_4^+ 的阻遏，选育耐甲胺突变株可以解除此阻遏作用，提高螺旋霉素的发酵效价。

三、细胞膜透性突变株的筛选与应用

如果细胞膜透性增强，则细胞内代谢产物容易向外分泌，使细胞内浓度降低，有利于酶促反应的进行，从而提高产物的生成量。同时，随着产物细胞内浓度的降低，还可以使产物在细胞内的浓度维持在低于发生反馈抑制或反馈阻遏的程度，以利于过量合成产物。因此，在工业微生物育种工作中，选育细胞膜透性突变株应用于发酵生产，其优点是显而易见的。

通过基因突变改变细胞膜透性的措施有很多，所涉及的基因突变主要是与细胞壁或细胞膜的一些组成成分的合成有关。下面通过一些具体的示例加以说明。

1. 利用生物素营养缺陷型改变细胞膜透性

生物素作为催化脂肪酸合成最初反应的酶——乙酰辅酶 A 羧化酶的辅酶，参与脂肪酸的合成，进而影响磷脂的合成和细胞膜结构的完整性。因此，筛选生物素营养缺陷型突变株，并在发酵过程中限量添加生物素，可以改变细胞膜的通透性。在谷氨酸发酵中，利用这种方法大幅度提高谷氨酸的发酵水平，是利用生物素营养缺陷型改变细胞膜透性，从而过量积累产物最成功的范例。

2. 利用油酸营养缺陷型改变细胞膜透性

油酸是细胞膜主要组成物质磷脂的重要组成成分。因此，油酸的缺陷型将因为失去合成油酸的能力而不能合成磷脂，进而影响细胞膜的完整性而使细胞膜透性增加。在棒杆菌谷氨酸发酵中，利用油酸营养缺陷型，并在发酵培养基中控制油酸的用量，提高谷氨酸产量也取得了成功。

3. 利用甘油营养缺陷型改变细胞膜透性

甘油营养缺陷型由于丧失了自身合成甘油的能力，从而也就丧失了合成磷脂的能力，因此，通过控制培养基中甘油的添加量，也就可以改变细胞膜的透性。甘油营养缺陷型也是谷氨酸发酵中常用的细胞膜透性突变之一。

4. 利用温度敏感突变株改变细胞膜透性

温度敏感突变株是一种条件致死突变株，是指那些在许可温度下能正常生长，而在非许可温度下不能生长的一类突变株。而这种非许可温度野生型却可以正常生长。造成突变株对温度敏感的原因很多，细胞生长必需的任何酶或蛋白质发生对温度变化更敏感的突变都可能形成这种条件致死突变型。其中，细胞膜结构或功能的缺损就是主要原因之一。因此，可以通过选育因细胞膜结构或功能缺陷而形成的温度敏感突变株，就可以在生长阶段结束后通过调节发酵温度来控制细胞膜透性，从而增加产物的产量。这种温度敏感突变株也已成功地应用于谷氨酸发酵中。

5. 利用溶菌酶敏感突变株提高细胞膜透性

对溶菌酶敏感的菌株往往是细胞膜结构不完整的突变细胞。因此，可以通过选育对溶菌酶敏感的突变株来提高细胞膜的透性。

6. 其他改变细胞膜透性的突变型

除上述在谷氨酸发酵中取得成功的各种改变细胞膜透性的突变株，发酵生产中还有一些利用其他突变型改变细胞膜透性成功的例子。例如，在肌苷酸生产中，利用腺苷酸营养缺陷型可以大量合成肌苷酸，但不能分泌到细胞外，只

有在 Mn^{2+} 浓度低于 $10\mu g/l$ 限量浓度时，肌苷酸才能向细胞外分泌，从而限制了肌苷酸的发酵水平。但在工业生产中，将 Mn^{2+} 浓度控制在如此低水平上是十分困难的。通过选育对 Mn^{2+} 浓度不敏感的突变株，改变了细胞膜的透性，能在 Mn^{2+} 过量存在（Mn^{2+} 浓度 $100\mu g/l$ 以上）的情况下，正常分泌肌苷酸，从而达到过量积累肌苷酸的目的。再如，诱变处理头孢霉素 C 产生菌顶头孢霉菌，筛选到多烯类抗生素如制霉菌素、抗念菌素的抗性突变株，改变了细胞膜透性，从而提高了头孢霉素 C 的产量。

四、次生代谢障碍突变株的筛选与应用

在抗生素等次生代谢产物生产菌的选育工作中，往往会用一些特殊的次生代谢合成障碍突变株来积累一些特定的次生代谢产物。

1. 利用次生代谢障碍突变合成同系新抗生素

在抗生素合成途径中某一途径由结构基因突变引起的代谢障碍性改变（称为区段突变），使抗生素结构发生某些变化，从而导致形成同系物新抗生素。如四环素产生菌经诱变育种获得的蛋氨酸营养缺陷型突变株具有了产生去甲基金霉素的能力。

2. 利用次生代谢障碍突变合成抗生素中间体

区段突变还可以导致次级代谢产物合成途径的阻断，从而积累中间体。例如利福霉素 SV 是利福霉素 B 生物合成的中间体，利福霉素 B 产生菌经诱变可以得到能产生利福霉素 SV 的次生代谢障碍突变株。这些中间体往往是半合成抗生素的原料。

3. 利用次生代谢障碍突变和人工前体合成新抗生素

通过筛选丧失了合成天然前体能力的突变株，加入前体的结构类似物，有可能把这种结构类似物结合到抗生素分子中，从而形成新的半合成抗生素。这是人工改造抗生素结构的一种新方法，被称作突变生物合成或突变合成（mutasynthesis）。

4. 利用次生代谢障碍突变改善抗生素的组分

有些抗生素产生菌，由于次级代谢合成途径的复杂性，会产生多组分抗生素，其中一些组分是有效组分，而另一些组分是无效的或低效的，而这些无效或低效组分在临床上却往往具有较大的毒副作用，需要在产品提取过程中将其分离除去。由于其和主成分的结构具有较高的相似性，因此，为产品的分离提取增加了很大困难，影响产品的提取收率和产品质量。通过次生代谢障碍突变株的筛选，可以阻断这些无益组分的合成途径，从而提高产品产量，简化生产

工艺，改善产品质量。这有些类似于利用营养缺陷型，阻断分支代谢，改变代谢流向，积累另一终端的某一初级代谢产物。例如，庆大霉素的生物合成途径含有两个分支途径（图 3-20），从共同途径庆大霉素 X_2 开始，分别产生庆大霉素 C_1 和庆大霉素 C_{2b}，其中组分 C_1 为有效组分，组分 C_{2b} 为无效高毒组分。通过诱变获得了 C_{2b} 支路阻断的代谢障碍突变型，不再合成 C_{2b} 而大量积累 C_1。

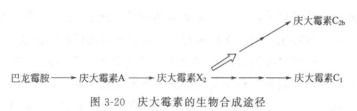

图 3-20　庆大霉素的生物合成途径

五、其他抗性突变株的筛选与应用

除了前面提及的用于解除反馈调节的抗结构类似物突变株外，在工业微生物育种工作中，还会选育一些其他的抗性突变株，如抗药突变株、抗噬菌体突变株和耐自身产物突变株等。

1. 抗药突变株

所谓抗药突变株是指对抗生素或化学药物具有耐受性的突变株。这类突变株是微生物遗传学研究中最早使用，也是最常使用的遗传标记之一。其在工业微生物育种工作中的应用则主要体现在以下几方面。①作为杂交育种等基因重组育种工作中亲本菌株的重要遗传标记手段，用于重组菌的选择。②有些发酵产品的产量与生产菌株的抗药性密切相关，可以通过筛选抗药性突变株提高产品的产量。例如，有人研究发现，在用芽孢杆菌发酵生产 α-淀粉酶时，筛选红霉素抗性菌株可以提高淀粉酶的发酵水平。但这种相关性的机理还不太清楚。③在抗生素发酵中，通过筛选抗自身药物的抗药性突变，即可以解除终产物对合成途径的反馈调节作用，也可以解除抗生素对产生菌本身的毒害作用，从而提高抗生素的产量。

抗药突变株的筛选和前面所提到的抗结构类似物突变的筛选方法相同，在此不再赘述。

2. 抗噬菌体突变株

在细菌发酵中，污染噬菌体往往会导致发酵的彻底失败，严重的还会造成发酵厂较长时间的停产，会给企业造成严重的经济损失和信誉损失。因此，在以细菌为生产菌种的发酵生产中，通过筛选抗噬菌体突变株来降低污染噬菌体的可能性，具有重要的实践价值。

　　抗噬菌体突变株的筛选可以在发酵生产污染噬菌体后利用自然筛选的方法进行，也可以在实验室中通过诱变进行选育。当采用自然选育时，可将污染了噬菌体的发酵液接种新鲜液体培养基进行振荡培养，大量涂布平板，在平板上能生长的菌，尤其是那些生长在噬菌斑内的菌，就可能是抗噬菌体突变株。若采用诱变筛选，则将诱变处理的菌体涂布平板后，先培养一定时间，然后喷洒上待测噬菌体，继续培养，生长出来的菌落则是抗药突变株。需要注意的是，如果在工厂进行抗噬菌体突变株的选育，一定要在远离菌种室的独立实验室进行，并最好与菌种室之间没有人员的交叉，以免对生产菌株造成噬菌体感染。另一个需要注意的问题是，在筛选温和噬菌体抗性突变株时，要保证筛选的菌株不是含有原噬菌体的溶源性菌株。此外，还有一点需要说明，由于有些细菌可能不止一种噬菌体，因此，筛选得到某种噬菌体的抗性菌株后，并不能保证该菌株在生产中不被其他噬菌体污染。

　　3. 耐自身产物突变株

　　除了上面所讲的抗生素，还有其他一些发酵产物会对产生菌本身造成伤害，如在酒精发酵和乳酸发酵等发酵过程，高浓度的产物都会对产生菌产生抑菌或杀菌作用。因此，对于这类发酵过程，若要高产，必须本身能耐受较高的终产物。如在酒精生产中，就常常通过选育能耐受更高酒精浓度的突变株来选育高产酒精的菌株。

　　4. 耐前体或前体结构类似物突变株

　　这类突变株主要应用于抗生素生产菌的选育中。所谓前体是指可被微生物利用或部分利用后掺入到代谢产物中的化合物，分为外源性前体和内源性前体。外源性前体是指产生菌不能合成或合成量极少，必须由外源添加到培养基中以满足代谢产物的合成。例如将苯乙酸和苯氧乙酸加入到产黄青霉菌的发酵培养基中，分别用于合成青霉素 G 和青霉素 V。内源性前体是指产生菌自身合成后用于代谢产物生物合成的物质，例如在青霉素和头孢霉素的生物合成中，所需要的由 α-氨基己酸、半胱氨酸和缬氨酸组成的三肽前体就是由产生菌自身合成的，不需要进行外源添加。许多抗生素的生物合成直接与产生菌利用前体的能力或合成前体的能力有关。过量的前体往往对产生菌有毒性（如苯乙酸）或具有反馈调节作用（如缬氨酸）。通过筛选耐前体或前体类似物突变株，可以提高抗生素产生菌利用外源前体或合成内源前体的能力，从而提高菌株合成抗生素的能力。例如，在青霉素 G 产生菌产黄青霉中，通过诱变选育苯乙酸抗性突变株，发现其部分菌株的产量明显超过敏感菌株。

六、无泡沫突变株的筛选与应用

酵母酒精发酵时大量泡沫的形成，使发酵罐的充满系数受到很大的限制，筛选无泡沫突变株有一定的实用价值。无泡沫突变株通常采用气泡上浮法筛选。以优良的酿酒酵母作出发菌株，用紫外线诱变，然后接种管式发酵器（发酵管）中，从发酵管的底部不断通入新鲜培养基和无菌压缩空气，使发酵液不断鼓泡，易产生泡沫的酵母就随泡沫从发酵管上部的溢流口除去，不易产生泡沫的变异酵母就留下来，连续培养进行一定的时间后，发酵管中的泡沫逐渐减少，直至完全消失，此时，从发酵液中进一步分离筛选，很容易获得无泡沫突变株。

无泡沫突变株还可用凝集法进行筛选。因为酵母如果与乳酸杆菌同时存在，由于两种细胞表面的静电吸力，而使之凝集除去。用这些方法得到的无泡沫变异株，其凝集力没有或极弱，或凝集力有某种程度的减弱。

用苯胺蓝染色法可筛选产生泡沫少的酵母突变株。其原理是根据如果突变株细胞壁成分和结构变化，那么就引起与染料结合能力的变化。若变蓝，突变株产生泡沫就少。具体方法是将诱变处理的菌种在1%葡萄糖、2%蛋白胨和1%酵母汁组成的pH 7.2的培养基中培养过夜，然后适当稀释。涂布在含3%葡萄糖、0.5%酵母汁、0.005%苯胺蓝和2%琼脂，pH 7.0的培养基上，30℃培养4天，一般野生型呈浅蓝色，少泡沫的突变株呈深蓝色。

第五节　菌种退化及其防止

选育一株合乎生产要求的菌种是一件艰苦的工作，而欲使菌种在生产中始终保持优良的生产性能，便于长期使用，还需要做很多日常的工作。但实际上要使菌种永远不变也是不可能的，由于各种各样的原因，菌种退化是一种潜在的威胁。只有掌握了菌种退化的某些规律，才能采取相应的措施，使退化了的菌种复壮，或用一定的手段减少菌种的退化。

一、菌种退化及其表现

菌种退化是指生产菌种、优良菌种或典型菌种经传代或保藏后，由于自发突变的结果，而使其群体中原有的一系列生物学性状减退或消失的现象。具体表现有：①原有的形态性状变得不典型了，包括分生孢子减少或颜色改变等，如放线菌和霉菌在斜面上多次传代后产生"光秃"型等，从而造成生产上用孢子接种的困难；②生长速度变慢；③代谢产物的生产能力下降，即出现负突变，例如黑曲霉的糖化力、放线菌抗生素的发酵单位的下降，所有这些都对生产不利；④致病菌对宿主侵染能力的下降；⑤对外界不良条件包括低温、高温或噬菌体侵染等的抵抗能力的下降；⑥遗传标记丢失等。菌种退化的原因是多方面的，但是必须将其与培养条件的变化导致菌种形态和生理上的暂时改变区别开来，因为优良菌种的生产性能是和发酵工艺条件密切相关的。倘若培养条件起变化，如培养基中某些微量元素缺乏，会导致孢子数量减少，也会引起孢子的颜色改变；温度、pH 的变化也会使产量发生波动。这些现象都是表型暂时的改变，只要条件恢复正常，菌种的原有性能就能恢复正常，所以由这些原因引起的菌种变化不能称为退化。此外，杂菌污染也会造成菌种退化的假象，产量也会下降，当然，这也不属于菌种退化，因为生产菌种一经分离纯化，原有性能即行恢复。综上所述，只有正确判断菌种是否退化，才能找出正确的解决办法。

二、菌种退化的原因

1. 基因突变是引起菌种退化的主要原因

微生物在传代或保藏过程中会发生自发突变，这是引起菌种退化的主要原因。退化的过程是发生在群体中一个由量变到质变的逐步演化过程。开始时，在一个群体中只有个别细胞发生自发突变（一般为负突变），如果这个负突变个体的生长速率大于正常细胞，则随着不断地传代，群体中负突变细胞所占的比例就会逐步增大，最后发展成为优势群体，从而使整个群体表现出严重的退化。

在育种过程中，经常会发现初筛时产量很高，而复筛时产量又下降的情况。这其实也是一种退化现象，其主要是由表型延迟造成的诱变后菌株遗传性不纯引起的。一般突变都发生在 DNA 单链的个别位点上，经过 DNA 复制和细胞分裂后，两个子细胞一个变为突变细胞，另一个为正常细胞。经过传代繁殖，正常细胞的繁殖速度如果比高产菌株快，就会导致群体产量性状的下降。

在某些丝状菌的育种工作中，如果选用的是其多核菌丝体细胞，则会因为诱变过程中仅有其中一个核发生高产突变，而造成在后续传代过程中出现分离现象，导致退化。如果突变后形成的高产突变株是非整倍体或部分二倍体，在繁殖过程中也会发生性状分离现象而导致退化。

除了核基因突变外，某些控制产量或遗传标记的质粒脱落也会导致菌种的退化。

2. 传代次数是加速退化的一个重要原因

微生物的自发突变都是在其细胞繁殖过程中发生的。因此，移种传代次数越多，发生突变的概率也就越高。另外，基因突变在开始时仅发生在个别细胞，如果不传代，个别低产细胞不会影响群体的表型。只有通过传代繁殖后，低产细胞才能在数量上占优势，从而导致菌种退化。现以芽孢杆菌的黄嘌呤缺陷型在斜面上移植代数与回复突变率和产量的关系予以说明（表3-6）。显而易见，虽然菌种总的保存时间都为147天，但随着移植代数的增加，回复突变率也增加，腺苷的产量逐步下降。这也说明，退化并不突然明显，而是当退化细胞在繁殖速率上大于正常细胞时，每移植一代，使退化细胞的优势更为显著，从而导致退化。

表3-6 产腺苷的黄嘌呤缺陷型菌株在接种传代中产量和回复子频率之间的关系

实验	传代数	每代斜面保存时间/天	回复子频率	腺苷产量 /g·l⁻¹
I	1	·······················147··················	2.2×10^{-7}	13.2
II	2	·············133··········· •···14···	4.2×10^{-7}	14.9
III	6	·····47···•3•9•3•········71·········•···14···	4.5×10^{-6}	10.7
IV	7	·····47···•3•9•3•···13··•58·····•···14···	2.9×10^{-7}	13.1
V	9	·····47···•3•9•3•···13··•8•3•····47··•···14···	1.9×10^{-4}	8.1
VI	12	·····47···•3•9•3•···13··•8•3•4···14•6•6·····31···	1.0×10^{-3}	7.4

3. 不适宜的培养条件和保藏条件是加速退化的另一个重要原因

培养条件对不同类型的细胞或细胞核的数量变化产生影响，例如在上述产腺苷的黄嘌呤缺陷型中，曾经发现在培养基中加入黄嘌呤、鸟嘌呤以及组氨酸和苏氨酸可以降低回复突变的数量。把米曲霉的异核体培养在含有酪蛋白的培养基上，异核体中带有酪蛋白酶基因的核，在数量上也会由劣势转变为优势，而在酪蛋白水解物培养基上，就处于劣势。显然，哪一种菌占优势，在酪蛋白酶的产量上就会占主导地位，因此培养条件会影响退化的产生。综合传代与培养条件对菌种退化的影响，可用糖化酶产生菌泡盛曲霉说明。泡盛曲霉经亚硝基胍和紫外线诱变得到的突变株在不同的培养基斜面上连续传代十次，培养基种类和传代次数对淀粉葡萄糖苷酶产量都有一定的影响。在马铃薯葡萄糖培养基斜面上传代酶产量下降极少，这个培养条件对防止菌种退化是有利的。而在麦汁酵母膏培养基斜面上传代，产酶量随着传代的进行逐渐明显下降，至第十代时，产酶能力降至25%。

不良的菌种保藏条件也会引起菌种退化。在菌种保藏过程中，要确保菌种不死亡、不污染、不生长，因为如果菌种在保藏过程中仍能进行繁殖，则有可能因自发突变而造成菌种退化。

三、防止菌种退化的措施

遗传是相对的，变异是绝对的，细胞在繁殖过程中总是会以一定的概率发生自发突变，虽然这种概率在多数情况下极低。因此，菌种退化几乎是不可避免的，这就需要采取某些积极的措施防止菌种退化的发生。基于以上对菌种退化原因的分析，为防止菌种退化的发生，可以采取以下措施。

由于菌种退化问题的复杂性，各种菌种退化的情况又不同，加之对有些退化原因还不甚了解，所以防止退化的措施也就显得原则些。而要切实解决具体问题，还需根据实际情况，通过实验正确地加以运用。

1. 从菌种选育方法上考虑

从菌种选育的角度考虑，可以采取两种措施来尽量降低菌种退化。一是在诱变育种工作中，进行充分的后培养和分离纯化，消除表型延迟现象和由此造成的菌株遗传性不纯；二是增加突变位点，减少基因回复突变的概率，从而降低菌种退化发生的可能性。

2. 从菌种使用及保藏方式上考虑

加强菌种的使用与保藏管理，采用合理的菌种使用与保藏方式，可以降低菌种退化的风险。具体措施包括以下几种。

(1) 控制传代次数 细胞的自发突变是发生在细胞繁殖过程中。尽量避免不必要的移种和传代，并将必要的传代降到最低限度，可以减少发生自发突变的概率。对于生产菌种，要尽可能利用所使用的菌种保藏方法的有效保藏期，可以采取一次接种足够数量的原种进行保藏，在整个保藏期内使用同一批原种。

(2) 创造适宜的培养条件 实践中发现，创造适合于原种的培养条件，可在一定程度上防止退化。如上述产腺苷的黄嘌呤缺陷型芽孢杆菌，在培养基中加入黄嘌呤、鸟嘌呤以及组氨酸和苏氨酸可以降低回复突变的数量；对于抗药性突变株和抗代谢类似物高产菌株等具有抗性标记的菌株，在培养基中加入一定浓度的相应药物，可以将个别回复突变细胞及时杀死，起到抑制回复突变发生的作用。对于一些具有遗传标记的基因工程菌株，加入一定浓度的抗生素，可以防止质粒的丢失。

(3) 利用不易退化的细胞传代 在放线菌和霉菌中，由于菌丝体常为多核细胞，甚至是异核体，因此，若用菌丝体接种就容易发生分离甚至退化，而孢子一般是单核的，用于接种可保持性状的稳定。

（4）采用有效的菌种保藏方法 对于工业微生物生产菌种，采用针对性的有效的保藏方法可延缓退化的发生。例如，对于啤酒酿造上所使用的酿酒酵母，保持其优良的发酵性能最有效的保藏方法是－70℃低温保藏法，其次是4℃低温保藏法，而对于绝大多数微生物保藏效果很好的冷冻干燥保藏法和液氮保藏法，在保藏酿酒酵母上效果并不理想。同时，选择适宜的保藏培养基也是很重要的。例如，保藏具有遗传标记的基因工程菌，在保藏培养基中也加入一定量的抗生素对防止质粒丢失是必要的；而采用含可溶性淀粉的培养基保藏产淀粉酶的芽孢杆菌对于其产酶性状的退化具有预防作用；采用无糖斜面保藏谷氨酸棒杆菌，有利于其产酸能力的保持，而含葡萄糖的斜面则适于菌种活化，而不宜用于菌种保藏。

3. 从菌种管理的措施上考虑

在菌种管理的措施上，除上述加强菌种使用和保藏的管理外，还可以通过定期进行菌种复壮来防止菌种退化。

四、退化菌种的复壮

菌种退化是指群体中退化细胞在数量上占一定比例后，所表现出群体性能变劣的现象。因此，在已经退化的群体中，仍有一定数量尚未退化的个体。

狭义的复壮是指在菌种已经发生退化的情况下，通过纯种分离和筛选，从已经退化的群体中筛选出尚未退化的个体，以达到回复原菌株固有性状的措施。而广义的复壮是在菌种的典型特征或生产性状尚未退化前，经常有意识地进行纯种分离和筛选，以期从中选择到自发的正突变个体或淘汰掉少量已退化的个体，前者也被称作生产育种，实际上是一种自然选育的育种手段。由此可见，狭义的复壮是一种消极的措施，而广义的复壮才是一种积极的措施。

在此需要说明的是在什么情况下（何时）需要进行这种复壮工作以及需要分离筛选多少菌株。一般情况下，对于生产企业，菌种管理都要求对菌种进行定期的分离纯化，也就是说分离筛选一般都是在退化发生之前就进行的一种常规工作，是防止菌种退化或生产育种而采取的一种积极措施。另外，在出现发酵水平较高和较低的情况下，也会进行菌种的分离筛选，前者的目的是期望从发酵液中分离出高产菌株，而后者则是期望从可能已退化的种子中分离出尚未退化的菌株。而筛选的量则取决于分离筛选的目的。当人们的目的是剔除少量负变菌株，防止菌种退化时，由于未变异的高产菌株的比例还很高，一般挑取40～100株进行筛选就可以了，甚至有人认为20～40株都可以接受。如果人们的目的是进行自然选育更高产的菌株，由于自发正变的概率很低，这时当然是越多越好，一般建议不低于 400～500 株。如果是作为狭义的菌种复壮，由于未变异的高产菌株的比例已经较低，但比自发突变的比例还是要高许多，因此一般认为挑取 100～200 株还是能够恢复生产性能的。

对于一些寄生性微生物，特别是一些病原菌，长期在实验室人工培养会发生致病力降低的退化。可将其接种到相应的昆虫或动、植物宿主中，通过连续几次转接，就可以从典型的病灶部位分离到恢复原始毒力的复壮菌株。

复习思考题

① 试述高产突变株诱变选育的一般步骤及每步的目的及注意事项。

② 何谓营养缺陷型？举例说明其在工业微生物菌种选育中的应用。

③ 试述营养缺陷型突变株选育的一般步骤及每步的目的及注意事项。

④ 在营养缺陷型突变株选育过程中，有哪些方法可以用于淘汰野生型？简述每种方法的原理及适用对象。

⑤ 何谓抗反馈调节突变型？如何进行筛选？

⑥ 简述抗结构类似物突变株过量积累代谢产物的原因。

⑦ 简述抗结构类似物突变株筛选的一般方法和应注意的问题。

⑧ 何谓组成型突变？如何进行筛选？

⑨ 何谓抗降解代谢阻遏突变型？如何进行筛选？

⑩ 细胞膜透性突变株在菌种选育中有何意义？举例说明如何筛选。

⑪ 何谓菌种退化？试述其表现、原因、防治方法如何？

⑫ 何谓菌种复壮？如何进行？

第四章 基因重组育种

基因突变和基因重组（遗传重组）是导致遗传变异的两个主要过程，也是提供生物进化的主要动力。基因重组广义而言是指基因型不同的个体交配产生不同于亲本基因型的个体，这表明个体之间进行了遗传信息的重组。

微生物变异是由于遗传物质的成分和结构的改变引起的。遗传物质的这些变化，可以发生在一个细胞内部，由自发突变或诱发突变引起；也可以通过两个细胞间遗传物质的重组而实现。通过两个细胞间遗传物质的重组而实现的工业微生物育种称基因重组育种。

在不同类型的微生物中，导致基因重组的形式也不相同。在真菌中，对于具有有性生殖过程的霉菌和酵母，主要是通过两个不同接合型细胞或孢子之间的结合、在减数分裂过程中实现涉及整个染色体组的基因重组；而对于不进行典型有性生殖的某些霉菌，可以在准性生殖过程中实现基因重组，即通过两个体细胞之间的结合、在有丝分裂过程中实现涉及整个染色体组的基因重组。在原核微生物中，通过水平方向的基因转移，即受体细胞接受来自供体细胞的DNA片段，实现涉及部分或少数基因的重组。原核微生物中导致基因重组的形式包括接合、转化和转导。微生物中部分导致基因重组的形式如表 4-1 所示。

表 4-1　微生物中部分导致基因重组的形式

基因重组形式	微生物类别	供体菌 DNA 进入受体的途径	重组涉及的范围
有性生殖	真菌	有性孢子的接合	整个染色体组
准性生殖	真菌	体细胞的接合	整个染色体组
细菌接合	大肠杆菌等细菌	细胞间暂时沟通	部分染色体
F 因子转导	大肠杆菌等细菌	细胞间暂时沟通,F 因子介导	个别或少数基因
放线菌接合	天蓝色链霉菌等放线菌	菌丝间连接	部分染色体
转导	原核微生物	细胞间不接触,噬菌体介导	个别或少数基因
转化	原核微生物	细胞间不接触,吸收游离 DNA 片段	个别或少数基因
原生质体融合	所有微生物	原生质体间的融合	整个染色体组

原生质体育种技术是在传统基因重组技术的基础上发展起来的，采用的不是细胞，而是脱去细胞壁的原生质体，采用的也是接合（融合）、转化，但这

一改进对提高基因重组效率有了很大程度的提高，较传统的基因重组技术具有更多优点。

第一节 转 化

转化（transformation）是指受体细胞从环境中吸收游离的 DNA 片段，并从中获得基因的过程。这是一种水平方向的单向基因重组过程，根据感受态建立方式的不同可分为自然转化和人工转化。自然转化现象首先在肺炎链球菌中发现（1928 年 Griffith 发现了转化现象，1944 年 Avery 确定了转化因子的本质是 DNA），后来在其他一些微生物中也发现了自然转化现象，但研究较为深入的仍然是细菌的转化。转化不需供体和受体细胞的直接接触，参与转化的基因供体只是游离的 DNA 分子（常称为转化因子），经转化所得到的重组子叫转化子。随着对转化机制的不断了解，人们已可以对一些不能进行自然转化的微生物实现人工转化。

一、自然转化

自然转化中受体细胞通常不需经过特殊处理，能直接吸收裸露的外源DNA 并与其自身遗传物质发生重组的过程。转化过程（图 4-1）一般可人为地分为 DNA 吸收和 DNA 的整合两个阶段。实现转化的条件有两个，即感受态的受体细胞和有活性的供体 DNA 片段。

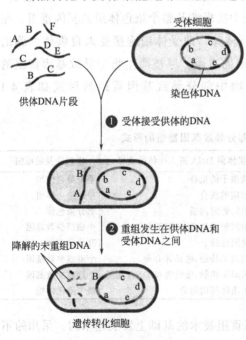

图 4-1　细菌的转化过程

1. 感受态（competence）

细胞能从周围环境中吸取DNA 的一种生理状态叫感受态。感受态出现的时间和它持续的时间不仅由菌株的遗传性决定，而且和培养条件等因素有关。例如肺炎链球菌的感受态出现在对数期的几乎所有细胞中，只持续几分钟；枯草芽孢杆菌的感受态出现在对数期后期的少数细胞中，可持续几个小时。

感受态的出现过程如图 4-2 所示。细菌细胞在一定的培养条件下生长到一定阶段，以枯草芽孢杆菌为例是在葡萄糖基本培养基中培养到对数生长后期，细胞向胞外分泌一种小分子的蛋白质（称为感受态因子），其分子质量为 5000～10000Da。当培养液中的感受态因子积累到一定浓度后，与细胞表面受体（A 位点）相互作用，通过一系列信号传递系统诱导一些感受态特异蛋白质（competence specific protein）表达，其中一种是自溶素（autolysin）。它的表达使细胞表面的 DNA 结合蛋白

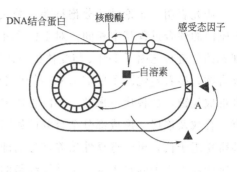

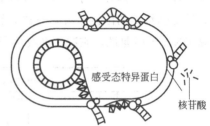

图 4-2　细菌的转化模型

及核酸酶裸露出来，使其具有与 DNA 结合的活性。

2. 转化因子的吸附与吸收

对于受体细胞而言，无论其是否处于感受态，都能吸附转化因子，但是只有感受态细胞的吸附才是稳定的。据估计，一个细胞表面大约有 50 个吸附位点。不同的微生物对转化因子的吸附的专一性也不同。枯草芽孢杆菌和肺炎链球菌对于转化因子的吸附没有专一性；而流感嗜血杆菌却有高度的专一性，只能吸附同种不同菌株的 DNA。

一般认为革兰阳性和革兰阴性细菌对双链 DNA 的吸附和吸收有所不同。对肺炎链球菌、枯草芽孢杆菌等阳性菌而言，双链吸附单链进入细胞质。双链 DNA 在细胞表面的特异性受体（DNA 结合蛋白）上结合并遭到核酸酶的切割，核酸内切酶首先切断 DNA 双链中的一条链，被切断的链遭到核酸酶降解，成为寡核苷酸释放到培养基中，另一条链与感受态——特异蛋白质结合，并被引导进入细胞。革兰阴性菌（流感嗜血杆菌），双链 DNA 吸附并进入细胞壁，在周质空间中被核酸酶降解成单链，最后单链进入细胞质。

此外，自然感受态除了对线性染色体 DNA 分子的摄取外，也能摄取质粒 DNA。但是质粒 DNA 进入受体细胞后，一般仍然保持双链环状，不与受体染色体 DNA 发生重组。

3. DNA 的整合

研究表明，无论枯草芽孢杆菌、肺炎链球菌还是流感嗜血杆菌，DNA在细胞内的整合过程基本相同。对于枯草杆菌，在RecA蛋白作用下，进入受体细胞的单链转化因子DNA与受体染色体DNA在其同源区形成一个供体-受体复合物，接着转化因子单链DNA替代受体双链中的一股，与另一股的对应部分形成氢键，被替代下来的一小段受体DNA单链为酶所降解，缺口部分被修复、合成及连接，形成部分杂合双链如图4-3所示，进一步的复制和细胞分裂即得重组子代，再经选择性培养基分离即可获得转化子。综上所述，转化效率决定于以下三个内在因素：①受体细胞的感受态，它决定转化因子进入受体细胞；②受体细胞的限制系统，它决定转化因子在整合前是否被分解；③供体和受体DNA的同源性，它决定转化因子的整合。

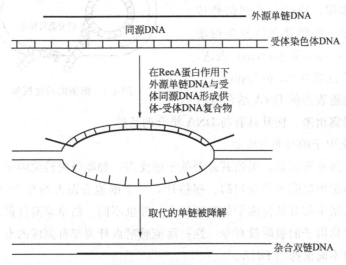

图4-3 外源单链DNA通过重组整合到受体染色体

质粒DNA的转化与经典转化的同源整合有所不同。质粒DNA进入受体细胞后，可独立于受体细胞染色体而自我复制，或通过单交换插入受体染色体上而随宿主染色体一起复制，前者被称为复制型转化，后者被称为整合型转化。

二、人工转化

人工转化是在实验室中用特殊的化学方法或电击处理来完成转化，为许多不具有自然转化能力的细菌提供了一条获取外源DNA的途径，也是基因工程的基础技术之一。

1. 人工诱导感受态

1970 年 Mandel 和 Higa 首先发现高浓度的 Ca^{2+} 能诱导细胞，使其成为能吸收外源 DNA 的感受态。随后的实验证明由 Ca^{2+} 诱导的人工转化的大肠杆菌中，其转化的 DNA 必须是一种独立 DNA 复制子（如质粒），而对线性 DNA 片段则难以转化。可能的原因是线性 DNA 在进入细胞质之前被周质空间中的 DNA 酶消化。缺乏这种 DNA 酶的大肠杆菌菌株能够高效地转化外源线性 DNA 片段的事实证实了这一点。

虽然 Ca^{2+} 诱导机制目前还不十分清楚，但这一技术已广泛用于以大肠杆菌为受体的重组质粒的转化。人工诱导感受态细胞形成的常用方法：先将大肠杆菌培养至对数期的前期 $OD_{600}=0.25\sim0.5$，接着用 $50\sim100mol/l$ $CaCl_2$ 在冰浴中处理 $30\sim45min$。

2. 电穿孔法

电穿孔法（electroporation）是一种将核酸分子导入受体细胞的有效方法，它对真核生物和原核生物均适用。所谓电穿孔法是用高压脉冲电流击破细胞膜或将膜击成小孔，使各种大分子（包括 DNA）能通过这些小孔进入细胞，所以又称为电转化。

该方法最初用于将 DNA 导入真核细胞，后来也逐渐用于转化包括大肠杆菌在内的原核细胞。在大肠杆菌中，通过优化各个参数（包括电场强度、电脉冲的长度和 DNA 浓度等），每微克 DNA 可以得到 $10^9\sim10^{10}$ 个转化子。

三、转化育种程序

1. 转化因子 DNA 的提取

要达到转化的目的，首先要挑取合适的供体菌株并提出其 DNA，转化因子 DNA 要求有一定的纯度和生物活性。

鉴于制备的 DNA 中即使含有部分 RNA 和蛋白质，仍可有效地进行转化，DNA 的提取方法可以简化如下：将处于对数生长期的菌液，在 0℃ 条件下 3000r/min 离心 30min，用 NaCl-EDTA（乙二胺四乙酸）溶液洗涤菌体两次，收集和称量菌体；于菌体中加入溶菌酶和 NaCl-EDTA 液（pH 8.0）在 37℃ 保温 $10\sim20min$，菌液变稀后，立即放入干冰或液氨中冷冻，然后加入 Tris-SDS（十二烷基磺酸钠）缓冲液（pH 9.0）60℃ 保温，待菌体溶解后，加入等体积的 90％ 重蒸苯酚；于 0℃ 冰箱振荡 20min，4500r/min 离心 30min，吸取上清液，用重蒸苯酚再抽提一次，吸取上清液，放入烧杯中；沿烧杯边缘慢慢加入两倍体积预冷却的 95％ 乙醇，轻轻摇动，DNA 呈絮状，沉淀析出收集沉淀；溶于 $0.15mol/l$ NaCl 和 $0.015mol/l$ 柠檬酸钠溶液（pH 7.0），存于 4℃ 冰箱中。

此外，感受态细胞与DNA的亲和性与DNA片段大小有关。例如相对分子质量为30万~80万的DNA，肺炎链球菌细胞与最大相对分子质量的DNA亲和性最大，活性最高，相对分子质量在30万以下，就不表现转化活性。枯草芽孢杆菌的转化DNA平均长度为$10\mu m$，平均相对分子质量为2.1×10^7。对于某一菌株，具有活性的DNA片段应该是有一定范围的。

2. 感受态细胞的培养

可转化的菌株要在一定的条件下才能出现感受态，而且有一定的周期性。从某些枯草杆菌的转化研究中，发现从生长培养转入含有0.5%葡萄糖、$50\mu g/ml$色氨酸、0.02%酪素水解物的培养基中，37℃振荡培养4h，再将菌体在含有0.5%葡萄糖、$5\mu g/ml$色氨酸、0.01%酪素水合物和$5\mu mol/ml$硫酸镁的基本培养基中与转化的DNA接触振荡，培养90min，感受态到达顶峰，这时受体细胞是处于对数生长期的后期。但就是在这种情况下，枯草杆菌的感受态细胞也不超过10%。在较纯条件下，如采用一定量的溶菌酶、适当的DNA浓度与转化时间，转化频率可达$10^{-4}\sim10^{-2}$之间。

3. 转化操作和转化子的检出

将受体菌株在肉汤培养基中培养到对数生长初期，离心收集菌体，悬浮在等体积的生长培养基中，在37℃振荡培养到对数生长期的中后期离心，将菌体悬浮在等量或稍少的转化培养基中。转化时，在试管中加入一定的DNA液、受体菌液和转化培养基，37℃振荡培养60min，进行转化。转化后，按照一定的遗传标记在基本培养基中检出转化子，并做进一步实验。

转化育种的应用目前尚不普遍，并且还存在一定困难，主要是在可转化的种属中并不是所有菌株都可转化。因此从非感受态细胞中建立一个获得感受态细胞的简便有效方法尤为重要。由于感受态是受多基因控制的，因此困难多一些。此外，还要注意DNA酶对转化的影响。当然要提高转化频率，还要考虑合适的转化培养条件。有人提出如果能够分离所需性状的单基因DNA用来转化，那将对提高转化频率有很大好处。

第二节 接 合

接合（conjugation）作用是指通过细胞与细胞的直接接触而产生的遗传信息的转移和重组过程。接合与转化主要有以下两点差异：①接合需要细胞间的直接接触；②供体细胞必须携带接合型质粒。接合现象普遍存在于G^-细菌和

G^+ 细菌中，大肠杆菌的接合是发现最早的细菌接合，也是至今研究最为透彻的。下面以大肠杆菌为例，介绍接合现象和作用机制。

一、接合现象的发现和证实

1946 年 Lederberg 和 Tatum 在实验中发现了细菌的接合现象。他们用大肠杆菌 K12 的两个多重营养缺陷型菌株混合培养，结果在基本培养基上出现原养型菌落（图 4-4），而分别涂布两个亲株的对照平板上则没有出现任何菌落。要证实原养型菌落是细菌接合的结果，必须排除转化、互养、回复突变及形成异核体的可能。

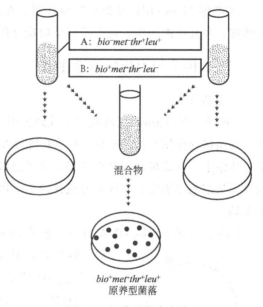

图 4-4　细菌的接合实验

（1）转化的排除　转化的排除是由 Davis（1950 年）的 U 形管实验完成的（图 4-5）。U 形管中间隔有烧结玻璃的滤板，它不允许细菌细胞通过，但允许两臂交流营养成分，DNA 分子也可以通过。当将 A、B 两株营养缺陷型分别接种到 U 形管两臂进行培养后，再分别涂布基本培养基上，结果却无原养型菌落出现。这证实 Lederberg 等人发现的重组现象不是转化的结果，而是需要细胞直接接触。

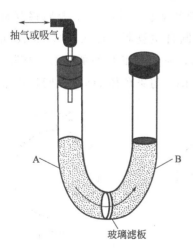

图 4-5　U 形管实验

（2）互养的排除　互养的排除采用了噬菌体的抗性突变株。将两株菌（$bio^- met^- thr^+ leu^+ T_1^s$ 和 $bio^+ met^+ thr^- leu^- T_1^r$）大量接种到基本培养基上，短暂接触后，喷上噬菌体 T_1，杀死一个亲本。如果是互养，那么培养后就不会有菌生长，但是培养后仍得到了原养型菌株，说明出现原养型菌落并非由于互养。

（3）回复突变的排除　根据基因突变的稀有性和独立性，若两个基因同时回复的频率低于 10^{-12}，那么就可以从实验中混合培养原养型出现频率上排除回复突变。

（4）异核体的排除　通过考察遗传稳定性来排除异核体的可能，异核体在继续培养后会出现分离现象，而接合实验中产生的原养型在遗传上是稳定的。

1952 年 Hayse 用正反杂交实验证明，在大肠杆菌的接合中遗传物质是单向转移，并且他进一步发现大肠杆菌的接合作用是由 F 因子介导的。

二、F 因子与大肠杆菌的性别

1. F 因子

F 因子（F-factor）又称性因子或致育因子（fertility factor），是首个发现的与细菌接合作用有关的质粒。F 质粒既可在细胞内独立存在，也可整合到核染色体组上；它既可经接合而获得，也可通过吖啶类化合物、溴化乙锭等的处理进而从细胞中消除；它既是合成性纤毛基因的载体，也是决定细菌性别的物质基础。

F 因子为双链环状 DNA 分子，长度约 94.5kb，约占大肠杆菌基因组的

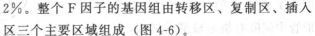

2%。整个 F 因子的基因组由转移区、复制区、插入区三个主要区域组成（图 4-6）。

图 4-6　F 质粒的简图

转移区（transfer region）长度为 33kb，由 23 个基因组成，负责 F 因子的转移和性纤毛的合成。复制区（replication region）含有 *oriT* 和 *oriV* 等基因，负责 F 质粒的自我复制。其中 *oriT* 是转移复制的起点，而 *oriV* 控制自主复制。插入区（insertion region）含有转座子 IS2、IS3 和 γδ（Tn1000），它们与 F 质粒的整合、切除、易位有关。F 因子的整合是通过其插入序列（IS）与染色体 DNA 之间发生重组而将 F 因子嵌入染色体 DNA 中，形成一个大的环状 DNA 分子（图 4-7）。

2. 大肠杆菌的性别

F 因子是决定大肠杆菌性别的物质基础。根据 F 因子在细胞内的存在方式，可以把大肠杆菌分为 F⁻、F⁺ 和 Hfr 3 种不同接

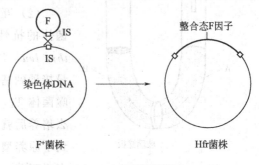

图 4-7　F 质粒的整合

合型菌株。F⁻菌株即"雌性"菌株，是指细胞内不含F质粒的菌株；F⁺菌株即"雄性"菌株，是指细胞内存在一至几个游离态的F质粒的菌株；Hfr菌株（高频重组菌株，high frequency recombination strain）是指细胞内含有整合态的F质粒的菌株。Hfr菌株与F⁻菌株相接合后，发生基因重组的频率要比F⁺与F⁻接合后的频率高出数百倍。它们三者之间的关系如图4-8所示。由于F质粒插入染色体的位点并不是唯一的，所以一个F⁺菌株最多可转变成20多个Hfr菌株。

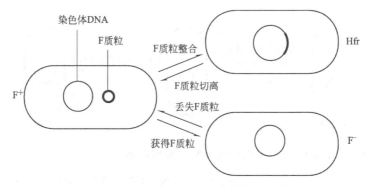

图4-8 F⁺、F⁻和Hfr三种菌株之间的关系

与原噬菌体一样，F质粒在脱离Hfr细胞的染色体时也会发生差错，从而形成带有细菌染色体基因的F′质粒。携带有F′质粒的菌株称为F′菌株。

三、大肠杆菌的接合过程

图4-9显示了细菌的接合。大肠杆菌接合作用的研究已十分透彻，F⁺、Hfr和F′菌株分别都可以和F⁻菌株发生接合。大肠杆菌的接合如图4-10所示。

1. F⁺×F⁻

在F⁺与F⁻菌株的接合过程中，F因子能在细胞间传递。供体细胞（F⁺细胞）将携带的F因子传递给受体细胞（F⁻细胞），使其转变为F⁺细胞〔图4-10(a)〕。整个接合过程可分为两步。第一步是接合配对的形成：

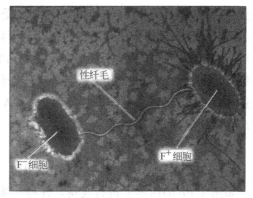

图4-9 细菌的接合

(a) 当一个F因子(质粒)从供体(F⁺)向受体(F⁻)传递时，F⁻细胞转变为F⁺细胞

(b) F因子整合到染色体上，使F⁺细胞转变为高频重组(Hfr)细胞

(c) Hfr供体细胞部分染色体向F⁻受体传递，形成重组F⁻细胞

图 4-10　大肠杆菌的接合

由供体（F⁺）细胞表面性纤毛的游离端与受体细胞（F⁻）接触，性纤毛可能通过解聚作用和再溶解作用进行收缩，从而使供体和受体细胞紧密相连形成细胞质桥。第二步是 F 质粒 DNA 的转移：*tra*Y I 编码的螺旋酶识别 *oriT* 位点，并将其中的一条链切开，F 因子通过滚环复制并以 5′末端为首通过细胞质桥通道进入受体 F⁻。进入受体菌细胞单链 DNA 合成互补链形成双链，并通过环化形成环状 F 因子。

2. Hfr×F⁻

当 Hfr 细胞和 F⁻细胞发生接合作用时，Hfr 细胞染色体［已整合有 F 因子，如图 4-10(b)所示］进行复制，并将一条染色体母链转移至受体细胞［图 4-10(c)］。Hfr 染色体复制的起始位点位于已整合 F 因子的中部，小片段 F 因子可引导染色体基因向受体细胞转移。染色体通常在转移完成前发生断裂。供体细胞 DNA 一旦到达受体细胞内，就能利用受体细胞 DNA 进行重组。（未整合的供体细胞 DNA 被降解。）因此，通过与 Hfr 细胞接合，F⁻ 细胞可获得新的染色体基因型（类同转化作用）。然而，由于通常情况下受体细胞不能接受完整的 F 因子，所以重组细胞仍是 F⁻ 性质。Hfr 菌株染色体 DNA 向受体菌的转移过程见图 4-11。

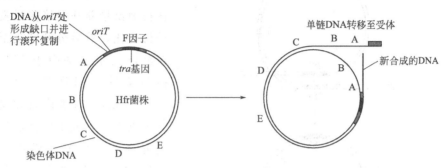

图 4-11　Hfr 菌株染色体 DNA 向受体菌的转移过程

3. F′×F⁻

F′ 质粒的形成如图 4-12 所示。F 质粒是在脱离 Hfr 细胞染色体基因组时发生不正常的切离，而形成游离的、但携带整合位点前或后一小段染色体基因的特殊的 F 质粒。在 F′×F⁻ 接合作用中能专一性地向 F⁻ 转移 F′ 质粒携带的供体基因（这个过程与转导相似，参见本章第三节），因而也有人把通过 F′ 因子的转移而使受体菌改变其遗传性状的现象称为性导。

四、染色体转移和遗传图谱

通过间歇接合过程从 Hfr 到 F⁻ 染色体定向转移。接合时细胞不是紧密地连接在一起，当在混合器上搅拌时，接合细胞很容易分开。如果在 Hfr 和 F⁻ 细胞混合出现遗传重组子后，在不同的时间搅拌混合物，发现搅拌之间的间隔越长，就会有越多的 Hfr 基因转移到 F⁻ 重组子中。如图 4-13 所示，由于种种原因 DNA 转移过程常会被中断，所以靠近染色体原点的基因进入 F⁻ 的机会大，其在重组细胞中出现的比率比离原点远的基因高得多。另外也证明了基因从供体到受体的转移是一个有序的过程。这个实验提供了一种精确测定细菌染色体基因顺序的方法。基因在染色体上的排布称为基因图谱。

五、细菌接合育种程序

（1）亲株的准备　供体菌应是 Hfr 菌株，多为野生型并带抗生素敏感

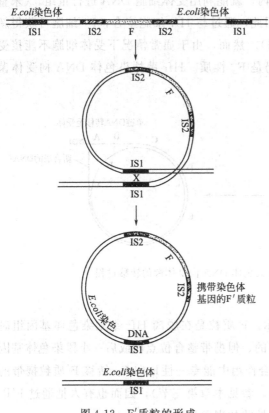

图 4-12 F′质粒的形成

（如 *str*ˢ）标记，受体菌是 F⁻菌株，多为营养缺陷型并带抗生素抗性（如 *str*ʳ）标记。

（2）杂交　分别将两亲株在肉汤培养基中培养过夜进行活化，然后分别转接至新鲜肉汤培养基中于 37℃ 振荡培养至对数期（2×10⁸ 个/ml）。将供体菌和受体菌以 1∶10 或 1∶20 的比例混合，在 37℃ 水浴中缓慢振荡 3h，使亲株间进行接合。缓慢的振荡以便为细胞提供足够的溶解氧，恒温培养是接合的必需条件，剧烈的振荡会妨碍接合的进行。

（3）重组子的检出　取接合菌液进行适当的稀释，然后涂布到选择性培养基（如含有 *str* 的基本培养基）平板上，长出的菌落即为重组子。因为在该培养基上，供体菌由于对链霉素敏感而不能生长，受体菌由于为营养缺陷型也不能生长。

细菌的杂交在育种工作中应用尚不广泛，但也进行了一些具有应用潜力的试验。例如，肺炎克氏杆菌具有固氮能力，但不具有可转移的质粒；而大肠杆菌不能固氮，但具有可转移的 R 因子。肺炎克氏杆菌能接受来自大肠杆菌的 R 因子，并能将其整合入染色体 DNA 中，形成类似 Hfr 的菌株，该菌株再次与 F⁻ 大肠杆菌接合，就能将其染色体 DNA 传递给大肠杆菌。把由大肠杆菌 C 菌株诱变获得的组氨酸缺陷型和抗链霉素突变株作受体，用这一突变株和对链霉素敏感的野生型供体肺炎克式杆菌混合培养进行杂交，然后接种到含有链霉素的基本培养基上，形成的菌落就是杂交株。已知克氏杆菌的固氮基因和组氨酸基因是紧密连锁的，所以从 *his*⁺ *str*ʳ 杂交子代中很容易地得到具有固氮能力的大肠杆菌。

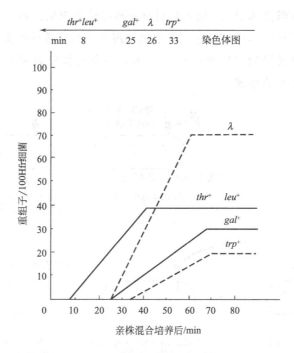

图 4-13 Hfr 和 F⁻ 细胞混合后重组子形成的比率

第三节 转 导

转导（transduction）是以噬菌体作媒介，将一个细胞的遗传物质传递给另一个细胞的过程。与转化一样，转导也无需供体和受体细菌细胞间的直接接触。转导的实现除供体菌和受体菌以外，还需要转导噬菌体的参与。转导可分为普遍性转导（generalized transduction）和局限性转导（specialiged transduction）两种类型，前者系能传递供体细菌染色体上任何基因的转导；而后者指只能传递染色体上原噬菌体特定位点附近少数基因的转导。

一、普遍性转导

1952 年 Joshua Lederberg 和 Norton Zinder 把鼠伤寒沙门菌的两个不同的营养缺陷型突变株 LT22（trp^-）和 LT2（his^-），混合涂布在基本培养基上进行培养，结果在 10^7 个细胞中得到大约 100 个原养型菌落。为了进一步证实鼠伤寒沙门菌是否通过细胞接合而产生重组，他们又进行了 U 形管实验，结果只在接种 LT22 的一端同样出现了原养型细菌。这一事实说明鼠伤寒沙门菌的基因重组不是通过细胞接合，而是通过某些可滤因子而发生的。后来证实可滤因子就是温和噬菌体 P22。这就是最早发现的转导现象。随后在包括大肠杆菌、黏球菌、根瘤菌等许多其他细菌中也发现了普遍性转导现象。

细菌普遍性转导的过程如图 4-14 所示，整个过程分为两个阶段：转导颗粒的形成和转化子的形成。

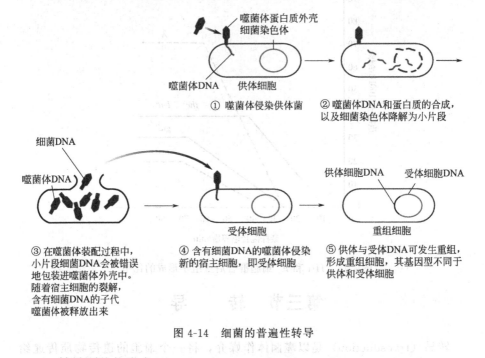

① 噬菌体侵染供体菌　　② 噬菌体DNA和蛋白质的合成，以及细菌染色体降解为小片段

③ 在噬菌体装配过程中，小片段细菌DNA会被错误地包装进噬菌体外壳中。随着宿主细胞的裂解，含有细菌DNA的子代噬菌体被释放出来　　④ 含有细菌DNA的噬菌体侵染新的宿主细胞，即受体细胞　　⑤ 供体与受体DNA可发生重组，形成重组细胞，其基因型不同于供体和受体

图 4-14　细菌的普遍性转导

1. 转导颗粒的形成

能进行普遍性转导的噬菌体既可以是温和性噬菌体也可以是烈性噬菌体，如伤寒沙门菌噬菌体 P22 和大肠杆菌噬菌体 P1。转导颗粒既可以通过溶源性细菌的诱导，也可以通过裂解反应得到。当烈性噬菌体感染供体细菌或溶源性供体细菌被诱导时，在供体细菌内噬菌体进入营养期，在噬菌体 DNA 大量复制的同时，供体染色体 DNA 被核酸酶水解成小片段。在噬菌体成熟阶段，负责包装噬菌体 DNA 的酶偶尔误将宿主 DNA 片段包装进噬菌体头部，由此形成转导颗粒。当细胞裂解时，这些少数转导颗粒随大量正常噬菌体颗粒一同释放出来。在转导颗粒内，虽然只有供体染色体 DNA，不含噬菌体 DNA，但它可以像正常噬菌体一样，具有感染能力。

2. 转导子的形成

当转导颗粒感染受体细菌，并把 DNA 注入受体细胞后将会发生以下两种情况。

（1）流产转导（abortive transduction）　经转导颗粒所引入的野生型供体基因，在受体细胞内既不进行交换、整合（与染色体 DNA 发生重组）和复制，也不迅速消失，而是仅表现为稳定的转录、翻译和性状表达。当该细胞分裂成两个细胞时，只有一个子细胞获得该基因，而另一个子细胞则没有这一基因，但因为从母细胞获得了一定量的基因产物，所以在基本培养基上还能够维持该细胞再分裂几次。因此，流产转导子只能形成一个微小的菌落，菌落中只有一个细胞带有不复制的野生型供体基因（图 4-15）。

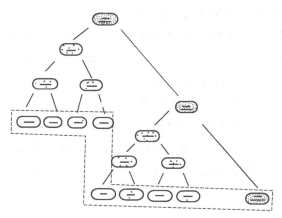

图 4-15　流产转导子的形成机制

细胞中的长线表示细菌染色体；短线表示由转导噬菌体导入的野生型基因；

黑点表示酶分子；虚线范围内是一个微小菌落中的全部细胞

（2）完全转导（complete transduction）　由于导入的外源 DNA 片段可与受体细胞染色体上的同源区段配对，并会以较低的频率通过基因重组而交换到受体染色体上，形成遗传上非常稳定的转导子（图 4-16 以具体例子说明）。

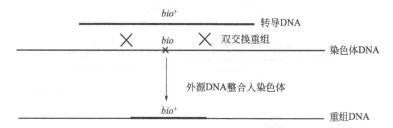

图 4-16　普遍性转导中导入 DNA 通过重组整合入受体染色体 DNA

转导颗粒有时可以将染色体上距离十分接近的几个基因同时转导到受体细胞，即所谓的共转导。此外，如果进入受体的外源 DNA 被受体细胞降解，则导致转导失败，在选择平板上无菌落形成。

二、局限性转导

1956 年 Morse 和 Lederberg 夫妇以大肠杆菌为材料寻找转导噬菌体时，发现噬菌体 λ 也具有转导功能，只是它的转导活性只局限在 *gal* 基因和 *bio* 基因。这种只能转导供体特定位点少数基因的转导称为局限性转导。

1. 转导噬菌体的形成

能进行局限性转导的噬菌体为温和性噬菌体。转导噬菌体只能通过诱导溶源性得到。噬菌体感染细菌后，DNA 先环化，再通过 *att* 位点整合到寄主染色体上，从而使宿主细胞成为溶源性细菌。当原噬菌体被诱导，DNA 将非常准确地从原整合处切离，形成一个完整的噬菌体基因组。但会发生非常低频率（10^{-6}）的不正确切离，与原噬菌体相邻的一段染色体 DNA 与 DNA 一起切离，同时一段 DNA 留在染色体上，如图 4-17 所示。切离的噬菌体 DNA 正常地复制与包装成噬菌体颗粒，由此形成了局限性转导噬菌体。该转导噬菌体上缺少一段 DNA，属于缺陷噬菌体。由于整合位点的两侧分别是 *gal* 和 *bio* 基因，所以形成的转导噬菌体分别为 dgal 和 dbio，其中的 d 表示缺陷。

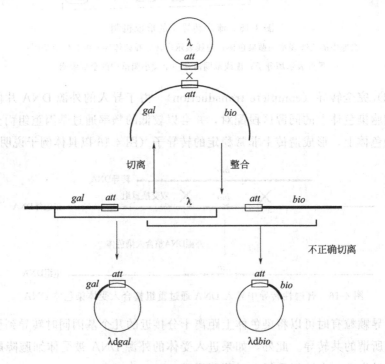

图 4-17 局限性转导噬菌体的形成

2. 转导子的形成

d*gal* 转导噬菌体感染 *gal*⁻ 受体细菌后，通常有两种结果。

(1) 形成不稳定的转导子　转导噬菌体发生溶源化反应而将其 DNA 整合到受体菌染色体上，形成溶源性 *gal*⁺ 转导子，在其染色体上共存有两个 *gal* 基因，即为 *gal*⁺/*gal*⁻ 部分二倍体，这种类型的转导子在遗传上不稳定，会经常地分离出 *gal*⁻ 细胞 [图 4-18(a)]。

(2) 形成稳定的转导子　转导噬菌体 DNA 与受体染色体 DNA 之间在 *gal* 基因区发生重组，使转导噬菌体所携带的 *gal*⁺ 取代了受体菌 *gal*⁻ 基因，由此得到非溶源性 *gal*⁺ 转导子，这种类型的转导子在遗传上非常稳定，约占总转导子的 1/3 [图 4-18(b)]。

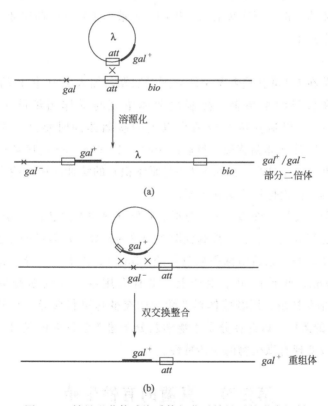

图 4-18　转导噬菌体感染受体细菌后转导子的形成机制

三、转导育种程序

1. 转导噬菌体的制备

将供体细菌在 LB 液体培养基中培养到对数期 [(2~6)×10⁸ 个/ml]，于一系列小试管中分别加入该菌液 0.8ml、0.1ml 25mmol/l CaCl₂ 溶液及 0.1ml 噬菌体液，控制每管噬菌体数量为 $10^4 \sim 10^5$ 个/ml、$10^5 \sim 10^6$ 个/ml、$10^6 \sim 10^7$ 个/ml 三种浓度，混合后于 37℃ 静置 20min，使噬菌体完成吸附和侵入，与含 0.5%～0.7% 琼脂、25mmol/l CaCl₂ 的 LB 培养基混合后倾注到 LB 平板上层，凝固后于 37℃ 培养，同时做 1～2 块不加噬菌体的对照平板。从第六小时起，每隔 2h 观察一次，估计对照平板细菌增殖已达最大时，选择整个平板表面布满噬菌斑而变得透明的平板，加入 2ml LB 液体培养基和 1～2 滴氯仿，室温放置 20～30min 后用玻璃棒刮下软琼脂，取出所有软琼脂和液体，以 4000～10000r/min 速度离心 15min，将上清液转移到另一离心管中，再加入 1～2 滴氯仿，用吸管轻轻搅动，以杀死活菌体。加入氯仿过多或搅动剧烈，都会降低噬菌体的活性。再次离心后所得的上清液即为转导噬菌体液，含噬菌体颗粒约 10^{10} 个/ml。

2. 转导

将受体菌在 LB 液体培养基中培养到对数期，加入 1/10 体积的 25mmol/l CaCl₂ 溶液和转导噬菌体液，控制噬菌体浓度与受体菌细胞浓度之比为 (0.2～0.4)：1，以避免两个或两个以上的噬菌体同时感染一个细菌。于 37℃ 静置 20min 使受体菌感染，然后以 4000～10000r/min 速度离心 15min 收集菌体，重新悬浮于适量（20%～100% 原体积）的缓冲液中，涂布选择培养基平板，根据选择性标记挑选转导子。

转导目前主要用于细菌基因的分析。在转导育种方面已有成功的报道，例如在生产色氨酸方面，以遗传控制代谢的理论为指导，用转导的方法育出了积累色氨酸的变异株。原始菌株积累色氨酸 30mg/ml 以下，转导获得的新种可积累 700mg/ml，此种已用于生产上。也有人用生产 α-淀粉酶的、产量为 600U/ml 的枯草杆菌，用噬菌体对产酶少的突变株进行转导，得到一株产量为 800U/ml 的菌株。因此在分子生物学及分子遗传学发展的基础上，可用转导方法定向改变现有微生物的遗传特性。

第四节　真菌的有性生殖

真菌是在细胞结构和遗传体制上具有特殊性的真核微生物。它们具有类似于高等动植物的细胞核和染色体结构，可通过有性生殖导致基因重组。子囊菌纲的真菌具有与更高等的动植物相同的减数分裂机制及经典遗传关系，所不同的是两个体细胞的结合往往也能带来受精作用，产生有性孢子。

一、粗糙脉孢菌的有性生殖

（一）粗糙脉孢菌的生活史

粗糙脉孢菌（*Neurospora crassa*）常作为遗传学研究的模式菌，属于子囊菌纲，具有单倍体生活史。有性生殖是异宗接合，需要两种类型的配子接合完成生命周期，如图 4-19 所示。粗糙脉孢菌的菌丝体是单倍体，无性繁殖可产生两种分生孢子（conidia），含有一个核的小型分生孢子和含有两个核的大型分生孢子。属于不同接合型（mating tipe）A 和 a 的两个菌株的细胞接合以后，原子囊果成熟为含有子囊的子囊果（perithecium），每一个子囊中含有 8 个子囊孢子（ascospore）。如图 4-19 所示，受精过程是一种接合型菌株的分生孢子落在另一种接合型菌株的原子囊果的受精丝上。分生孢子的细胞核进入受精丝中后经过一段时间的有丝分裂，两种接合型的细胞核融合成为合子。接着合子核进行减数分裂产生 4 个单倍体核。每一个单倍体核接着又进行一次有丝分裂，结果使每一成熟的子囊中含有 8 个子囊孢子。邻接的每一对孢子具有相同的基因型。

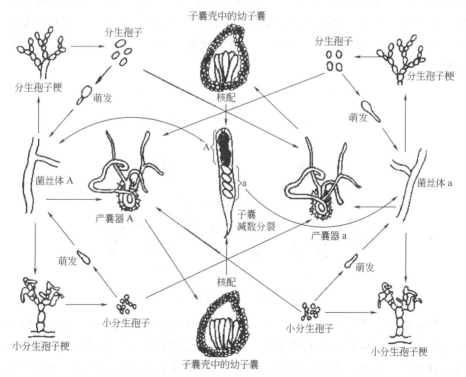

图 4-19　粗糙脉孢菌（*Neurospora crassa*）的生活史

（二）顺序四分体的遗传学分析

粗糙脉孢菌的有性生殖过程中，每个合子核减数分裂的全部产物不仅同处于一个子囊内，并且呈直线排列。将这样的以直线方式排列在同一个子囊内的四个减数分裂产物称为顺序四分体。

粗糙脉孢菌基因分离和高等生物基因分离的区别：①脉孢菌的子囊孢子是单倍体，减数分裂的结果可以直接表现出来，不需经回交或再自交；②减数分裂的产物包含在一个子囊中，所以很容易观察等位基因的分离；③8个子囊孢子顺序排列在子囊中，使得基因与着丝粒之间的交换也得以表现出来。

粗糙脉孢菌子囊中子囊孢子的排列一共有 6 种方式：AAAAaaaa、aaaaAAAA、AAaaAAaa、aaAAaaAA、aaAAAAaa 和 AAaaaaAA。这 6 种排列方式和它们进行减数分裂时的染色体行为特点有关。减数分裂包括一次染色体分裂和两次细胞核分裂。第一次分裂分离是先还原分裂后均等分裂〔图4-20(a)〕；而第二次分裂分离是先均等分裂后还原分裂〔图 4-20(b)〕。还原分裂是指自同一亲本的两个基因趋向同一极的分裂；均等分裂是指来自同一亲本的两个基因分别趋向两极的分裂。在减数分裂的第一次分裂中着丝粒并没有分裂，那么为什么会出现第二次分裂分离的子囊孢子排列方式呢？这是由于在减数分裂过程中接合型基因（A 或 a）与着丝粒之间发生一次染色体交换的结果。

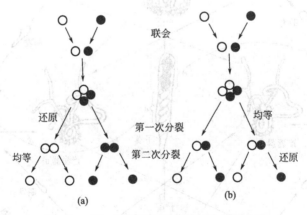

图 4-20　第一次分裂分离与第二次分裂分离

经典遗传学研究结果早已表明，染色体上两个位点之间的距离越远，则这两点之间发生交换的频率也就越高。因此，可以通过第二次分裂分离的子囊频度来计算某一基因和着丝粒之间的距离，这种距离称为着丝粒距离。着丝粒距离 (d) 可用下列公式计算：

$$d = \frac{A}{2B} \times 100$$

式中，A 为第二次分裂分离子囊数；B 为子囊总数。

真菌的有性生殖是真菌在自然条件下进行遗传物质转移和重组的主要途径。早期用经典遗传学的分析方法对顺序四分体进行研究，主要集中于染色体上基因的定位、基因连锁判断等方面。20世纪70年代发展起来的原生质体融合技术，为丝状真菌遗传物质的转移和重组提供了方便和有效的手段，并使获得种间杂种甚至属间杂种成为可能。随着重组DNA技术的不断发展和丝状真菌DNA转化系统的建立，丝状真菌的遗传研究跨入了分子遗传学时代，主要进行基因分离、基因结构和基因表达调控等方面的研究。

二、酵母菌的基因重组（杂交育种）

酵母菌的杂交即有性杂交主要是通过有性生殖过程完成的，有性杂交是利用两种不同的接合型单倍体菌株或子囊孢子进行的。但对于无孢子酵母如假丝酵母，因为它们无有性生殖过程，所以只能同丝状菌一样，通过准性生殖过程进行杂交。

（一）酵母的生活史

酵母具有有性生殖和无性生殖。有性生殖是两个体细胞或两个子囊孢子进行接合形成接合子。这种接合可以是同宗的，也可以是异宗的。接合子经过配核，再经减数分裂，形成含有4个或8个子囊孢子的子囊，子囊孢子可以出芽成单倍体体细胞。若核配后就出芽，则变成为二倍体体细胞（图4-21）。

所谓二倍体和单倍体，是指细胞内的每条染色体有几个复本，如果只有一根就是单倍体，如果有两根就是二倍体，多根就是多倍体。在无性生殖中，母细胞的染色体与子细胞是相同的，因为它是通过体细胞的有丝分裂，将母细胞染色体一式二份，均等地分配到二个子细胞中去。在有性生殖过程中，由于是形成具有性别的配子过程，细胞核的分裂情况就完全不同了，是通过核的减数分裂达到的。在这个过程中，发生两次特殊的分裂，使二倍体细胞的染色体彼此分离而分配到四个子细胞中，因此染色体数目就减少了一半，成了单倍体。

酵母在自然条件下一般都是以体细胞出芽的方式进行无性繁殖的，要产生子囊孢子还需一定的条件。对于某些不产生子囊孢子的酵母，例如目前应用很广的假丝酵母，它们的生活史，就没有产生子囊和有性过程，仅有体细胞的出芽期和成熟期，如此反复循环进行出芽繁殖。

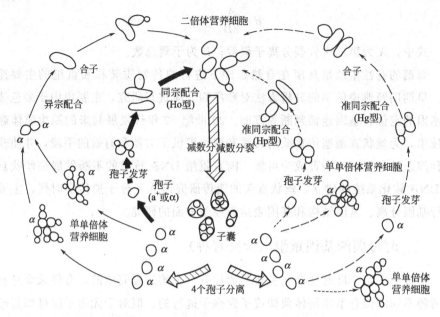

图 4-21　真酵母属（*Saccharomyces*）单倍体世代和二倍体世代

（二）酵母菌的杂交育种

酵母菌的杂交工作开展较早，1938 年就获得了酵母的杂交种，所以无论在遗传学的基础理论方面，还是在操作技术方面都比较完善，在育种方面也取得了有益的成果。例如在面包酵母的种间进行杂交，能获得许多良好特性的酵母，它的繁殖能力和发酵能力都比亲株强；采用面包酵母和酒精酵母杂交，其杂交种的酒精发酵力没有下降而发酵麦芽糖的能力比亲株高，在酒精发酵后，它还可供面包厂发酵面包用；采用不能完全利用棉子糖的糖蜜酒精酵母 R 系与全发酵棉子糖的卡尔斯伯酵母杂交，把两者优良特性组合在杂交子里，提高了甜菜糖蜜的酒精产量和发酵速度；在啤酒酵母方面，用上面酵母与下面酵母杂交，得出的杂种，可生产出较亲株香与味较好的啤酒。

1. 亲株的选择

应用于杂交的两个亲株，首先要具有亲和性，即为不同的接合型。其次还要具有不同的标记，以作为杂种的检出依据。标记可分为形态和生理两个方面，形态方面的标记有细胞大小、形态、菌落特征、色素及凝聚性等；生理方面的标记有氨基酸、嘌呤、嘧啶、维生素等营养缺陷型，以及对高浓度酒精和高浓度糖的耐性、对抗生素的抗性、对各种糖类的发酵特性等。

2. 杂交方法

　　酵母的有性杂交过程包括三个步骤：酵母子囊孢子的形成；子囊孢子的分离；酵母杂种的获得。

　　(1) 子囊孢子的形成　产孢子酵母如酿酒酵母，长期在实验条件下培养，会引起生孢子能力衰退，要形成子囊孢子就需要用生孢子培养基。饥饿条件易促进细胞发生减数分裂而形成子囊孢子，所以生孢子培养基营养是比较贫乏的。比较有效的产孢子培养基是醋酸钠琼脂培养基，其组成为无水醋酸钠 8.2g/l、氯化钾 1.86g/l、琼脂 20g/l。可以将大量的二倍体细胞接种在该培养基的平板或斜面上，25～27℃培养 2～3 天，就会产生子囊孢子。对于啤酒酿造用的酵母菌，经常需将培养温度降低到 20℃或更低，培养时间也需延长至 7～10 天或更长。石膏块也是常用的产孢子培养基。

　　(2) 子囊孢子的分离　经镜检观察到有子囊形成以后，用几毫升无菌水洗下斜面或平板上的子囊，加入 1ml 液体石蜡和 5g 硅藻土，在研钵中研磨 10min，然后转移到离心管中，以 4500r/min 的转速离心 10min，子囊孢子集中在上层石蜡层中。也有用蜗牛酶或 Zymolyase-20T 酶解子囊壁，激烈振荡，使子囊裂解，释放子囊孢子，所得悬液再添加液蜡，离心后孢子也集中在上层液蜡中（图 4-22）。取集中子囊孢子的液蜡 0.05ml，加 0.05ml 15％的明胶，涂 CM 平板，就可获得单倍体菌落。

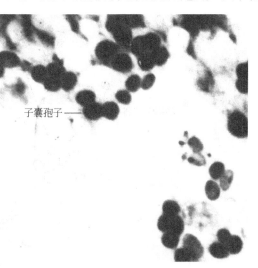

子囊孢子——

图 4-22　酿酒酵母子囊孢子

　　(3) 杂种的获得　酵母菌杂交的方法有孢子杂交法、群体杂交法和单倍体细胞杂交法等。孢子杂交法是对子囊孢子直接成对杂交。使用显微操纵器将不同亲株的子囊孢子直接配对，进行微滴培养，使之发芽接合，形成合子，这种方法的优点是可以在显微镜下直接观察到合子的形成，缺点是需精密的仪器和娴熟的技术，费工也大。群体杂交法是常用的方法，将两种不同接合型单倍体酵母细胞混合培养在 YEPD 液体培养基中，当镜检发现有大量的哑铃型接合细胞时，就可以涂布到选择性培养基上（如果两亲株具有不同的营养缺陷型标记，则可使用基本培养基作为选择性培养基，只有杂种细胞能够在该培养基上生长），形成的菌落就是杂种。单倍体细胞交配法与孢子杂交法类似，是用两种接合型细胞配对放在微滴培养基中，在显微镜下观察合子的形成，但此法成功率较低。

卡氏酵母（一种底面发酵酿制啤酒的酿酒酵母）杂交育种的方法如图4-23所示。卡氏酵母可把糖类转化成酒精和CO_2，但它只能发酵麦芽汁或发酵液中81%的糖类。要酿制供糖尿病人饮用的无糖啤酒就要选育一种能发酵麦芽汁中所有糖的酵母菌株，方法是几种酵母菌的杂交，以重组不同糖类转化酶编码基因。糖化酵母（*S. diasticus*）能发酵糊精，与卡氏酵母杂交可获得一株能发酵糊精的重组株，但该株酿制的啤酒不可口。将此重组株与卡氏酵母回交产生重组株Ⅰ，重组株Ⅰ能发酵90%的糖，酿制的啤酒也可口。将它同能发酵异麦芽糖的野生酵母杂交后获得的重组株Ⅱ能发酵100%的糖。把重组株Ⅱ进行互交能获得更好的重组株Ⅲ。

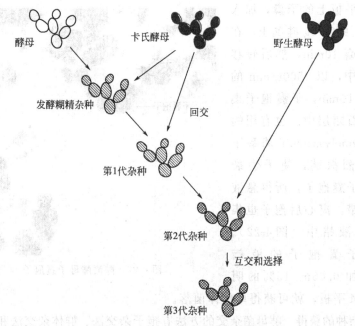

图 4-23　一种卡氏酵母杂交育种的方法

第五节　真菌的准性生殖

霉菌的基因重组可以发生在有性生殖和准性生殖过程中。能进行有性杂交的霉菌有粗糙脉孢菌、构巢曲霉等。但工业上遇到的霉菌大多数不产生有性孢子，没有典型的有性过程，有些霉菌虽然有有性过程，但在实验室经过长期培养后，往往也已衰退。但许多霉菌，尤其是半知菌类的霉菌，存在一种在营养细胞间进行的准性生殖过程，通过准性生殖，也能实现基因重组。准性生殖和有性生殖有着明显的区别，它们循环过程的区别见表 4-2。

表 4-2　比较真菌的有性和准性循环

步骤	有　性　循　环	准　性　循　环
1	菌丝体融合(质配)	菌丝体融合(质配)
2	核交换形成异核体	核交换形成异核体
3	通过特殊的有性结构发生核融合,得到纯种或杂种子囊果	菌丝体发生稀有核融合,通过颜色或营养需求确认杂合体,如果有纯合体形成,也检测不出来
4	二倍体化:经过核世代合子存在	二倍体化:通过若干次有丝分裂合子有可能存在
5	减数分裂重组;染色体交换和每一对染色体的减为半数是一个很有规律的协调过程	有丝分裂的稀有重组;染色体的交换和染色体的减少是不规则的、不协调的
6	减数分裂的产物容易被辨别和分离	营养体细胞之间的重组仅通过合适的标记和筛选技术才能辨别

准性生殖（parasexual reproduction）过程包括异核体的形成、杂合二倍体的形成、体细胞交换或单元化三个连续过程，如图 4-24 所示。

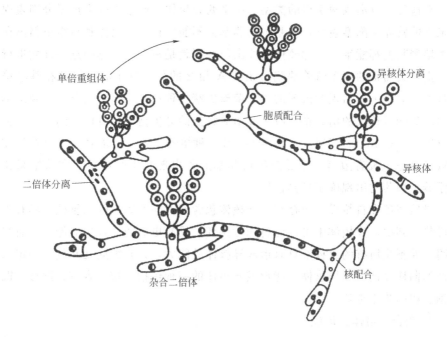

图 4-24　丝状真菌的准性重组的过程

一、准性生殖过程

1. 异核体（heterocaryon）的形成

当两个基因型不同菌株的菌丝体在培养过程中紧密接触，继而接触部分的细胞壁溶解、细胞膜融合、细胞质交流，在融合的细胞中两个细胞核共存，这种细胞叫异核体。由异核体细胞发育成的菌株叫异核体菌株。异核体细胞质中的两个细胞核处于游离状态，是独立的，相互间没有融合与交换，而细胞质却完全融合了。

把构巢曲霉的两个不同的营养缺陷型菌株所产生的分生孢子大量接种在基本培养基表面，常常可以得到少数原养型菌落。出现原养型的原因可能是由于互养、异核体、二倍体或单倍重组体。如何证明上述情况是由于异核体所致呢？

互养是指两个具有不同营养缺陷标记的亲株通过培养基互相供应养料。如果原养型菌落的出现是由于互养，那么单个菌丝尖端取一小段接种到基本培养基上尖端就不会生长。然而只要割取的菌丝尖端不是太短而妨碍生长，往往可以得到一个新的培养物，因此可以排除互养。

异核体在形成分生孢子过程中将发生核的分离，所产生的分生孢子是单核的，在遗传上分离成两亲株的类型。由平衡异核体所产生的分生孢子分别表现两亲株的营养缺陷型表型，在基本培养基上不能生长。二倍体和重组单倍体在基本培养基上都能生长。异核体的检出与鉴别就是根据异核体的这一性质进行的。把构巢曲霉的两个营养缺陷型菌株 A 和 B 的分生孢子混合接种在基本培养基上，取这上面出现的菌落的单个菌丝尖端接种在基本培养基上，得到由单个菌丝尖端所长成的培养物。收集此培养物上的分生孢子，各取大约 100 个孢子分别接种在 MM、MM＋A 和 MM＋B 三种培养基上，经培养后可以看到在 MM 培养基上没有菌落，在后两种培养基上各出现几十个菌落。实验结果说明原养型菌落的出现确实是异核体。

异核现象在自然界普遍存在。异核体包含着不同基因型的细胞核，具有生长优势。其次，异核体中可以储备隐性突变，具有更好的环境适应能力。研究表明，并不是所有的菌种都具有形成异核体的能力，只有彼此之间具有一定亲和性的菌株才能形成异核体。能形成异核体的菌种包括曲霉、青霉、酵母、镰刀菌、粗糙脉孢霉等。

2. 杂合二倍体的形成

异核体的细胞会以很低的频率（$10^{-7} \sim 10^{-5}$）发生细胞核的融合，形成杂合二倍体，进而发育成杂合二倍体菌丝。杂合二倍体菌丝所产生的分生孢子仍然为杂合二倍体。当把几百万个平衡异核体的分生孢子在基本培养基上涂布培养，偶尔会出现少数具有野生型表型的菌落，这就是杂合二倍体。用某些理化因素（如紫外线、樟脑蒸气或高温）处理，可提高杂合二倍体产生的频率。

那么二倍体有什么特性呢？一般地说，二倍体与单倍体、异核体所产生的分生孢子是不同的。某些真菌（构巢曲霉、黑曲霉）中二倍体分生孢子大于单倍体分生孢子；在另一些真菌（酱油曲霉）中分生孢子大小没有改变，可是每个孢子中的核的数目则不相同，二倍体孢子中细胞核数约为单倍体孢子的一半。

3. 体细胞交换和单元化

准性生殖过程中产生的二倍体并不像有性生殖中产生的二倍体那样进行减数分裂，它们仍以有丝分裂的形式增殖。从稳定性来看，二倍体比异核体稳定。从异核体所取得的分生孢子属于两个亲本菌株，从二倍体取得的分生孢子则一律是二倍体。可是稳定性是相对的，正像从异核体中可以得到少数二倍体分生孢子一样，从大量的二倍体分生孢子中也可以得到少数体细胞分离子（somaticsegregant）。所谓分离子包括重组体（recombinant）和非整倍体（aneuploid）或单倍体。产生非整倍体或单倍体的过程称为单元化，产生重组体的过程称为体细胞交换。

所谓体细胞交换（somatic crossing over）是指杂合二倍体核在有丝分裂过程中同源染色体间发生的染色体交换，由此可导致部分基因的纯合化。如图4-25所示，在 A、B 之间的一次交换会导致产生隐性基因 b 纯合或显性基因 B

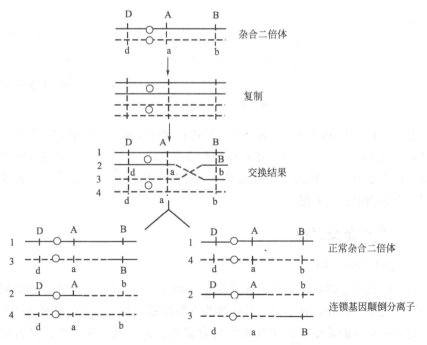

图 4-25 体细胞的交换过程

纯合的二倍体分离子。

所谓单元化（haploidization）过程是指杂合二倍体在有丝分裂过程中通过一系列的染色体不离开行为而产生非整倍体分离子及最终的单倍体分离子的过程。在正常的有丝分裂过程中，一个染色体分裂成两个，各自趋向一极，结果使两个子细胞中各有一个。染色体的不离开行为是指一个染色体分裂成两个以后都趋向一极，结果是一个子细胞缺少了这一染色体（$2n-1$），而另一个子细胞则多了一个染色体（$2n+1$），它们都称为非整倍体。$2n+1$ 非整倍体在此后的分裂过程中常失去一个染色体而成为二倍体，在此过程中杂合体 a/A 可以转变成纯合体 a/a；对于 $2n-1$ 非整倍体，常进一步失去其他染色体而最终成为单倍体，在此过程中由于显性基因的消失会使隐性基因逐个得以表现，即能形成一系列的非整倍体及单倍体分离子。单元化过程见图 4-26。

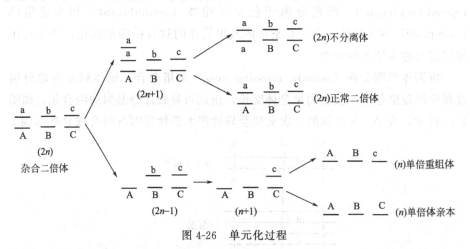

图 4-26　单元化过程

根据对数以千计的分离子的分析，发现在准性生殖过程中异核体产生二倍体的概率是 10^{-6}，二倍体产生单倍体的概率是 10^{-3}，二倍体核中发生体细胞交换的概率是 10^{-2}。体细胞交换和单元化是两个独立发生的事件，两者发生在同一个细胞中的概率很小。

二、准性杂交育种

1. 杂交亲株的选择

所用的杂交亲株要求形态上必须稳定，野生型的菌株在 MM 上能形成丰富的分生孢子，另外，它还要具有较强的重组性能。如果选用营养突变型作亲株，它的产量性能希望不低于原来的出发菌株。为了最后易于鉴定是否是杂种，最好是选用双重突变的菌株作杂交出发株，即具有生理特征。例如营养缺陷型、抗药性、产量特性等。所以，杂交亲株往往是对野生型先进行诱变获得的。另外，在可能情况下，最好选用单核的分生孢子菌株，因为多核孢子经诱变处理后，若引起一个核的变异，那么当代的表型仍然是野生型状态的，必须经过数代后，才能显出纯的突变株的特性。对于单核孢子，一经变异，当代就可表现出来，这对以后的工作是有好处的。一般黑曲霉、青霉为单核分生孢子菌，米曲霉、黄曲霉为多核分生孢子菌。

2. 异核体的形成

为了获得异核体，必须将杂交亲株先行混合接触。形成异核体的方法（图4-27）比较多，主要可以把两配对菌株高浓度的分生孢子悬液或菌丝涂布在固

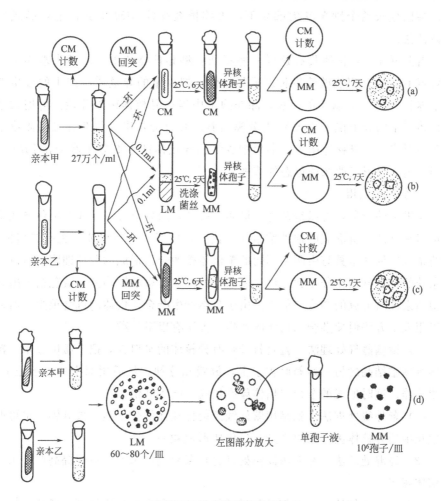

图 4-27　形成异核体的方法

（a）混合培养法；（b）有限培养基混合培养法；（c）斜面衔接法；（d）异核丛形成法

体 MM 上，也可以将数量相等的配对菌株孢子液混合接种到液体 MM 或 CM 中，使它们形成一层互相交织的菌丝网。也可以采用 1ml 生理盐水加到 10ml 的固体 CM 上，然后把配对分生孢子混合接种到 1ml 的生理盐水中，让其在液面长出一层菌丝。

混合菌丝生长后，就可在挑取菌丝时进行异核体的分离。在固体培养基上，可以借它们的生长前情况和分生孢子的颜色，而发现异核体，这时只要切取菌丝尖端一小部分，一次移植到新鲜培养基上，就可形成一个纯的异核体菌落。如果是液体 CM 培养，可将生长菌丝自培养基中取出，放在液体培养基 MM 中浸洗，然后移植到固体 MM 表面，用接种针，经一定时间培养，将已生长的个别菌丝尖端切下，再移植至固体 MM 培养，也可形成异核体菌落。

由上可知，异核体具有这样一些特征：将异核体的单一菌丝尖端移植至 MM 或 CM 上，都能继续生长形成异核体；把少量的异核体所产生的分生孢子培养到 MM 上，就不能生长，除非孢子中混有异核体菌丝片段。但把大量异核体产生的分生孢子在 MM 上分离培养，有时会长出少数杂合二倍体或个别重新形成二次异核体菌落。如果把少量的异核体产生的分生孢子在 MM 上培养，则还是形成两亲株形态的菌株。

3. 杂种的获得

这里指的杂种，可以是杂合二倍体，或者是随着杂合二倍体的染色体或基因重组和分离，所形成的种种重组体分离子，所以既有单倍体，也有二倍体。所谓杂合二倍体是具有由两个不同的单倍体核融合而形成的杂种细胞，可以用两亲株的标记分别作分子和分母来表示。如白色组氨酸缺陷型与黄色精氨酸缺陷型两亲株所形成的杂合二倍体。由于自然产生杂合二倍体的机会很少，所以可以用人工方法促使杂合二倍体的产生。方法有以下三种。

（1）樟脑蒸气处理法 就是打开长有异核体的平皿盖，把平皿倒过来，覆在盛有樟脑结晶的另一培养皿盖子上，放置几分钟，然后用原来的盖子盖上，继续培养。这时形成的杂合二倍体频率提高 10～100 倍。

（2）紫外线处理法 就是用紫外线照射异核体的分生孢子数分钟，也可照射生长中的异核体菌丝来提高杂合二倍体形成频率。

（3）高温处理法 有人用高温处理青霉菌异核体菌丝，也能提高产生杂合二倍体频率。

由于杂合二倍体，一般都是从异核体菌落的斑点或角变得到，或从异核丛分离得到，所以就可能混有亲本的分生孢子或其他分离子。因此要确定一株杂合二倍体必须经过一次以上的分离纯化，也可利用显微操纵器挑取一个孢子繁殖成一个菌落。

杂合二倍体与异核体不同，与亲本也不同，具有以下特征：与单倍体孢子对比，杂合二倍体孢子体积大，大概要大一倍；杂合二倍体分生孢子的 DNA 含量约为单倍体的两倍；杂合二倍体的孢子颜色与异核体不同；杂合二倍体相当稳定。

杂合二倍体的产量性状与亲株比较，情况比较复杂。例如青霉素产生菌的杂交育种，杂种的生产能力（U/ml）往往和产量低的亲本相近，这说明高产突变在二倍体内是隐性的。因此认为杂交育种是单纯的把高产基因集中在一个菌株上的看法并不确切。杂合二倍体的两亲株的产量若具有原始出发菌株的水平，那么杂种产量就可以超过原始出发菌株。杂合二倍体分离后产生的二倍体分离子中，有时会产生高产量的杂种。由于杂合二倍体较稳定，为了分离出更多的杂种类型，除可自发产生分离子外，也可用诱变因素处理来诱发。从杂合二倍体中检出分离子，主要是通过对杂合二倍体菌落上产生的斑点或角变进行分离而获得。

在丝状真菌的杂交育种中有不少成功的事例，如酱油曲霉通过体细胞重组及多倍体化，提高了蛋白酶活性及曲酸产量。四倍体的蛋白酶活性最高，为亲株的一倍；对黑曲霉的杂交育种，得到了多倍体新种，其柠檬酸产量比原始菌株高；我国用杂交育种得到了高产的灰黄霉素产生菌。目前霉菌的杂交主要是种内，偶尔有种间。亲株的亲缘程度越远，则越不易成功。

第六节　原生质体育种

1953 年 Weibull 等人首次用溶菌酶处理巨大芽孢杆菌获得原生质体，并提出了原生质体的概念。细胞壁被酶水解剥离，剩下由细胞质膜包围着的原生质部分称为原生质体（protoplast）。原生质体基本保持原细胞结构、活性和功能，具有细胞的全能性，但由于不具有细胞壁，所以原生质体不能分裂，对渗透压特别敏感。Macquillen 于 1955 年首次发现巨大芽孢杆菌原生质体的再生方法，使之恢复成正常的细胞并继续生长繁殖。

与正常细胞相比，原生质体具有一些新的特性，进而发展出一系列新的育种技术。原生质体育种技术主要有原生质体融合、原生质体转化和原生质体诱变育种等。原生质体技术育种是在经典基因重组基础上发展的一种新的更为有效的方法，在微生物育种中占有重要地位。

一、原生质体融合育种

原生质体融合是 20 世纪 70 年代发展起来的基因重组技术。将两亲株先经酶法破壁制备原生质体，然后用物理、化学或生物学方法，促进两亲株原生质体融合，经染色体交换、重组而达到杂交目的，通过筛选获得集两亲株优良性状于一体的稳定融合子，这就是原生质体育种。原生质体融合技术在微生物育种方面的成功例子举不胜举，它已成为微生物育种的有效工具。

(一) 原生质体融合育种的优势

(1) 重组频率高　由于原生质体没有细胞壁的障碍，而且在原生质体融合时又加入促融剂聚乙二醇（PEG），因此微生物原生质体间的重组频率明显高于其他常规杂交方法。霉菌和放线菌已达 $10^{-3}\sim10^{-1}$，细菌与酵母已达 $10^{-6}\sim10^{-5}$。

(2) 重组的亲本范围扩大　两亲株中任何一株都可能起受体或供体的作用，因此有利于不同种属间微生物的杂交。与真核微生物的有性生殖及准性生殖相比，消除了接合型与致育性的障碍，使几乎所有的微生物都可以实现基因重组，可以实现常规基因重组方式无法实现的种间、属间、门间等的远缘亲株的基因重组。

(3) 遗传物质传递更完整　原生质体融合是两亲株的细胞质和细胞核进行类似合二为一的过程。原生质体融合时，两亲本的整套染色体都参与交换，而且细胞质也完全融合，能产生更丰富的性状组合，融合子集中两亲本优良性状的机会增大。而常规的基因重组方式如原核微生物的接合、转导、转化等，只能将部分或个别供体染色体基因传递给受体，优良性状的整合率低。如果进行三亲本、甚至多亲本的原生质体融合，则集中各亲株优良性状于一体也有望实现。

(二) 原生质体融合育种的方法

原生质体融合育种包括标记亲本的选择、原生质体的制备、原生质体的融合、原生质体的再生和融合子的筛选等步骤。图 4-28 表示了酵母原生质体融合的过程。

1. 亲本及遗传标记的选择

作为原生质体融合育种的两亲株，首先要有遗传差异较大的良好的生产性状，以便通过融合使优良性状迭加，如一个亲株产量较高，但不耐高渗透压，在高浓度糖的培养基中生长较差，另一个亲株耐高渗，但产量较低。不同优良

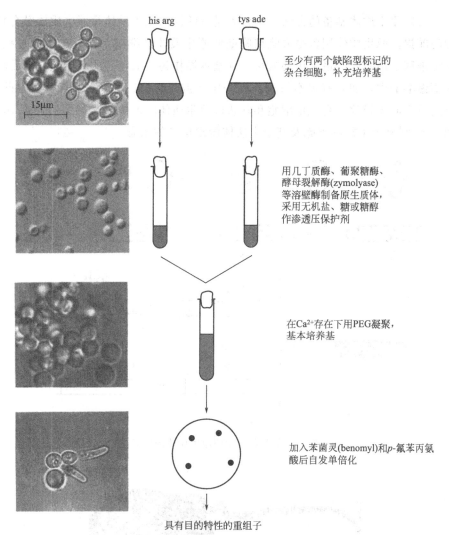

至少有两个缺陷型标记的杂合细胞，补充培养基

用几丁质酶、葡聚糖酶、酵母裂解酶(zymolyase)等溶壁酶制备原生质体，采用无机盐、糖或糖醇作渗透压保护剂

在Ca²⁺存在下用PEG凝聚，基本培养基

加入苯菌灵(benomyl)和p-氟苯丙氨酸后自发单倍化

具有目的特性的重组子

图 4-28 酵母原生质体融合的过程

性状迭加的可能性比同一性状（如两亲株均为产量较高的突变株）迭加的可能性要大。其次，两亲株的亲缘关系要近，这样基因重组的概率高。第三，两亲株要带有不同的遗传标记，有利于融合子的检出。如果两亲株带有互补的营养缺陷型标记，则可用基本培养基检出融合子。但由于多数营养缺陷型标记都会影响代谢产物的产量，而且建立营养缺陷型标记要耗费大量的时间和人力，在实际工作中可采取将其中一个亲株灭活的方法，而只对另一个亲株建立遗传标记。虽然采用灭活亲株的融合频率较低，但操作简单。

2. 原生质体的制备

（1）原生质体制备的方法　制备大量有活性的原生质体是原生质体融合育种的前提。原生质体制备是去除细胞壁使原生质体从细胞中释放出来的过程。酶法破壁是最有效、最常用的方法。其基本操作为：取年轻的菌体经洗涤后转入高渗溶液中，加入有关水解酶；在一定的温度、pH 等条件下酶解细胞壁，直至原生质体释放。有关单细胞和丝状菌原生质体的形成模式如图 4-29 所示，图 4-30 则显示了杆菌细胞及其原生质体滑出壁鞘的状态。

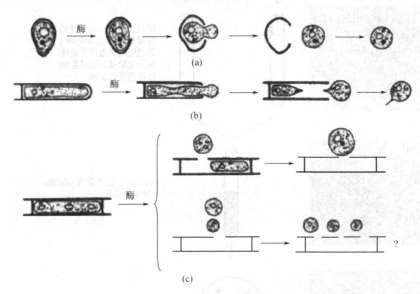

图 4-29　单细胞和丝状菌原生质体的形成模式

图 4-30　原生质体滑出壁鞘的状态

（2）影响原生质体制备的因素

① 酶与酶浓度。不同的微生物须使用不同的酶进行破壁。原核微生物中的细菌和放线菌细胞壁的主要成分是肽聚糖，可用溶菌酶（lysozyme）进行破壁；霉菌可以用蜗牛酶、纤维素酶等进行破壁，酵母菌可以使用蜗牛酶、Zymolyase-20T、β-葡聚糖酶等破壁。溶菌酶对于细菌的使用浓度范围为 0.1～0.5mg/ml，对于链霉菌多为 1mg/ml。处于不同生长阶段的微生物所需要酶的浓度也有所不同，大肠杆菌对数期细胞需要溶菌酶的浓度为 0.1mg/ml，而饥饿状态时则为 0.25mg/ml。

② 渗透压稳定剂。由于去除细胞壁的原生质体对渗透压非常敏感，只有处于高渗环境中才能避免吸水膨胀而破裂，所以，原生质体育种的整个操作过程都必须保持高渗环境。常用的无机稳定剂有 KCl、NaCl、$MgSO_4 \cdot 7H_2O$、$CaCl_2$ 等，常用的有机稳定剂包括蔗糖、甘露醇、山梨醇等。细菌多使用蔗糖或 NaCl，链霉菌经常使用蔗糖，而酵母菌则可使用山梨醇或 KCl。使用的有效浓度为 0.3～1.0mol/l，浓度过高会使原生质体皱缩，影响其活性。有效的渗透压稳定剂种类和浓度要通过实验，综合考虑原生质体的形成率和再生率而确定。

③ 菌体的培养时间。为了使菌体细胞易于原生质体化，一般选择对数生长期的菌体。这时的细胞正在生长，代谢旺盛，细胞壁对酶解作用最为敏感。

④ 菌体的前处理。是指在培养基或菌悬液中加入某些物质对菌体进行处理，以抑制或阻止某种细胞壁成分的合成，使细胞壁结构疏松，有利于酶渗透到细胞壁中进行酶解。酵母菌和某些丝状真菌可使用 β-巯基乙醇等含巯基的化合物，这类化合物可通过还原细胞壁中的二硫键而使细胞壁疏松；酵母菌可使用巯基乙醇和/或 EDTA 抑制细胞壁中葡聚糖层的合成；放线菌培养液中加入 1%～4% 的甘氨酸可代替丙氨酸进入细胞壁而干扰细胞壁网状结构的合成；细菌通常加入亚致死量的青霉素，以抑制细胞壁中肽聚糖的生物合成。其中革兰阴性细菌细胞壁中含有脂多糖及多糖类，须用 EDTA 预处理约 1h，然后再加入溶菌酶。

此外，影响原生质体制备的因素还有酶作用的温度与 pH、菌体密度、酶解方式等。在实际工作中，由于菌体本身的差异，酶解破壁的各种条件都要经过反复实验才能最后确定。判断的依据是测定原生质体的形成率。鉴于原生质体在低渗的蒸馏水中非常容易破裂，而且在普通的琼脂培养基上不能再生细胞壁形成菌落，可以采用不同的方法对不同的微生物进行测定。对于酵母及细菌等单细胞微生物，可以对酶解混合物分别用高渗溶液和蒸馏水稀释，使用血细胞计数板对两种稀释液分别计数，或将两种稀释液分别涂布于再生培养基上，培养后对长出的菌落进行计数，稀释前后细胞数（或菌落数）的差值占稀释前细胞数（或菌落数）的百分比即为原生质体形成率。对于放线菌和霉菌等丝状菌，酶解所形成的原生质体成串成堆，而未破壁的细胞又是菌丝体，使用血细胞计数板难以计数，所以只能通过培养的方法测定原生质体形成率。

制备好的原生质体最好立即使用，其活性随保存时间的延长而降低。在一般冷藏条件下可保存的时间很短，有些种类几小时就失活。加入5%的二甲亚砜（DMS）或甘油等保护剂，迅速降温可保藏于液氮或$-80 \sim -70℃$冰箱中。

3. 原生质体的诱导融合

仅仅将原生质体等量地混合在一起，融合频率仍然很低。只有加入促融剂聚乙二醇（PEG）或在电场诱导下，才能进行较高效率的融合。

PEG具有强制性地促进原生质体结合的作用。关于PEG诱导融合的机理尚不完全清楚。一般认为是通过两个方面起作用：一是PEG可以使原生质体的膜电位下降，然后原生质体通过Ca^{2+}交联而促进凝集；二是由于PEG的脱水作用，打乱了分散在原生质膜表面的蛋白质和脂质的排列。

适用于促进原生质体融合的PEG的相对分子质量为$1000 \sim 6000$，常用浓度为30%～50%。不同种类的微生物对PEG的分子量及浓度要求不尽相同，实际工作中需通过预备试验加以确定。

具体融合操作以酵母菌为例：将两种原生质体以1∶1混合达到10^8个/ml，以2000r/min的转速离心15min收集原生质体，然后将其悬浮于含有0.6mol/l KCl、30% PEG6000、10mmol/l $CaCl_2$的10mmol/l pH 6.8磷酸缓冲液中，30℃保温60min，此时原生质体凝集到一起，3000r/min离心15min收集凝集块，以0.6mol/l KCl洗涤，再在5℃放置60min以达到完全融合。图4-31为酵母原生质体融合的显微照片，图4-32显示了加入PEG后形成的原生质体聚合群。

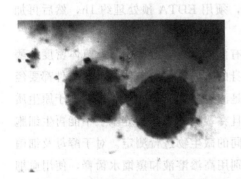 

图4-31 电子显微镜下酵母原生质体的融合　　图4-32 PEG加入后的原生质体聚合群

电融合是一种物理促融方法，可用于难以用化学物质诱导融合的情况。电场诱导原生质体融合主要分两个阶段进行：第一阶段是将原生质体的悬浮液置于大小不同的电极之间，然后加上电场，原生质体向小电极的方向泳动。与此同时，细胞内产生偶极，由此促使原生质体相互黏结起来，并沿电场方向连接成串珠状。第二阶段是加直流脉冲后，原生质体膜被击穿，从而导致原生质体融合。

4. 原生质体的再生

原生质体虽具有细胞的全能性，但本身不能立即分裂、增殖，必须首先重新合成细胞壁物质，恢复成完整的细胞形态，才能进一步生长和繁殖，这一过程就是原生质体再生。

原生质体的再生是一个十分复杂的过程。许多研究表明，若原生质体的细胞壁消化不太彻底，则有助于细胞壁的再生，残留的细胞壁就如同结晶时的"晶种"。而细胞壁消化太彻底往往会引起再生率大幅度下降。影响原生质体再生的因素主要有菌种本身再生特性、原生质体制备条件、再生培养基成分、再生培养条件等。

再生培养基对原生质体的再生至关重要。再生培养基的组成，尤其是其碳源会影响原生质体的再生率，也有报道，再生培养基中加入 0.1% 水解酪蛋白，可以促进细胞壁的再生；丝状真菌、酿酒酵母等微生物的原生质体仅能在固体培养基上再生，在液体培养基中细胞壁再生不彻底，不能完全复原；像破壁缓冲液一样，再生培养基也必须含有渗透压稳定剂，确保原生质体不受渗透压的破坏。

向再生琼脂培养基上接种操作要温和，不能使用玻璃棒涂布。因为原生质体对机械损伤无抵抗能力，涂布接种会使原生质体破裂。一般是将原生质体悬浮液与 3～10ml 软琼脂再生培养基混合（含琼脂 0.5%～0.7%）混合，迅速涂布至含 2% 琼脂的再生培养基表面，形成双层平板。原生质体埋在软琼脂培养基内部，有利于再生。

原生质体的再生率是衡量原生质体制备和再生条件的指标。各类微生物的再生频率是不同的，细菌原生质体的再生频率在 90% 以上，放线菌的频率为 50%～60%，真菌为 20%～70%。同一微生物，其再生频率的波动也很大，可在 10^{-3}～10^{-1}。原生质体再生率是指再生的原生质体占总原生质体数的百分率，可用下列公式计算：

$$再生率 = \frac{C-B}{A-B} \times 100\%$$

式中，A 为总菌落数，未经酶处理的菌悬液涂布于琼脂平板上生长的菌落数；B 为未原生质体化细胞数，酶解混合液经蒸馏水稀释后涂布琼脂平板上生长菌落数；C 为再生菌落数，酶解混合液经高渗溶液稀释后滩布再生培养基上生长菌落数。

5. 融合子的筛选

一般认为，有两个遗传标记互补的就可以确定其为融合子。因此，就可以通过那些选择性标记，在选择培养基上挑出融合子。应用原生质体融合技术改良一些具有重要商品价值的菌种时，利用营养缺陷型标记往往会造成一些优良性状的丢失或下降。加上营养缺陷型的获得繁琐费时，实践可以采用灭活原生质体等方法。灭活原生质体融合可以在很少或没有标记下进行，并挑出融合子。

原生质体融合会产生两种情况，一种是真正的融合，即产生杂合二倍体，或单倍重组体；另一种是暂时的融合，形成异核体。它们都能在基本培养基上生长出来，但前者一般是较稳定的，而后一种则是不稳定的，会分离成亲本类型，有的甚至可以异核状态移接几代。所以要获得真正的融合子，在融合原生质体再生后，应进行数代的自然分离、选择，否则以后会出现各种性状不断变化的状态。

微生物原生质体融合是一种新的基因重组技术，它具有某种定向育种的含义。但是融合后产生的融合子类型仍然是各式各样的，性能不同、产量不同的情况依然存在，只是性状变化的范围有所限制。所以最后人为地定向筛选目标融合子仍然是重要的一步。

二、原生质体转化

如前所述，转化在工业微生物遗传改良及基因工程中占有十分重要的地位。但除少数细菌外，多数微生物的自然转化能力很低，特别是真核微生物几乎很少能发现自然转化，而且霉菌中人工诱导法实现完整细胞的转化的成功例子就不多。

实践证明，很多微生物都可以通过原生质体实现转化。外源 DNA 导入丝状真菌中常使用的方法是 $CaCl_2$-PEG 介导的原生质体转化。首先是用溶壁酶处理菌丝体或萌发的孢子获得原生质体，然后将原生质体、外源 DNA 混合于一定浓度的 $CaCl_2$-PEG 缓冲液中进行融合转化，最后将原生质体涂布于再生培养基中选择转化子。

一般来说，用染色体 DNA 或其他线状 DNA 转化原生质体时，转化率仍然较低，而用质粒 DNA 能得到较高的转化率。转化 DNA 进入寄主细胞后，可独立于寄主细胞核染色体而自我复制，或整合到寄主染色体上而随寄主染色体一起复制，前者被称为复制型转化，后者被称为整合型转化。

已实现转化的丝状真菌中，绝大多数都是复制型转化和整合型转化。早期应用的载体通常以一些细菌质粒（pBR322、pUC）为主，转化效率较低，一般每微克转化 DNA 产生 100 个以下的转化子。复制型转化的效率明显要高，但需要构建含有真菌复制子的复制型载体。

有关芽孢杆菌原生质体质粒转化的报道，革兰阴性菌和阳性菌都有。在枯草杆菌的转化系统中，用 30％ PEG6000 短时间处理可以得到很高的转化频率，在巨大芽孢杆菌中使用同样的方法转化频率比较低。近来报道在 20％ PEG 存在下，外源染色体 DNA 可使原生质体转化并产生重组体，每个标记最高转化频率大约为再生原生质体的 5×10^{-5}，最适 DNA 浓度为 $1 \sim 2 \mu g/ml$。

在以枯草芽孢杆菌为供体转化地衣芽孢杆菌的原生质体时，转化频率为 $10^{-5} \sim 10^{-2}$，这一数据较以细胞为受体的转化频率高一万倍（图 4-33）。这个频率大大高于它们的原生质体融合频率 100 倍以上，而且除营养和抗性标记能互补外，产芽孢性能和分泌红色色素的性能也能转移。

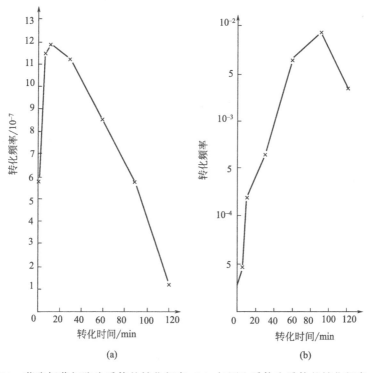

图 4-33　芽孢杆菌细胞为受体的转化频率（a）与原生质体为受体的转化频率（b）

复习思考题

① 名词解释：转化，感受态，转化子，转导，普遍性转导，局限性转导，转导颗粒，

转导噬菌体，转导子，流产转导，转染，接合，异核体，体细胞交换，单元化。

② 何谓基因重组？原核微生物和真核微生物各有哪些基因重组形式？

③ 何谓 Hfr×F⁻ 和 F⁺×F⁻ 杂交？

④ 试区别真菌的有性杂交与准性杂交。

⑤ 试述普遍性转导中转导颗粒和转导子的形成机制。

⑥ 试述局限性转导中转导噬菌体和转导子的形成机制。

⑦ 试述原生质体融合育种的特点及步骤。

第五章 基因工程及其应用

基因工程一般包括四个步骤：一是取得符合人们要求的 DNA 片段，即目的基因。被称为分子剪刀的限制性内切酶可以在 DNA 分子上找到特定的切点，然后将认准的双链交错切断。自 20 世纪 70 年代以来，人们已找到 400 多种形形色色的分子剪刀。二是将目的基因与质粒或病毒 DNA 连接成重组 DNA。在用同一种分子剪刀剪切的两种 DNA 碎片中加上分子针线——DNA 连接酶，就可以把两种 DNA 片段重新连接起来。三是把重组 DNA 引入某种细胞。把拼接好的 DNA 分子运送到受体细胞中去，必须寻找一种分子小、能自由进出细胞而且在装载了外来的 DNA 片段后仍能照样复制的运输载体。理想的运输载体是质粒，因为质粒能自由进出细菌细胞。四是把目的基因能表达的受体细胞挑选出来。目的基因的导入过程是肉眼看不到的。因此，要知道导入是否成功，事先应找到特定的标志。例如用一种经过改造的抗四环素质粒 PSC100 作载体，将一种基因移入自身无抗性的大肠杆菌时，如果基因移入后大肠杆菌不能被四环素杀死，就说明转入获得成功了。

第一节 基因克隆的酶学基础

一、核酸内切限制酶与 DNA 分子的体外切割

（一）核酸限制性内切酶

核酸限制性内切酶（restriction endonuclease）简称限制性内切酶，是一类能够识别双链 DNA 分子中的某种特定核苷酸序列，并由此切割 DNA 双链结构的核苷酸限制性内切酶。

限制性内切酶本是微生物细胞中用于专门水解外源 DNA 的一类酶，其功能是避免外源 DNA 的干扰或噬菌体的感染，是细胞中的一种防御机制。由于 R/M 现象（即所谓的寄主控制的限制与修饰现象，类似于免疫系统，能辨别自身的 DNA 与外来的 DNA，并能使后者降解）的发现使得限制性内切酶成为基因工程重要的工具酶。

（二）核酸限制性内切酶的分类

根据酶的功能、大小和反应条件，及切割 DNA 的特点，可以将限制性内切酶分为三类：Ⅰ型酶、Ⅱ型酶、Ⅲ型酶。

1. Ⅰ型酶

1968 年，M. Meselson 和 R. Yuan 在 *E. coli* B 和 *E. coli* K 中分离出的限制性内切酶。分子质量较大，反应需 Mg^{2+}、*S*-腺苷酰-*L*-甲硫氨酸（SAM）、ATP 等。这类酶有特异的识别位点但没有特异的切割位点，而且切割是随机的，所以在基因工程中应用不大。

2. Ⅱ型酶

1970 年，H. O. Smith 和 K. W. Wilcox 在流感嗜血菌株中分离出来的限制性内切酶。

分子质量较小（105Da），只有一种多肽，通常以同源二聚体的形式存在。反应只需 Mg^{2+} 的存在，由于具有以下特点，使这类酶在基因工程研究中得到广泛的应用：

① 在 DNA 双链的特异性识别序列部位切割 DNA 分子，产生链的断裂；

② 两个单链断裂部位在 DNA 分子上的分布，通常不是彼此直接相对的；

③ 断裂形成的 DNA 片段，也往往具有互补的单链延伸末端。

该型酶识别位点是一个回文对称结构，并且切割位点也在这一回文对称结构上。许多Ⅱ型酶切割 DNA 后，可在 DNA 上形成黏性末端，有利于 DNA 片段的重组。

绝大多数的Ⅱ型核酸限制性内切酶，都能够识别由 4～8 个核苷酸组成的特定的核苷酸序列。这样的序列称为核酸限制性内切酶的识别序列。而限制酶就是从其识别序列内切割 DNA 分子的，因此识别序列又称为核酸限制性内切酶的切割位点或靶子序列。

识别序列的共同特点是，它们具有双重旋转对称的结构形式，换言之，这些核苷酸对的顺序是呈回文结构。

核酸限制性内切酶对 DNA 链的切割作用：切割位点在限制酶的作用下便会发生水解效应，从而导致链的断裂。

由核酸限制性内切酶的作用所造成的 DNA 分子的断裂类型：

① 两条链上的断裂位置是交错地、但又是对称地围绕着一个对称轴排列，这种形式的断裂结果形成具有黏性末端的 DNA 片段；

② 两条链上的断裂位置是处在一个对称结构的中心，这样形式的断裂是

形成具有平末端的 DNA 片段。

黏性末端是指 DNA 分子在限制酶的作用之下形成的具有互补碱基的单链延伸末端结构。

3. Ⅲ型酶

这类酶可识别特定碱基顺序，并在这一顺序的 $3'$ 端 $24 \sim 26bp$ 处切开 DNA，所以它的切割位点也是没有特异性的。

4. 限制性内切酶作用后的断裂方式

（1）黏性末端　两条链上的断裂位置是交错的、但又是围绕着一个对称结构中心，这种形式的断裂结果形成具有黏性末端的 DNA 片段。

（2）平末端　两条链上的断裂位置是处在一个对称结构的中心，这种形式的断裂形成的平末端 DNA 片段不易重新环化，如图 5-1 所示。

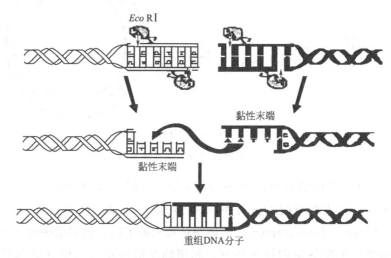

图 5-1　限制性内切酶切割示意

5. 限制片段的末端连接作用

（1）分子间的连接　不同的 DNA 片段通过互补的黏性末端之间的碱基配对而彼此连接起来。

（2）分子内的连接　由同一片段的两个互补末端之间的碱基配对而形成的环形分子，如图 5-2 所示。

6. 其他限制性内切酶

（1）同裂酶（isoschizomers）　同裂酶是指来源不同但识别相同靶序列的限制性内切酶。同裂酶进行切割时，产生同样的末端。但有些同裂酶对甲基化位点的敏感性不同。

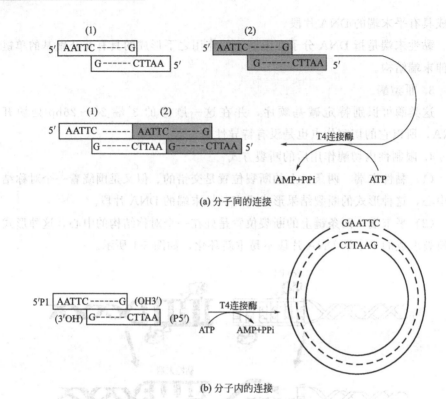

(a) 分子间的连接

(b) 分子内的连接

图 5-2　限制片段的末端连接示意

例如，限制性内切酶 Hpa Ⅱ 和 Msp Ⅰ 是一对同裂酶（CCGG），当靶序列中有一个 $5'$-甲基胞嘧啶时 Hpa Ⅱ 不能进行切割，而 Msp Ⅰ 可以。

（2）同尾酶（isocaudamer）　同尾酶是指来源不同、识别靶序列不同但产生相同的黏性末端的限制性内切酶。利用同尾酶可使切割位点的选择余地更大。

同尾酶（isocaudamer）：来源各异，识别的靶子序列也各不相同，但都产生出相同的黏性末端。常用的限制酶 Bam HⅠ、Bcl Ⅰ、Bgl Ⅱ、Sau 3AⅠ 和 Xho Ⅱ 就是一组同尾酶，它们切割 DNA 之后都形成由 GATC4 这个核苷酸组成的黏性末端。显而易见，由同尾酶所产生的 DNA 片段，是能够通过其黏性末端之间的互补作用而彼此连接起来的，因此在基因克隆实验中很有用处。

7. 限制酶的特性及命名原则

（1）特性

① 限制性内切酶识别靶序列同 DNA 的来源无关；

② 限制性内切酶识别靶序列是唯一的。

（2）命名原则

① 用属名的头一个字母和种名的头两个字母，组成 3 个字母的略语表示寄主菌的物种名称。例如，大肠杆菌（*Escherichia coli*）用 Eco 表示，流感嗜血菌（*Haemophilus influenzae*）用 Hin 表示。

② 用一个写在后方的标注字母代表菌株或型，例如 Eco K。如果限制与修饰体系在遗传上是由病毒或质粒引起的，则在缩写的寄主菌的种名后方附加一个标注字母，表示此染色体外成分。例如 Eco p1，Eco R1。

③ 如果一种特殊的寄主菌株，具有几个不同的限制与修饰体系，则以罗马数字表示。如 Hin dⅠ、Hin dⅡ、Hin dⅢ 等。

④ 所有的限制酶，除了总的名称核酸内切酶 R 外，还带有系统的名称，例如核酸内切酶 R.Hin dⅢ。同样地，修饰酶则在它的系统名称之前加上甲基化酶 M 的名称。相应于核酸内切酶 R.Hin dⅢ 的流感嗜血菌 Rd 菌株的修饰酶，命名为甲基化酶 M.Hin dⅢ。

8. 影响限制性内切酶活性的因素

（1）DNA 的纯度 污染在 DNA 制剂中的某些物质，例如蛋白质、酚、氯仿、乙醇、乙二胺四乙酸（EDTA）、SDS（十二烷基硫酸钠）以及高浓度的盐离子等，都有可能抑制核酸限制性内切酶的活性。为了提高 DNA 的纯度，一般采用如下三种方法：

① 增加核酸限制性内切酶的用量，平均每微克底物 DNA 可高达 10U 甚至更多些；

② 扩大酶催化反应的体积，以使潜在的抑制因素被相应地稀释；

③ 延长酶催化反应的保温时间。

（2）DNA 的甲基化程度 在基因克隆中是使用失去了甲基化酶的大肠杆菌菌株制备质粒 DNA，其目的是为了避免被核酸限制性内切酶局部消化，甚至完全不被消化。

可以根据各种同裂酶所具有的不同的甲基化敏感性研究真核基因组 DNA 的甲基化作用模式。

核酸限制性内切酶不能切割甲基化的核苷酸序列，这种特性在有些情况下是很有用的。例如，当甲基化酶的识别序列同某些限制酶的识别序列相邻时，就会抑制在这些位点发生切割作用，这样便改变了核酸限制性内切酶识别序列的特异性。另一方面，通过甲基化作用将内部的限制酶识别位点保护起来。

（3）酶切消化反应的温度 大多数核酸限制性内切酶的标准反应温度都是

37℃，但也有许多例外的情况，例如 *Sma* I 是 25℃、*Mae* I 是 45℃。消化反应的温度低于或高于最适温度，都会影响核酸限制性内切酶的活性，甚至最终导致完全失活。

（4）DNA 的分子结构　DNA 分子的不同构型对核酸限制性内切酶的活性也有很大的影响。某些核酸限制性内切酶切割超盘旋的质粒 DNA 或病毒 DNA 所需要的酶量，要比消化线性 DNA 的高出许多倍，最高的可达 20 倍。

此外，还有一些核酸限制性内切酶，切割它们自己的处于不同部位的限制位点，其效率亦有明显的差别。

（5）核酸限制性内切酶的缓冲液　核酸限制性内切酶的标准缓冲液的组分包括氯化镁、氯化钠或氯化钾、Tris-HCl、β-巯基乙醇或二硫苏糖醇（DTT）以及牛血清白蛋白（BSA）等。Mg^{2+} 的作用是提供二价的阳离子。缓冲液 Tris-HCl 的作用在于，使反应混合物的 pH 恒定在酶活性所要求的最佳数值的范围之内。巯基试剂对于保持某些核酸限制性内切酶的稳定性是有用的，而且还可保护其免于失活。

二、DNA 连接酶与 DNA 分子的体外连接

目前已知有三种方法可以用来在体外连接 DNA 片段：第一种方法是用 DNA 连接酶连接具有互补黏性末端的 DNA 片段；第二种方法是用 T_4 DNA 连接酶直接将平末端的 DNA 片段连接起来，或是用末端脱氧核苷酸转移酶给平末端的 DNA 片段加上 poly（dA)-poly（dT）尾巴之后，再用 DNA 连接酶将它们连接起来；第三种方法是先在 DNA 片段末端加上化学合成的衔接物或接头，使之形成黏性末端之后，再用 DNA 连接酶将它们连接起来。

这三种方法虽然互有差异，但共同的一点都是利用 DNA 连接酶所具有的连接和封闭单链 DNA 的功能。

（一）DNA 体外作用酶

1. 末端核苷酸转移酶（terminal transferase）

该酶全称为末端脱氧核苷酸转移酶（terminal deoxynucleotidyl transferase），它是从小牛胸腺中纯化出来的一种小分子量的碱性蛋白质，在二甲胂酸缓冲液中，能催化 $5'$-脱氧核苷三磷酸进行 $5' \rightarrow 3'$ 方向的聚合作用，逐个地将脱氧核苷酸分子加到线性 DNA 分子的 $3'$-OH 末端。

它不需要模板，可以用含有的 $3'$-OH DNA 片段为引物，在 $3'$-OH 端加入核苷酸达几百个。它作用的底物可以是具有 $3'$-OH 末端的单链 DNA，也可以

是具有 3′-OH 突出末端的双链 DNA，如图 5-3 所示。

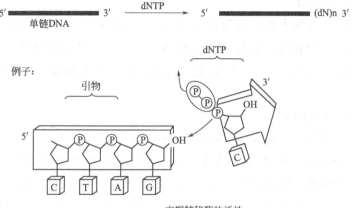

图 5-3 末端核苷酸转移酶作用示意

末端核苷酸转移酶的用途如下。

① 催化 [α-³²P]-3′-脱氧核苷酸标记 DNA 片段的 3′ 末端，可用于测序的终止，一位不含游离的 3′-OH 末端；

② 催化非放射性的标记物掺入到 DNA 片段的 3′-末端，如生物素等，掺入后可产生荧光染料或抗生物素蛋白结合物的接受位点；

③ 用于在平末端 DNA 上合成一段寡聚核苷酸，从而形成黏性末端。

2. 碱性磷酸酶

碱性磷酸酶有两种来源，一种来自于大肠杆菌，叫做细菌碱性磷酸酶（bacterial alkaline phosphatase，BAP），另一种来自于小牛肠，叫做小牛碱性磷酸酶（calf intestinal alkaline phosphatase，CIP）。该酶用于脱去 DNA（RNA）5′ 末端的磷酸根，使 5′-P 成为 5′-OH，该过程称为核酸分子的脱磷酸作用。当需要 5′ 端同位素标记或为了避免 DNA 片段自身连接（或环化）时可进行脱磷酸反应。

3. S1 核酸酶

来自于稻谷曲霉，该酶只水解单链 DNA，用于将黏性末端水解成平末端及 cDNA 发夹式结构。

S1 核酸酶的主要功能是催化 RNA 和单链 DNA 分子降解成 5′-单核苷酸。同时它也能作用于双链核酸分子的单链区，并从此处切断核酸分子。

4. 反转录酶（reverse transcriptase）

这类酶来自于反转录病毒，它可以 RNA 为模板催化合成 DNA。目前常用的有禽源（AMV）及鼠源（M-MLV）反转录酶两种。

5. DNA 连接酶

能够将 DNA 链上彼此相邻的 $3'$-羟基（—OH）和 $5'$-磷酸基团（—P），在 NAD^+ 或 ATP 供能的作用下，形成磷酸二酯键。只能连接缺口（nick），不能连接裂口（gap）。而且被连接的 DNA 必须是双螺旋 DNA 分子的一部分。

（1）连接酶的来源

① DNA 连接酶：大肠杆菌染色体编码。

② T_4 DNA 连接酶（T_4 DNA ligase）：大肠杆菌 T_4 噬菌体 DNA 编码。该酶常从 T_4 噬菌体的受感细胞中提取，是由 T_4 噬菌体基因组所编码的，所以基因工程中常用的连接酶是 T_4 连接酶。它可催化 DNA 中磷酸二酯键的形成，从而使两个片段以共价键的形式结合起来。

DNA 连接酶对具有黏性末端的 DNA 分子经退火后能很好地连接，对平末端的 DNA 分子也可以进行连接，但连接效率较低，必须加大酶的用量。

（2）影响连接酶作用的因素

① 反应温度：连接缺口的温度为 37℃；连接黏性末端的最佳温度为 4～15℃。

② T_4 DNA 连接酶的用量：平末端 DNA 分子的连接反应中，最适用量为 1～2U。黏性末端 DNA 片段之间的连接，酶浓度为 0.1U。ATP 的用量在 $10\mu mol/l$～1mmol/l 之间。

③ 提高外源片段与载体的浓度的比值（10～20 倍）。

（二）DNA 分子体外连接的三种方式

DNA 分子体外连接有三种方式：① 用 DNA 连接酶连接具有互补黏性末端的 DNA 片段，如图 5-4 所示。② 用 T_4 DNA 连接酶将平末端的 DNA 片段连接；或是用末端脱氧核苷酸转移酶给平末端的 DNA 片段加上 poly(A)-poly(T) 尾巴之后，再用 DNA 连接酶连接。③ 先在 DNA 片段末端加上化学合成的衔接物或接头，形成黏性末端后，再用 DNA 连接酶连接。

1. 黏性末端 DNA 片断的连接

由于具黏性末端的载体易发生自连，对载体的 $5'$ 末端进行处理，用细菌碱性磷酸酶或小牛碱性磷酸酶移去磷酸基团，使载体不能自连。而外源片段的 $5'$-P 能与载体的 $3'$-OH 进行共价键的连接。这样形成的杂种分子中，每一个连接位点中载体 DNA 只有一条链与外源片段相连，失去 $5'$-P 的链不能进行连

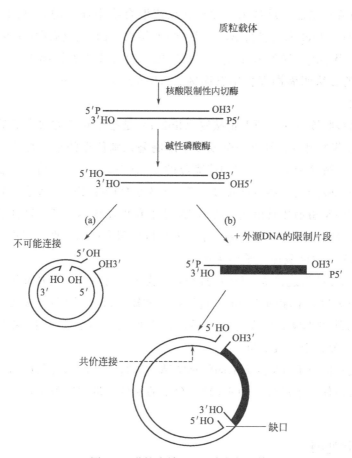

图 5-4 黏性末端 DNA 片段的连接

接，形成 3′-OH 和 5′-OH 的缺口。

2. 平末端 DNA 片段的连接

用末端核苷酸转移酶给平末端加上同聚物尾巴之后，再用 DNA 连接酶连接。

常用的连接方法有同聚物加尾法、衔接物连接法和 DNA 接头连接法。

（1）同聚物加尾法 这种方法的核心部分是利用末端脱氧核苷酸转移酶转移核苷酸的特殊功能。末端脱氧核苷酸转移酶是从动物组织中分离出来的一种异常的 DNA 聚合酶，它能够将核苷酸（通过脱氧核苷三磷酸前体）加到 DNA 分子单链延伸末端的 3′-OH 基团上。由核酸外切酶处理过的 DNA 以及 dATP 和末端脱氧核苷酸转移酶组成的反应混合物中，DNA 分子的 3′-OH 末端将会出现单纯由腺嘌呤核苷酸组成的 DNA 单链延伸。这样的延伸片段，称之为 poly(dA) 尾巴。反过来，如果在反应混合物中加入的是 dTTP，那么 DNA 分子的 $3'$-OH 末端将会形成 poly(dT) 尾巴。因此任何两条 DNA 分子，只要分别获得 poly(dA) 和 poly(dT) 尾巴，就会彼此连接起来。这种连接 DNA 分子的方法叫做同聚物尾巴连接法（homopolymertail-joining），简称同聚物加尾法。

（2）衔接物连接法　所谓衔接物（linker）是指用化学方法合成的一段由 10～12 个核苷酸组成、具有一个或数个限制酶识别位点的平末端的双链寡核苷酸短片段。衔接物的 $5'$-末端和待克隆的 DNA 片段的 $5'$-末端，用多核苷酸激酶处理使之磷酸化，然后再通过 T_4 DNA 连接酶的作用使两者连接起来。接着用适当的限制酶消化具衔接物的 DNA 分子和克隆载体分子，这样的结果使两者都产生彼此互补的黏性末端。于是便可以按照常规的黏性末端连接法将待克隆的 DNA 片段同载体分子连接起来。

（3）DNA 接头连接法　DNA 接头是一类人工合成的一头具某种限制酶黏性末端另一头为平末端的特殊的双链寡核苷酸短片段。当 DNA 接头的平末端与平末端的外源 DNA 片段连接之后，便会使后者成为具黏性末端的新的 DNA 分子，而易于连接重组。

实际使用时对 DNA 接头末端的化学结构进行必要的修饰与改造，可避免处在同一反应体系中的各个 DNA 接头分子的黏性末端之间发生彼此间的配对连接。

三、其他酶

常用的 DNA 聚合酶有大肠杆菌 DNA 聚合酶、大肠杆菌 DNA 聚合酶 I 的 Klenow 大片段酶、T_4 DNA 聚合酶、T_7 DNA 聚合酶、反转录酶等。

共同点是把脱氧核糖核苷酸连续地加到双链 DNA 分子引物链的 $3'$-OH 末端，催化核苷酸的聚合作用，而不发生从引物模板上解离的情况。

1. 大肠杆菌 DNA 聚合酶

大肠杆菌中纯化出了三种不同类型的 DNA 聚合酶，即 DNA 聚合酶 I、DNA 聚合酶 II 和 DNA 聚合酶 III，它们分别简称为 Pol I、Pol II 和 Pol III。Pol I 和 Pol II 的主要功能是参与 DNA 的修复过程，而 Pol III 的功能看来是同 DNA 的复制有关。Pol I 同 DNA 分子克隆的关系最为密切。

大肠杆菌 DNA 聚合酶 I 于 1957 年由美国生物学家 A. Kornberg 首次证实，在大肠杆菌提取物中存在一种 DNA 聚合酶，即现在所说的 DNA 聚合酶 I。由 Pol I 基因编码的一种单链多肽蛋白质。

(1) DNA 聚合酶 I　此酶可以被蛋白酶切割成两个片段，一个具有全部的 $3'→5'$ 的外切酶活性和 $5'→3'$ 的聚合酶活性，另一个具有全部 $5'→3'$ 的外切酶活性。

① DNA 聚合酶 I 的酶活性：a. $5'→3'$ 的聚合酶活性；b. $5'→3'$ 的外切酶活性；c. $3'→5'$ 的外切酶活性（较低）。

只有在具备了下述三种条件的情况下，DNA 聚合酶 I 才能够催化合成 DNA 的互补链。这些条件包括：a. 全部四种脱氧核苷 $5'$-三磷酸 dNTP（dATP、dGTP、dCTP、dTTP）和 Mg^{2+}；b. 带有 $3'$-OH 游离基团的引物链；c. DNA 模板，它可以是单链的，也可以是双链的。

DNA 聚合酶 I 催化的聚合作用，是在生长链的 $3'$-OH 末端基团与掺入进来的核苷酸分子之间发生的。因此说，DNA 聚合酶 I 催化的 DNA 链的合成是按 $5'→3'$ 方向生长的。

② DNA 聚合酶 I 的 $5'→3'$ 核酸外切酶活性：a. $5'→3'$ 的限制性外切酶活性，所切割的 DNA 链必须是位于双螺旋的区段上；b. 切割部位可以是末端磷酸二酯键，也可以是在距 $5'$ 末端数个核苷酸远的一个键上发生；c. DNA 的合成可以增强 $5'→3'$ 的核酸外切酶活性；d. $5'→3'$ 核酸外切酶的活性位点同聚合作用的活性位点以及 $3'→5'$ 的水解作用位点是分开的。

③ DNA 聚合酶 I 的 $3'→5'$ 核酸外切酶活性：能催化 DNA 链发生水解作用，从 DNA 链 $3'$-OH 末端开始向 $5'$-P 的方向水解 DNA，并释放出单核苷酸分子。

④ 对酶活的影响：反应物中缺乏 dNTP 时，大肠杆菌 DNA 聚合酶 I 的 $3'→5'$ 核酸外切酶活性，将会发挥作用。但对于底物是双链的 DNA，在具有 dNTP 时，这种降解活性将会被 $5'→3'$ 的聚合酶活性所抑制。

⑤ DNA 聚合酶 I 在分子克隆中的主要用途：通过 DNA 缺口转移，制备供核酸分子杂交用的带放射性标记的 DNA 探针。

⑥ DNA 缺口转移（nick translation）：在 DNA 分子的单链缺口上，DNA 聚合酶 I 的 $5'→3'$ 核酸外切酶活性和聚合作用可以同时发生。当外切酶活性从缺口的 $5'$ 一侧移去一个 $5'$ 核苷酸之后，聚合酶作用就会在缺口的 $3'$ 一侧补上一个新的核苷酸，但 Pol I 不能在 $3'$-OH 和 $5'$-P 之间形成一个键，随着 $5'$ 一侧的核苷酸不断移去，$3'$ 一侧的核苷酸又按序列增补，缺口便沿着 DNA 分子合成的方向移动。

(2) DNA 杂交探针的制备　典型的反应体系是：在 $25\mu l$ 体积中含有 $1\ \mu g$

纯化的特定 DNA 片段，并加入适量的 DNase Ⅰ、Pol Ⅰ、α-^{32}P-dNTP 和未标记的 dNTP。

① DNase Ⅰ：造成 DNA 分子的断裂或缺口；

② Pol Ⅰ：进行缺口转移，使反应混合物中的 ^{32}P 标记的核苷酸取代原有的未标记的核苷酸，最终从头到尾都被标记。

③ dNTP 对 Pol Ⅰ 酶活性的影响：在低浓度 dNTP 的条件下，Pol Ⅰ 具有良好的活性，提高 dNTP 浓度时，Pol Ⅰ 则能够更有效地合成 DNA。

低浓度的 ^{32}P-dNTPs(2μmol/l) 和高浓度的 dNTPs(20μmol/l)，一般希望有 30％左右的 ^{32}P-dNTP 掺入 DNA 链（DNase Ⅰ 数量）。

2. Klenow 片段与 DNA 末端标记

(1) Klenow 片段 Klenow 片段是由大肠杆菌 DNA 聚合酶经枯草杆菌蛋白酶的处理之后，产生出来的大片段分子。仍具有 $5'{\rightarrow}3'$ 的聚合酶活性和 $3'{\rightarrow}5'$ 的核酸外切酶活性，失去了全酶的 $5'{\rightarrow}3'$ 核酸外切酶活性。

(2) Klenow 片段的主要用途 修补经核酸外切酶消化的 DNA 所形成的 $3'$ 隐蔽末端；标记 DNA 片段的末端；cDNA 克隆的第二链 cDNA 的合成；DNA 序列的测定。

3. T$_7$DNA 聚合酶

1978 年，S. Tabor 从感染了 T$_7$ 噬菌体的大肠杆菌寄主细胞中纯化出来的一种核酸酶。

它具有 $5'{\rightarrow}3'$ 的聚合酶活性和很高的单链及双链的 $3'{\rightarrow}5'$ 核酸外切酶活性。

(1) T$_7$DNA 聚合酶的用途

① 用于对大分子量模板的延伸合成（不受 DNA 二级结构的影响，聚合能力较强可延伸合成数千个核苷酸）；

② 通过延伸或取代合成法标记 DNA $3'$ 末端；

③ 将双链 DNA 的 $5'$ 或 $3'$ 突出末端转变成平末端的结构。

(2) 修饰的 T$_7$DNA 聚合酶 对天然的 T$_7$DNA 聚合酶进行修饰，使之完全失去 $3'{\rightarrow}5'$ 的核酸外切酶活性。聚合作用的速率增加了 3 倍。其主要用途如下：

① 作为一种 DNA 序列分析的工具酶，其加工性能高，无 $3'{\rightarrow}5'$ 的核酸外切酶活性，具有催化脱氧核糖类似物聚合的能力；

② 制备探针，可催化较低水平的 dNTP（$<0.1\mu$mol/l）掺入；

③ 有效地填补和标记具有 $5'$ 突出末端的 DNA 片段的 $3'$ 末端。聚合作用

高，失去了 $3'{\to}5'$ 的核酸外切酶活性。

4. 反转录酶

具有反转录酶活性和 RNaseH 活性。主要作用是以 mRNA 为模板合成 cDNA；用来对 $5'$ 突出末端的 DNA 片段作末端标记。

合成 cDNA 的主要步骤如下：

① 应用 poly(A)mRNA 为模板，以 12～18 个碱基长的 oligo(dT) 片段作为引物，加入反转录酶，合成出 cDNA 第一链；

② 用碱水解法除去 mRNA 模板，单链 cDNA 能自我折叠形成一种发夹结构作第二链的引物，用反转录酶或 Klenow 聚合酶催化第二链 cDNA 的合成；

③ 用 S1 核酸内切酶消化除去单链区的发夹结构；

④ 通过同聚物或合成的衔接物，使 DNA 分子克隆到适当的载体分子上。

第二节 基因克隆的载体

基因工程是要按人们的意愿去有目的地改造、创建生物遗传性，因此其最基本的过程就是要得到目的基因或核酸序列的克隆。

分离或改建的基因和核酸序列自身不能繁殖，需要载体携带它们到合适的细胞中复制和表现功能。对理想的基因工程载体一般至少有以下几点要求：

① 能在宿主细胞中复制繁殖，而且最好要有较高的自我复制能力；

② 容易进入宿主细胞，而且进入效率越高越好；

③ 容易插入外来核酸片段，插入后不影响其进入宿主细胞和在细胞中的复制，这就要求载体 DNA 上要有合适的限制性内切酶位点；

④ 容易从宿主细胞中分离纯化出来，以便于重组操作；

⑤ 有容易被识别筛选的标志，当其进入宿主细胞，或携带着外来的核酸序列进入宿主细胞都能容易被辨认和分离出来，这才有利于克隆操作。

常用的载体有质粒、噬菌体和病毒等。

一、质粒载体

质粒 (plasmid) 是细菌或细胞染色质以外的、能自我复制的、与细菌或细胞共生的遗传成分，其特点如下。

① 是染色质外的双链共价闭合环形 DNA （covalently closed circuar DNA，cccDNA），可自然形成超螺旋结构，不同质粒大小在 2～300kb 之间，

小于 15kb 的小质粒比较容易分离纯化，大于 15kb 的大质粒则不易提取。

② 能自我复制，是能独立复制的复制子（autonomous replicon）。一般质粒 DNA 复制的质粒可随宿主细胞分裂而传给后代。按质粒复制的调控及其拷贝数可分两类：严紧控制（stringent control）型质粒，其复制常与宿主的繁殖偶联，拷贝数较少，每个细胞中只有 1 个到十几个拷贝；另一类是松弛控制（relaxed control）型质粒，其复制宿主不偶联，每个细胞中有几十到几百个拷贝，每个质粒 DNA 上都有复制的起点，只有 ori 能被宿主细胞复制蛋白质识别的质粒才能在该种细胞中复制，不同质粒复制控制状况主要与复制起点的序列结构相关。有的质粒可以整合到宿主细胞染色质 DNA 中，随宿主 DNA 复制，称为附加体，例如细菌的性质粒就是一种附加体，它可以质粒形式存在，也能整合入细菌的 DNA，又能从细菌染色质 DNA 上切下来。F 因子携带基因编码的蛋白质能使两个细菌间形成纤毛状细管连接的接合（conjugation），通过此细菌遗传物质可在两个细菌间传递。

③ 质粒对宿主生存并不是必需的。这点不同于线粒体，线粒体 DNA 也是环状双链分子，也有独立复制的调控，但线粒体的功能是细胞生存所必需的。线粒体是细胞的一部分，质粒也往往有其表型，其表现不是宿主生存所必需的，但也不妨碍宿主的生存。某些质粒携带的基因功能有利于宿主细胞在特定条件下生存，例如细菌中许多天然的质粒带有抗药性基因，如编码合成能分解破坏四环素、氯霉素、氨苄青霉素等的酶基因，这种质粒称为抗药性质粒，又称 R 质粒（图 5-5），带有 R 质粒的细菌就能在相应的抗生素存在生存繁殖。所以质粒对宿主不是寄生的，而是共生的。医学上遇到许多细菌的抗药性，常与 R 质粒在细菌间的传播有关，F 质粒就能促使这种传递。

现在分子生物学使用的质粒载体都已不是原来细菌或细胞中天然存在的质粒，而是经过了许多的人工的改造。从不同的实验目的出发，人们设计了各种不同类型的质粒载体，近年来发展很快，新的有特定用途的质粒不断被创建。图 5-5 给出最常用的大肠杆菌克隆用质粒 pUC19 的图谱，此质粒的复制起点处序列经过改造，能高频率起动质粒复制，使一个细菌 pUC19 的拷贝数可达 500～700 个；质粒携带一个抗氨苄青霉素基因，编码能水解 β-内酰胺环，从而破坏氨苄青霉素的酶。当用 pUC19 转化细菌后放入含氨苄青霉素的培养基中，凡不含 pUC19 者都不能生长，结果长出的细菌就都是含有 pUC19 的。

pUC19 还携带细菌 lac 操纵子中的 lacI 和 lacZ 基因编码，β-半乳糖苷酶

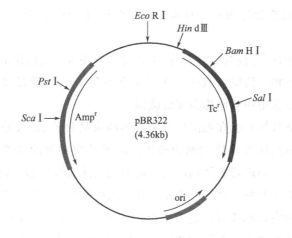

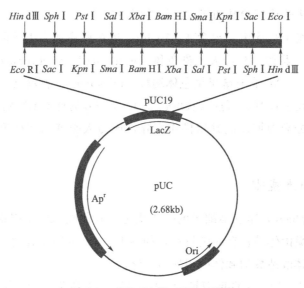

图 5-5　pBR322 及 pUC19 图谱

N 端 146 个氨基酸的段落，当培养基中含有诱导物 IPTG（异丙基-β-D-硫代半乳糖苷）和 X-gal 时，*lacZ'* 基因被诱导表达产生的 β-半乳糖苷酶 N 端肽与宿主菌表达的 C 端肽互补而具有 β-半乳糖苷酶活性〔质粒和宿主编码的肽段各自都没有酶活性，两者融为一体而具酶活性，称为 α-互补（α-complementation）〕，半乳糖苷酶水解 X-gal 而使菌落呈现蓝色；在 *lacZ'* 中间又插入了一段人工设计合成的 DNA 序列，其中密集多个常用的限制性内切酶的位点，使外来的基因和序列能很方便地被插入此位置，当外来序列插入后则破坏了 *lacZ'* 编码的半乳糖苷酶活性，生长的菌落就呈白色，这种颜色标志的变化就很容易区分和挑选含有和不含有插入序列或基因的转化菌落，称为蓝白筛选法。

除常用的大肠杆菌质粒载体外，近年来发展了许多人工构建的其他能用于微生物、酵母、植物等的质粒载体。含有不止一个 ori、能携带插入序列在不同种类宿主细胞中繁殖的载体称为穿梭载体。

质粒和噬菌体载体只能在细菌中繁殖，不能满足真核 DNA 重组需要。感染动物的病毒可改造用作动物细胞的载体。由于动物细胞的培养和操作较复杂、花费也较多，因而病毒载体构建时一般都把细菌质粒复制起始序列放置其中。使载体及其携带的外来序列能方便地在细菌中繁殖和克隆，然后再引入真核细胞。目前常用病毒载体有改造的猴肾病毒 SV40（Simian virus 40）、逆转录病毒和昆虫杆状病毒等，使用这些病毒载体的目的多为将目的基因或序列放入动物细胞中表达或试验其功能、或作基因治疗等。

人类基因组十分庞大，约含 4×10^9 bp，建立和筛选人类基因组文库，要求有容量更大的载体，酵母人工染色体（yeast artificial chromosome，YAC）载体应运而生。YAC 含有酵母染色体端粒（telesome）、着丝点（centromere）及复制起点等功能序列，可插入长度达 200~500kb 的外源 DNA，导入酵母细胞可以随细胞分裂周期复制繁殖供作克隆，成为人类基因组研究计划的重要工具。

二、噬菌体载体

噬菌体（phage）是感染细菌的一类病毒，有的噬菌体基因组较大，例如 λ 噬菌体和 T 噬菌体等；有的则较小，如 M13、f1. fd 噬菌体等。用感染大肠杆菌的 λ 噬菌体改造成的载体应用最为广泛。

λ 噬菌体是一种大肠杆菌双链 RNA 噬菌体。λ 噬菌体的分子质量为 31×10^6 Da，是一种中等大小的温和噬菌体。迄今已经定位的 λ 噬菌体的基因至少有 61 个，其中有一半左右参与了噬菌体生命周期的活动，称这类基因为 λ 噬菌体的必要基因；另一部分基因，当它们被外源基因取代之后，并不影响噬菌体的生命功能，称这类基因为 λ 噬菌体的非必要基因。

（一）λ 噬菌体的分子生物学概述

1. λ 噬菌体基因组的结构

在 λ 噬菌体线性双链 DNA 分子的两端，各有一条由 12 个核苷酸组成的彼此完全互补的 5′ 单链突出序列，即通常所说的黏性末端。注入到感染寄主

细胞内的 λ 噬菌体的线性 DNA 分子，会迅速地通过黏性末端之间的互补作用，形成环形双链 DNA 分子。随后在 DNA 连接酶的作用下，将相邻的 5′-P 和 3′-OH 基团封闭起来，并进一步超螺旋化。这种由黏性末端结合形成的双链区段称为 cos 位点（略语 cos，系英语 cohesive-end site 的缩写，即黏性末端位点之意）（图 5-6）。在环化的状态下，λ 噬菌体 DNA 分子的长度为 48502 碱基对。

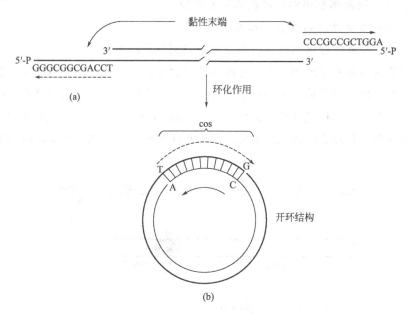

图 5-6　cos 位点示意

（a）具有互补单链末端（黏性末端）的 λDNA 分子。注意在 12 个碱基中，有 10 个是 G 或 C，仅有 2 个是 A 或 T；（b）通过黏性末端之间的碱基配对作用实现的线性分子的环化作用，由此形成的双链区叫做 cos 位点

2. λ 噬菌体 DNA 的复制

在 λ 噬菌体感染的早期，环形的 λ DNA 分子按 θ 形式从双向进行复制。到了感染的晚期，控制滚环复制机理的开关被启动了，合成出了由一系列线性排列的人类基因组 oxA 组成的长多连体分子。

3. λ 噬菌体 DNA 的整合与删除

λ 噬菌体基因组的整合作用，是通过它的附着位点 att，同大肠杆菌染色体 DNA 的局部同源位点之间的重组反应实现的。整合作用需要 *int* 基因的表达，它是一种可逆过程的复制子，这种过程叫做原噬菌体的删除作用。λ 噬菌体的删除，需要噬菌体 *xis* 基因和 *bio* 基因的协同作用才能实现。

4. λ 噬菌体 DNA 的转录与转译

在溶菌周期，λ 噬菌体 DNA 的转录是在三个时期，即早期、中期和晚期发生的。大体的情况是，早期基因转录确立起溶菌周期；中期基因转录的结果导致 DNA 进行复制和重组；晚期基因的转录最终使 DNA 被包装为成熟的噬菌体颗粒。

(二) λ 噬菌体载体的构建及其主要类型

1. 构建 λ 噬菌体载体的基本原理

构建 λ 噬菌体载体的基本原理是多余限制位点的删除。

按照这一基本原理构建的 λ 噬菌体的派生载体，可以归纳成两种不同的类型：一种是插入型载体 (insertion vectors)，只具有一个可供外源 DNA 插入的克隆位点；另一种是替换型载体 (replacement vectors)，具有成对的克隆位点，在这两个位点之间的人类 DNA 区段可以被外源插入的 DNA 片段所取代 (图 5-7)。

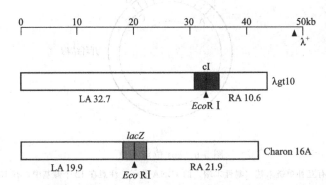

图 5-7　λ 噬菌体的插入型载体 λgt10 和 Charon 16A 的形体图

这两个载体分别具有一个 cI 基团（λ 阻遏蛋白基因）和 lacZ 基因（β-半乳糖苷

酶基因），它们编码序列中都有一个 EcoRI 限制位点供外源 DNA 片段插入。

左臂 (LA) 和右臂 (RA) 的长度均以 kb 为单位

在基因克隆中两者的用途不尽相同。插入型载体只能承受较小分子量（一般在 10kb 以内）的外源 DNA 片段的插入，广泛应用于 cDNA 及小片段 DNA 的克隆。而替换型载体则可承受较大分子量的外源 DNA 片段的插入，所以适用于克隆高等真核生物的染色体 DNA (图 5-8)。

2. λ 噬菌体载体的主要类型

(1) 插入型载体　外源的 DNA 克隆到插入型的 λ 载体分子上，会使噬菌体的某种生物功能丧失效力，即所谓的插入失活效应。插入型的 λ 载体又可以

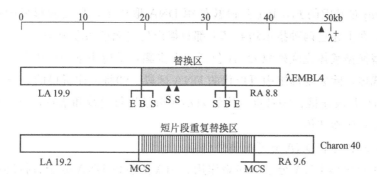

图 5-8 λ 噬菌体替换型载体 λEMBL4 和 Charon 40 的形体图

λEMBL4 载体中的可替换区段长 13.2kb，其两侧由反向的多聚衔接物包围（E＝Eco RⅠ，
B＝Bam HⅠ，S＝Sal Ⅰ）。Charon 40 载体中的可替换区段是由短片段重复而成，
两短片段之间的连接点可被限制酶 NaeI 识别；替换区两侧由多克隆位点（MCS）
包围。LA＝左臂，RA＝右臂，其长度均以 kb 为单位

分为免疫功能失活（inactivation of immuninyfunction）和大肠杆菌 β-半乳糖
苷酶失活的（inactivation of E. coli β-galactosidase）两种亚型。

① 免疫功能失活的插入型载体：在这类插入型载体的基因组中有一段
免疫区，其中带有一两种核酸限制性内切酶的单切割位点。当外源 DNA 片
段插入到这种位点上时，就会使载体所具有的合成活性阻遏物的功能遭受破
坏，而不能进入溶源周期。因此，凡带有外源 DNA 插入的 λ 重组体都只能
形成清晰的噬菌斑，而没有外源 DNA 插入的亲本噬菌体就会形成浑浊的噬
菌斑。

② β-半乳糖苷酶失活的插入型载体：它们的基因组中含有一个大肠杆菌
的 lac5 区段，其编码着 β-半乳糖苷酶基因 lacZ。由这种载体感染的大肠杆菌
lac-指示菌，涂布在补加有 IPTG 和 X-gal 的培养基平板上，会形成蓝色的噬
菌斑。如果外源 DNA 插入到 lac5 区段上，阻断了 β-半乳糖苷酶基因 lacZ 的
编码序列，不能合成 β-半乳糖苷酶，只能形成无色的噬菌斑。

（2）替换型载体　替换型载体又叫做取代型载体（substitution vector），
是一类在 λ 噬菌体基础上改建的、在其中央部分有一个可以被外源插入的
DNA 分子所取代的 DNA 片段的克隆载体，λNM781 便是其中的一个代表。
在这个替换型载体中，可取代的 Eco RⅠ片段，编码着一个 supE 基因（大肠
杆菌突变体 tRNA 基因），由于这种 λNM781 噬菌体的感染，寄主细胞 lacZ
基因的琥珀突变更被抑制了，能在乳糖麦康基（MacConkey）琼脂培养基上产
生出红色的噬菌斑，或是在 X-gal 琼脂培养基上产生出蓝色的噬菌斑。如果这

个具有 $supE$ 基因的 Eco R I 片段被外源 DNA 取代了，那么所形成的重组体噬菌体，在上述这两种指示培养基上都只能产生出无色的噬菌斑。

用替换型载体克隆外源 DNA 包括三个步骤：①应用适当的限制性内切酶消化 λ 载体，除去基因组中可取代的 DNA 区段；②将上述所得的 λDNA 臂同外源 DNA 片段连接；③对重组体的 λDNA 分子进行包装和增殖，以得到有感染性的 λ 重组噬菌体。

（3）λ 重组体 DNA 分子的体外包装

① λ 重组体 DNA 分子的转染作用。用 λ 重组体 DNA 分子直接感染大肠杆菌，使之侵入寄主细胞内。这种由寄主细胞捕获裸露的噬菌体 DNA 的过程叫做转染（transfection），它有别于以噬菌体颗粒为媒介的转导（transduction）。

λDNA 的转染作用是一种低效的过程。即便是使用未经任何基因操作处理的新鲜制备的 λDNA，其典型的转染效率（即每微克 λDNA 转染产生的噬菌斑数目）也仅在 105～106 之间。体外连接的结果是使转染效率下降到了104～103 左右。

② λDNA 的体外包装。λDNA 的体外包装作用是在离体条件下，将重组体 DNA 包入噬菌体等病毒颗粒中，以形成有功能的病毒载体。

根据体外互补作用研究发现，λ 噬菌体的头部和尾部的装配是分开进行的。头部基因发生了突变的噬菌体只能形成尾部，而尾部基因发生了突变的噬菌体则只能形成头部。将这两种不同突变型的噬菌体的提取物混合起来，便能够在体外装配成有生物活性的噬菌体颗粒。这就是噬菌体体外包装所依据的基本原理（图 5-9）。

③ λ 噬菌体 DNA 的包装限制问题。λ 噬菌体头部外壳蛋白质容纳 DNA 的能力是有一定限度的。上限不得超过其正常野生型 DNA 总量的 5%左右，而底限又不得少于正常野生型 DNA 总量的 75%。

按野生型 λDNA 分子长度为 48kb 计算，λ 噬菌体的包装上限是 51kb。编码必要基因的 DNA 区段占 28kb，因此 λ 载体克隆外源 DNA 的理论极限值应是 23kb。

三、柯斯质粒载体

1978 年，J. Coffins 及 B. Hohn 等发展出柯斯质粒载体（cosmid vectors）。"cosmid" 一词是由英文 "cos site-carrying plasmid" 缩写而成的，其原意是指带有黏性末端位点（cos）的质粒。

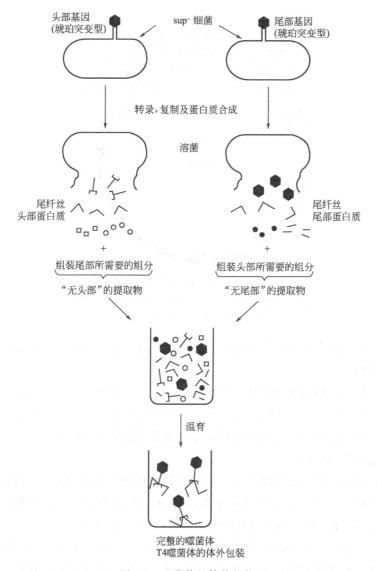

图 5-9　噬菌体的体外包装

　　所谓柯斯质粒，乃是一类由人工构建的含有 λ DNA 的 cos 序列和质粒复制子的特殊类型的质粒载体。诸如图 5-10 所示的柯斯质粒载体 pHC79，就是由 λ DNA 片段和 pBR322 质粒 DNA 联合组成的。

　　1. 柯斯质粒载体的特点

　　柯斯载体的特点大体上可归纳成如下四个方面。

　　（1）具有 λ 噬菌体的特性　柯斯质粒载体在克隆了合适长度的外源 DNA，

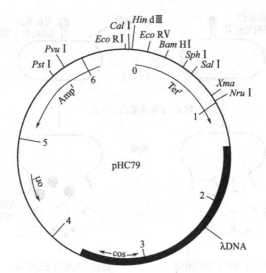

图 5-10　柯斯质粒载体 pHC79 的形体图

它是由 pBR322 质粒 DNA 与 λ 噬菌体 DNA 的 cos 位点

及其控制包装作用的序列构成的

并在体外被包装成噬菌体颗粒之后，可以高效地转导对 λ 噬菌体敏感的大肠杆菌寄主细胞。

（2）具有质粒载体的特性　柯斯质粒载体具有质粒复制子，因此在寄主细胞内能够像质粒 DNA 一样进行复制，并且在氯霉素作用下，同样也会获得进一步的扩增。此外，柯斯质粒载体通常也都具有抗菌素抗性基因，可供作重组体分子表型选择标记。

（3）具有高容量的克隆能力　柯斯质粒载体的分子仅具有一个复制起点、一两个选择记号和 cos 位点等三个组成部分，其分子量较小，一般只有 5～7kb 左右。因此，柯斯质粒载体的克隆极限可达 45kb 左右。

（4）具有与同源序列的质粒进行重组的能力　一旦柯斯质粒与一种带有同源序列的质粒共存在同一个寄主细胞当中时，它们之间便会形成共合体。

2. 柯斯克隆

应用柯斯质粒载体，在大肠杆菌细胞中克隆大片段的真核基因组 DNA 技术，叫做柯斯克隆（cosmid cloning）。

这种技术的理论依据是在线性 λ 噬菌体 DNA 分子的每一端，都具有一段彼此互补的单链突出序列，即所谓的黏性末端（cos 位点）。在 λ 噬菌体的正常生命周期中，会产生出由数百个 λ DNA 拷贝组成的多连体分子。在此种分子中，前后两个 λ DNA 基因组之间都是通过 cos 位点连接起来的。λ 噬菌体具有的一种位点特异的切割体系（site-specific cutting system），叫做末端酶（terminase）或 Ter 体系，能识别两个相距适宜的 cos 位点，将多连体分子切割成 λ 单位长度的片段，并将它们包装到 λ 噬菌体头部中去。只有在被作用的 λDNA 分子具有两个 cos 位点，而且它们之间的距离保持在 38～54kb 的条件下，Ter 体系才能对它们发生作用。

应用柯斯质粒作载体进行基因克隆的一般程序是：将外源 DNA 片段与柯斯质粒线性 DNA 分子进行体外连接反应。由此形成的连接产物群体中，有一定比例的分子是两端各有一个 cos 位点的长度为 40kb 左右的真核 DNA 片段，而且这两个 cos 位点在取向上是一样的，可作为 λ 噬菌体 Ter 功能的一种适用底物。当加入 λ 噬菌体的包装连接物时，它能把这些分子包装进 λ 噬菌体的头部，可以用来感染大肠杆菌（图 5-11）。

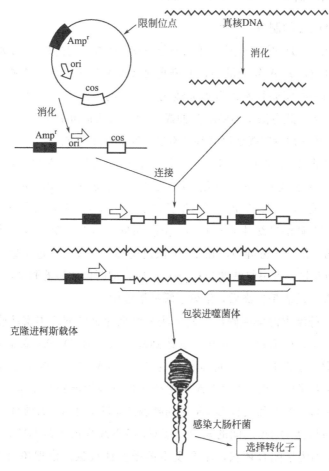

图 5-11　应用柯斯质粒作载体进行基因克隆的一般程序

3. 柯斯克隆的优点

柯斯克隆技术的优点主要有两方面：

① 由于柯斯载体兼具了质粒和 λ 噬菌体两方面的特性，提高了克隆外源 DNA 片段的能力，可达 45kb 左右，因此对于构建真核生物基因文库是一种特别有用的克隆载体；

② 应用柯斯质粒作克隆载体，所形成的非重组体的克隆本底比较低，从而提高了筛选具外源 DNA 的重组体质粒的概率。

第三节　目的基因的获得

一、从染色体 DNA 基因组中获得

1. 质粒 DNA 的制备

质粒（plasmid）是共价闭合环状的超螺旋 DNA。它的碱基比例与染色体 DNA 不同，质粒 DNA 分子量小，而染色体 DNA 分子量大。根据这些特点，研究人员采用一些实验技术进行提取纯化。常用的方法有以下几种。

（1）两相法　此方法是继冷酚法抽提之后，用酒精沉淀出 DNA（还包括各种 RNA）。它是一种专门提取闭合环状双链 DNA 的快速方法之一。在供试 DNA 悬液中加入少量 10mmol/l Tris-HCl、pH 8.0、1mmol/l EDTA 缓冲液。在 100℃ 加热 2min 后，迅速放入干冰-酒精溶液中冷却。然后加 2～5 倍体积的葡聚糖 500（16.8%，质量分数），1.25 倍体积的聚乙二醇 6000（18.4%，质量分数）和 1/10 体积的 0.5mol/l 磷酸钠缓冲液 pH6.8，温度保持在 40℃。然后再加水，使体积成为原体积的 5 倍。充分混匀，在 4℃下低速离心，回收含有过量聚乙二醇的上清液。加入氯化钠，使最终浓度为 0.2mol/l 后，加两倍体积的酒精，使 DNA 沉淀。沉淀用 75% 的酒精洗涤后，溶解于缓冲溶液中。

（2）硝酸纤维素滤膜吸附法　此方法主要是通过硝酸纤维素滤膜使单链染色体 DNA 与双链质粒 DNA 分开，以达到除去染色体 DNA，纯化质粒 DNA 的目的。经适当条件修剪后，可以使染色体 DNA 和质粒 DNA 混合物中的染色体 DNA 成为碎片，而质粒 DNA 仍保持完整（因为质粒分子量小）。如果这种切断的染色体 DNA 和质粒 DNA 受到高温或 pH 大于 11 的处理，那么将破坏染色体片段双链 DNA 之间的氢键，使双链 DNA 变成单链 DNA（即变性），而质粒 DNA 因为呈闭合环状，不会发生单链变性现象。依据单链 DNA 可以被吸附在硝酸纤维素上，而双链 DNA 不被吸附，这样就可以使单链染色体

DNA 与双链质粒 DNA 分开。

2. 染色体 DNA 的分离

收集细胞 $[2\sim3)\times10^6$ 细胞/ml]，用冷的亨克民平衡盐溶液（BSS）清洗三次后，加入皂角苷（saponin），使最终浓度为 0.3%。静置 5min 后，再用 BSS 洗两次。悬浮于 SSC（即 0.5mol/l 氯化钠，0.015mol/l 柠檬酸钠中），再加 SDS，使浓度达 0.2%。

在澄清黏液中，加入核糖核酸酶 A（即 RNaseA 100μg/ml）和核糖核酸酶 Tl（RNase T1 50U/ml），37℃保温 1h（其中 RNaseA 预先加热至 95℃，1min，以使可能污染的 DNase 活性失活）。然后加广谱蛋白酶（pronase 3mg/ml）继续在 37℃ 保温 12h。此溶液用氯仿-异戊醇（体积比为 24∶1）提取三次后，用 0.1×SSC 透析。此法提取的 DNA 的大小大约在 4×10^7Da 左右。

3. 从细胞核中提取 DNA

1g 细胞或组织加入 10ml pH 8.0 的 10mmol/l Tris-HCl，10mmol/l $MgCl_2$，24mmol/l KCl 和 1mmol/l 二硫基苏糖醇（DTT）缓冲液。使用 Dounce 匀浆器匀浆，并用显微镜检验细胞是否破碎。

在 40℃，600g 离心 10min，将沉淀物悬浮于 10ml 0.34mol/l 蔗糖及 0.25mol/l 精眯（spermidine）溶液中，再在 40℃ 600g 条件下离心 10min，收集到的沉淀物为细胞核。沉淀的细胞核重新悬浮于 1ml 10mmol/l EDTA 和 pH 10.4 的 10mmol/l 磷酸钙 $[Ca_3(PO_4)_2]$ 缓冲液中。加 1ml 2% 的十二烷基肌酸钠，溶解细胞核，并轻轻地在 20～25℃下摇动 5min。溶解后的细胞核溶液放入密度为 1.61 的氯化铯溶液中，在 20℃ 160000g 条件下离心 72h。收集含有 DNA 区带的部分，装入透析袋里，用 10mmol/l EDTA 和 100mmol/l Tris-HCl pH8.0 缓冲液透析。

4. 冷酚法

将离心收集的细胞悬浮于 pH 7.4 的 0.15mol/l 氯化钠和 0.1mol/l EDTA 中。加 1ml/ml 的蛋白酶 K（pronaseK），再加 20% 的 SDS，使最终浓度为 0.3%，在 37℃ 保温 16h。加等体积的重蒸酚，抽提 3 次。用 1/10 浓度的 SSC 透析水相 3～5 次。

二、mRNA 反转录获得 cDNA

1. 构建 cDNA 文库

（1）制备 mRNA

① 取材：mRNA 约占总 RNA 的 1%～5%，所以应选用目的基因 mRNA

表达最丰富的组织细胞为材料来源，如获胰岛素基因，由应以胰岛 β 细胞为原始生物材料，细胞因子基因应选用经抗原或丝裂原刺激培养的淋巴细胞为材料。

② 从总的 RNA 中分离 mRNA：将提取的 mRNA 在寡聚脱氧胸苷酸 [oligo(dT)] 纤维素中进行亲和层析。

（2）第一股 cDNA 合成

① 以 oligo (dT) 为引物：从模板 3′末端开始，沿模板的 3′→5′方向合成，对于较长的 mRNA 分子很难得到全长 cDNA。

② 随机引物：以 6~8 个核苷酸为随机引物，从 mRNA 的不同结合点合成全长 cDNA 第一链 （RNA-DNA）。

③ 第二股 cDNA 的合成：自身引导法、置换合成法、外加引物合成法、cDNA 与载体连接和导入宿主细胞。

2. 筛选目的基因

（1）核酸杂交法　以特殊标记的寡核苷酸链为探针。将扩增好的 cDNA 文库 （即许多带有 cDNA 重组体大肠杆菌培养皿内所形成的菌落或噬菌斑） 转印到硝酸纤维素膜上，碱解后加带标记的探针进行杂交，能显示特异结合探针的点 （克隆） 便是目的基因所在处。确定菌落或噬菌斑的位置，扩增，提取，再用限制性酶切出 cDNA 基因片段，即为目的基因。

（2）免疫结合法　噬菌斑转印到硝酸纤维膜上，各种 cDNA 表达并呈现在噬菌体表面的蛋白质便牢固地结合在膜上。然后将膜放入含有特异抗体的溶液中进行免疫结合反应，洗去未结合的抗体后，再与^{125}I 标记的第二抗体结合，从而找出带有放射性示踪信号的斑点，进而找出对应噬菌斑，克隆扩增，提取 DNA 后经酶切可获目的基因。

三、聚合酶链反应体外扩增目的基因

聚合酶链 （polymerase chain reaction，PCR） 反应，简称 PCR 技术，是20 世纪 80 年代中期发展起来的一种体外扩增特异 DNA 片段的技术。此法操作简便，可在短时间内在试管中获得数百万个特异的目的 DNA 序列的拷贝，PCR 技术虽然问世仅数年时间，但它已迅速渗透到分子生物学的各个领域，引起了生物技术发展的一次革命，目前它在分子克隆、目的基因检测、遗传病的基因诊断、法医学、考古学等方面得到了广泛的应用。

PCR 技术实际上是在模板 DNA、引物和 4 种脱氧核苷酸存在的条件下依赖于 DNA 聚合酶的酶促合反应，PCR 技术的特异性取决于引物和模板 DNA

结合的特异性。反应分三步：①变性（denaturation）；②退火（annealing）；③延伸（extension）。

模板 DNA 在 94℃ 下变性形成单链；在 55℃ 下根据目的基因两侧序列设计的引物分别与其同源序列结合；在 70℃ 耐热性 DNA 聚合酶 Taq 酶催化下，并且在 4 种 dNTP 存在条件下延伸形成双链。完成一次循环。接着又以新合成的 DNA 为模板进行同样反应，如此往复循环 30 次，由于每次循环目标 DNA 都以 $2n$ 次幂扩增，30 次循环后目的 DNA 的量增加 $10^6 \sim 10^7$ 倍。成功的 PCR 反应要求反应有很好的特异性，和相当的扩增效率。要达此目的 PCR 反应要注意以下问题。

① DNA 模板：反应中 DNA 应为 $50 \sim 200\text{ng}$ 左右，且 DNA 纯度较高，以增加反应特异性。

② dNTP：反应体系中达 $100 \sim 200\mu\text{mol/l}$。

③ Mg^{2+}：Mg^{2+} 是 Taq 酶的辅基，浓度在 2.0mmol/l 左右，浓度太低 Taq 酶活力降低，太高反应特异性降低。

④ 引物：根据目的基因两侧特定序列设计。引物约 20 碱基左右；（G＋C）含量在 $40\% \sim 70\%$ 之间；引物内部不能有回文序列；引物 $3'$ 端不能互补。

⑤ Taq 酶：它是从嗜热杆菌中提取的耐热性 DNA 聚合酶，在 95℃ 时 30min 还有 50％ 活力。

⑥ 变性温度：在 93～95℃ 之间使模板充分变性。

⑦ 复性温度：55℃ 左右，此温度的选择是根据模板和引物配对结合强弱而定，它是反应特异性的决定因素。

⑧ 延伸温度：70～72℃ 左右，为 Taq 酶最适反应温度。

四、基因的化学合成

化学法主要适用于已知核苷酸序列的、分子量较小的目的基因的制备。在基因的化学合成中，通常是先合成一定长度的、具有特定序列的寡核苷酸片段。寡核苷酸片段的化学合成方法主要有磷酸二酯法、磷酸三酯法、亚磷酸三酯法，以及在后者基础上发展起来的固相合成法和自动化法。

（1）磷酸二酯法 基本原理是将一个 $5'$ 端带有适当保护基的脱氧单核苷酸与另一个 $3'$ 端带有适当保护基的脱氧单核苷酸偶联起来，形成一个带有磷酸二酯键的脱氧二核苷酸分子。

（2）亚磷酸三酯法 原理是将所要合成的寡核苷酸链的 $3'$ 末端先以 $3'$-OH 与一个不溶性载体，如多孔玻璃珠连接，然后依次从 $3'$-$5'$ 的方向将核苷酸单体加上去，所使用的核苷酸单体的活性官能团都是经过保护的，其中 $5'$-OH 用 4,4-二对甲氧基三苯基保护，$3'$ 端的二丙基亚磷酸酰上的磷酸，用甲基或氰乙基保护。

（3）寡核苷酸连接法　目前，化学合成寡聚核苷酸片段的能力一般局限于 150～200bp，而绝大多数基因的大小超过了这个范围，因此，需要将寡核苷酸适当连接组装成完整的基因。

常用的基因组装方法主要有两种：第一种方法是将寡聚核苷酸激活，带上必要的 $5'$-磷酸基团，然后与相应的互补寡核苷酸片段退火，形成带有黏性末端的双链寡核苷酸片段，再用 T_4DNA 连接酶将它们彼此连接成一个完整的基团或基团的一个大片段；第二种方法是将两条具有互补 $3'$ 末端的长的寡核苷酸片段彼此退火，所产生的单链 DNA 作为模板在大肠杆菌 DNA 聚合酶 Klenow 片段作用下，合成出相应的互补链，所形成的双链 DNA 片段，可经处理插入适当的载体上。

第四节　重组体 DNA 分子的构建及导入受体细胞

一、外源 DNA 片段同载体分子的重组

外源 DNA 片段同载体分子连接的方法，即 DNA 分子体外重组技术，主要是依赖于核酸内切限制酶和 DNA 连接酶的作用。

大多数的核酸限制性内切酶都能够切割 DNA 分子，形成具有 1～4 个核苷酸的黏性末端。当载体和外源给体 DNA 用同样的限制酶切割时所形成的 DNA 末端就能够彼此退火，并被 T_4DNA 连接酶共价地连接起来，形成重组体分子。

1. 外源 DNA 片段定向插入载体分子

用两种不同的限制性内切酶同时消化一种特定的 DNA 分子，将会同时产生具有两种不同黏性末端的 DNA 片段。如果载体分子和待克隆的 DNA 分子，都是用同一对限制性内切酶切割，然后混合起来，那么载体分子和外源 DNA 片段将按一种取向退火形成重组 DNA 分子。

2. 非互补黏性末端 DNA 分子间的连接

在一定的反应条件下，具有非互补黏性末端的两种 DNA 片段之间，经过专门作用于单链 DNA 的 S1 核酸酶处理变成平末端之后，一样也可以使用 T_4 DNA 连接酶进行有效的连接。

现在，可以使用附加衔接物的办法来提高平末端间的连接作用效率。衔接物是一种用人工方法合成的 DNA 短片段，具有一个或数个在其要连接的受体 DNA 上并不存在的限制性内切酶识别位点。如果要连接的是具有非互补的黏性末端的载体分子和外源 DNA 片段，可先用 S1 核酸酶除去黏性末端，形成平末端的片段，便可按平末端连接法分别给它们加上相同的一段衔接物。如此带有衔接物的载体分子和外源 DNA 片段，随后再用只在衔接物中具有的唯一识别位点的限制性内切酶切割，结果就会产生出能够彼此互补的黏性末端。这样就可以按照常规的办法，用 T_4 DNA 连接酶将它们连接起来。

此外，应用附加接头或同聚物加尾技术也能够有效地连接 DNA 分子。

3. 最佳连接反应

阻止经限制酶切割后的线性载体分子自身的再环化作用，以提高 DNA 片段的插入效率。目前通用的有三种办法：第一，用碱性磷酸酶处理由限制酶消化产生的线性载体分子；第二，使用同聚物加尾连接技术；第三，应用柯斯质粒。

在连接反应中，正确地调整载体 DNA 和外源 DNA 之间的比例，是能否获得高产量的重组体转化子的一个重要因素。如果是应用 λ 噬菌体或柯斯质粒作载体时，配制高比值的载体 DNA/给体 DNA 的连接反应体系，则有利于重组体分子的形成。若是使用质粒分子作为克隆的载体；当载体 DNA 与给体 DNA 的比值为 1 时，便有利于这类重组体分子的形成。

此外，在体外连接反应中，DNA 的总浓度对形成什么样的 DNA 分子类型同样也会有所影响。一般规律是，低浓度的 DNA（低于 20μg DNA/ml）分子间的相互作用机会少，有利于环化作用；而高浓度的 DNA（高于 $300\sim400\mu$g DNA/ml），则有利于形成长的多连体 DNA 分子。连接反应的温度也是影响连接效果的另一个重要因素。

二、基因工程中常用的宿主系统

为了保证外源基因在细胞中的大量扩增和表达，选择合适的克隆载体宿主就成为基因工程的重要问题之一。

一个理想宿主的基本要求是：

① 能够高效吸收外源 DNA；

② 具有使外源 DNA 进行高效复制的酶系统；

③ 不具有限制修饰系统，不会使导入宿主细胞内未经修饰的外源 DNA 发

生降解；

④ 一般为重组缺陷型（RecA⁻）菌株，使克隆载体 DNA 与宿主染色体 DNA 之间不发生同源重组；

⑤ 便于进行基因操作和筛选；

⑥ 具有安全性，宿主细胞应该对人、畜、农作物无害或无致病性等。

原核生物的大肠杆菌及真核生物的酿酒酵母，由于它们具有一些突出优点如生长迅速、极易培养、能在廉价培养基中生长，其遗传学及分子生物学背景十分清楚，因此已成为当前基因工程被广泛应用的重要克隆载体宿主。各种宿主都有着各自的优点和缺点。

三、重组体 DNA 分子导入受体细胞的途径

基因的扩增，是指带有外源 DNA 片段的重组体分子在体外构成之后，导入适当的寄主细胞进行繁殖，从而获得大量的纯一的重组体 DNA 分子的过程。

将外源重组体分子导入受体细胞的途径，包括转化（或转染）、转导、显微注射和电穿孔等多种不同的方式。转化和转导主要适用于细菌一类的原核细胞和酵母这样的低等真核细胞，而显微注射和电穿孔则主要应用于高等动植物的真核细胞。

1. 重组体 DNA 分子的转化或转染

在基因操作中，转化（transformation）一词严格地说是指感受态的大肠杆菌细胞捕获和表达质粒载体 DNA 分子的生命过程，而转染（transfection）一词则是专指感受态的大肠杆菌细胞捕获和表达噬菌体 DNA 分子的生命过程。但从本质上讲，两者并没有什么根本的差别。无论转化还是转染，其关键的因素都是用氯化钙处理大肠杆菌细胞，以提高膜的通透性，从而使外源 DNA 分子能够容易地进入细胞内部。

细菌转化（或转染）的具体操作程序是：将 DNA 分子同经过氯化钙处理的大肠杆菌感受态细胞混合，置冰浴中培养一段时间之后，转移到 42℃下作短暂的热刺激。

2. 体外包装的 λ 噬菌体的转导

体外包装颗粒的转导，是一种使用体外包装体系的特殊的转导技术。它先将重组的 λ 噬菌体 DNA 或重组的柯斯载体 DNA，包装成具有感染能力的 λ 噬菌体颗粒，然后经由在受体细胞表面上的 λDNA 接受器位点（receptor sites），使这些带有目的基因序列的重组体 DNA 注入大肠杆菌寄主细胞。

四、影响外源基因表达的因素

随着基因工程技术的飞速发展，基因工程产物不断从实验室走向应用并造福人类。基因工程的发酵表达是重组蛋白产物从实验室走向商品化生产的第一步，作为大规模生产所必备的关键技术，日益引起人们的重视并成为人们的研究重点。

外源基因在工程菌中的表达，不仅受基因剂量、密码子的使用、质粒稳定性、mRNA 的稳定性及翻译起始效率、启动子的选择、载体选择、蛋白酶等的影响，也受宿主菌、蛋白酶、蛋白加工、酶切、糖基化及培养条件的影响。

外源基因表达系统分为原核表达系统和真核表达系统。

原核系统是最早采用的系统，也是目前最成熟的系统，主要是将已克隆入目的基因片段的载体转化细菌（一般是大肠杆菌），通过诱导表达、纯化获得所需的目的蛋白。其优点是能够在较短时间内获得基因表达产物，且所需的成本相对较低。大肠杆菌的遗传背景清楚，又由于其具有生长周期短、生产效率高、产物易纯化提取、使用安全等特点，成为外源基因的首选表达系统。

原核生物中，不同 tRNA 含量上的差异产生了对密码子的偏爱性。经统计发现：AGA、AGC、AUA、CCG、CCT、CTC、CGA、GTC 8 种密码子是大肠杆菌的稀有密码子。蛋白质翻译过程中，如果稀有密码子连续出现，会抑制蛋白质合成，发生密码子错配。因此对含较高比例稀有密码子的外源基因进行表达时，应针对密码子的偏爱性采取措施，如用非连续性多核苷酸定点突变方法对 cDNA 中稀有密码子进行同义突变，或提高某种氨基酸的 tRNA 浓度。

采用可诱导的强启动子是高效表达的另一措施，原核系统中目前广泛使用的大多数质粒表达载体主要是由 λ 噬菌体的 PL 启动子、大肠杆菌乳糖操纵子的 lac 启动子、色氨酸操纵子的 trp 启动子，以及 pBR322 质粒的 β2 内酰胺酶启动子等一批强启动子构成的。并且在构建表达载体时，使用"原核翻译增强子"序列，以提高翻译效率。

包含体的形成是细胞内表达最大的问题。包含体的形成是由于肽链折叠过程中部分折叠的中间态之间的特异性错误聚合导致不形成成熟的天然或完全解链的蛋白质。为了克服包含体的形成，常在表达外源基因的同时共表达分子伴侣和折叠酶。分子伴侣能识别、结合并稳定部分折叠的蛋白质中间体，避免不适当的分子间及分子内作用；而它本身却不是最终形成的功能蛋白质的组成部分。

　　mRNA 的稳定性与外源蛋白的合成有很大关系，也是影响表达效率的重要因素之一。转录出的 mRNA 5′上游的 SD 序列与 ATG 间的碱基数和碱基组成对目的基因的翻译效率很重要。一般认为间距以 6～11 个碱基最好，碱基组成以（G＋C）含量不超过 50％为好。

　　真核系统具有翻译后的加工修饰体系，表达的外源蛋白更接近于天然蛋白质。因此，利用真核表达系统来表达目的蛋白越来越受到重视。

　　目前最常用的真核表达系统就是酵母表达系统。一般整合在酵母染色体上的外源基因拷贝数少，产物表达量小，不能满足大量生产外源蛋白质的需求。所以采用强启动子增强基因表达效率，目前常用的酿酒酵母组成型启动子有 PGK、ADH1、GPD 等，诱导型的启动子有 GAL1、GAL7 等，后者在表达对细胞有毒害作用的蛋白质时显现出特殊的意义。

　　人们通常期望通过质粒载体拷贝数的增大，使基因扩增，从而使相应的酶活性提高，代谢产物的积累增加。但是过高的酶活性往往扰乱细胞的代谢活性而对目的产物的积累产生不利的影响。目前，比较一致的看法是：合适的拷贝是需要的，但拷贝数的增加对其表达的影响可能不大。重组菌由于增加了外源基因，其营养要求、生长动力学重组以及代谢产物的产生等基本规律都有可能发生变化。所以重组蛋白的表达与培养条件有着密切的关系。在重组基因的表达过程中某些有机酸代谢副产物的积累（如乙酸）不仅导致重组菌生长速率的降低及延迟期的延长，而且对外源基因产物的表达具有强烈的抑制作用。许多研究者发现乙酸浓度超过 $1.0～1.5 g/l$ 时重组外源基因的表达会大幅度降低。一般认为质子化形式的乙酸具有低亲脂性，作为解偶联剂通过细胞膜进入细胞内，会导致细胞内 pH 值下降，从而降低总质子驱动力，影响细胞能学过程。许多国内外学者都做了许多有意义的探索。

第五节　重组子的筛选

　　由体外重组产生的 DNA 分子，通过转化、转染、转导等适当途径引入宿主会得到大量的重组体细胞或噬菌体。面对这些大量的克隆群体，需要采用特殊的方法才能筛选出可能含有目的基因的重组体克隆。同时也需要用某种方法检测从这些克隆中提取的质粒或噬菌体 DNA，看其是否确实具有一个插入的外源 DNA 片段。即便在这一问题得到了证实之后，也还不能肯定这些重组载体所含有的外源 DNA 片段就一定是编码所研究的目的基因的序列。为解决这一系列的问题，从为数众多的转化子克隆中分离出含有目的基因的重组体克隆，需要建立一整套行之有效的特殊方法。

目前已经发展和应用了一系列构思巧妙、可靠性较高的重组体克隆检测法，包括使用特异性探针的核酸杂交法、免疫化学法、遗传检测法和物理检测法等。

一、遗传检测法

遗传检测法可分为根据载体表型特征和根据插入序列的表型特征选择重组子两种方法。

1. 根据载体表型特征选择重组体分子的直接选择法

在基因工程中使用的所有的载体分子，都带有一个可选择的遗传标记或表型特征。质粒以及柯斯载体具有抗药性标记或营养标记，而对于噬菌体来说，噬菌斑的形成则是它们的自我选择特征。根据载体分子所提供的遗传特征进行选择，是获得重组体 DNA 分子群体的必不可少的条件之一。正如已经叙述过的，这种遗传选择法能将重组体的 DNA 分子同非重组体的亲本载体分子区别开来。抗药性标记的插入失活作用，或者是诸如 β-半乳糖苷酶基因一类的显色反应，便是属于这种依据载体编码的遗传特性选择重组体分子的典型方法。

（1）标记插入失活选择法　pBR322 质粒是 DNA 分子克隆中最常用的一种载体分子。编码有四环素抗性基因（tet^r）和氨苄青霉素抗性基因（amp^r）。只要将转化的细胞培养在含有四环素或氨苄青霉素的生长培养基中，便可以容易地检测出获得了此种质粒的转化子细胞。

检测外源 DNA 插入作用的一种通用的方法是插入失活效应（insertional inactivation）。在 pBR322 质粒的 DNA 序列上，有许多种不同的限制性核酸内切酶的识别位点都可以接受外源 DNA 的插入。例如，在 tet^r 基因内有 BamH Ⅰ和 Sal Ⅰ两种限制性酶的单一识别位点，在这两个识别位点中的任何插入作用，都会导致 tet^r 基因出现功能性失活，于是形成的重组质粒都将具有 Amp^{r}Tet^s 的表型。如果野生型的细胞（Amp^{r}Tet^s）用被 BamH Ⅰ或 Sal Ⅰ切割过的、并同外源 DNA 限制性片段退火的 pBR322 转化，然后涂布在含有氨苄青霉素的琼脂平板上，那么存活的 Amp^r 菌落就必定是已经获得了这种重组体质粒的转化子克隆。接着进一步检测这些菌落对四环素的敏感性。

（2）β-半乳糖苷酶显色反应选择法　应用这样的载体系列，外源 DNA 插入到它的 $lacZ$ 基因上所造成的 β-半乳糖苷酶失活效应，可以通过大肠杆菌转化子菌落在 X-gal-IPTG 培养基中的颜色变化直接观察出来。β-半乳糖苷酶会把乳糖水解成半乳糖和葡萄糖。将 pUC 质粒转化的细胞培养在补加有 X-gal

和乳糖诱导物 IPTG 的培养基中时，由于基因内互补作用形成的有功能的半乳糖苷酶，会把培养基中无色的 X-gal 切割成半乳糖和深蓝色的底物 5-溴-4-氯-靛蓝 (5-bromo-4-chloro-indigo)，使菌落呈现出蓝色反应。在 pUC 质粒载体 *lacZ* 序列中，含有一系列不同限制酶的单一识别位点，其中任何一个位点插入了外源克隆 DNA 片段，都会阻断读码结构，使其编码的肽失去活性，结果产生出白色的菌落。因此，根据这种 *β*-半乳糖苷酶的显色反应，便可以检测出含有外源 DNA 插入序列的重组体克隆。

2. 根据插入序列的表型特征选择重组体分子的直接选择法

重组 DNA 分子转化到大肠杆菌寄主细胞之后，如果插入在载体分子上的外源基因能够实现其功能的表达，那么分离带有此种基因的克隆，最简便的途径便是根据表型特征的直接选择法。这种选择法依据的基本原理是，转化进来的外源 DNA 编码的酶，能够对大肠杆菌寄主菌株所具有的突变发生体内抑制或互补效应，从而使被转化的寄主细胞表现出外源基因编码的表型特征。例如，编码大肠杆菌生物合成基因的克隆所具有的外源 DNA 片段，对于大肠杆菌寄主菌株的不可逆的营养缺陷突变具有互补的功能。根据这种特性，便可以分离到获得了这种基因的重组体克隆。

目前已拥有相当数量的对其突变作了详尽研究的大肠杆菌实用菌株。而且其中有多种类型的突变，只要克隆的外源基因的产物获得低水平的表达，便会被抑制或发生互补作用。研究表明，一些真核的基因能够在大肠杆菌中表达，并且还能够同寄主菌株的营养缺陷突变发生互补作用。

根据克隆片段为寄主提供的新的表型特征选择重组体 DNA 分子的直接选择法，是受一定条件限制的，它不但要求克隆的 DNA 片段必须大到足以包含一个完整的基因序列，而且还要求所编码的基因应能够在大肠杆菌寄主细胞中实现功能表达。无疑，真核基因是比较难以满足这些要求的，其原因在于有许多真核基因是不能够同大肠杆菌的突变发生抑制作用或互补效应的。此外，大多数的真核基因内部都存在着间隔序列，而大肠杆菌又不存在真核基因转录加工过程中所需要的剪接机理，这样便阻碍了它们在大肠杆菌寄主细胞中实现基因产物的表达。当然，在有些情况下，是可以通过使用 mRNA 的 cDNA 拷贝构建重组体 DNA 的办法来解决这些问题的。

二、物理检测法

虽然说在大多数场合下，基因克隆的目的都是要求将某种特定的基因分离出来在体外进行分析，不过也有一些特殊的实验，例如有关真核 DNA 序列结构的研究，则需要将 DNA 序列中的非基因编码区的片段也克隆到质粒载体上。对于这类重组体质粒，只要根据其相对分子质量比野生型大这一特点，就可以检测出来。常用的重组体分子的物理检测法有凝胶电泳检测法和 R 环检测法两种。

1. 凝胶电泳检测法

带有插入片段的重组体在相对分子质量上会有所增加。分离质粒 DNA 并测定其分子长度是一种直截了当的方法。通常用比较简单的凝胶电泳进行检测。

电泳法筛选比抗药性插入失活平板筛选更进了一步。有些假阳性转化菌落，如自我连接载体、缺失连接载体、未消化载体、两个相互连接的载体以及两个外源片段插入的载体等转化的菌落，用平板筛选法不能鉴别，但可以被电泳法淘汰。因为由这些转化菌落分离的质粒 DNA 分子的大小各不相同，和真正的阳性重组体 DNA 比较，前三种的 DNA 分子较小，在电泳时的泳动率较大，其 DNA 条带的位置位于阳性重组 DNA 条带的前面；相反，后两种重组 DNA 分子较大，泳动率较小，其 DNA 带的位置位于真阳性重组 DNA 带的后面。所以，电泳法能筛选出有插入片段的阳性重组体。如果插入片段是大小相近的非目的基因片段，对于这样的阳性重组体，电泳法仍不能鉴别，只有用 Southern 印迹杂交，即以目的基因片段制备放射性探针和电泳筛选出的重组体 DNA 杂交，才能最终确定真阳性重组体。

2. 小规模制备质粒 DNA 进行限制酶切分析

3. R 环检测法

R 环是指 RNA 通过取代与其序列一致的 DNA 链而与双链 DNA 杂交，被取代的 DNA 单链与 RNA-DNA 杂交双链所形成的环状结构。在临近双链 DNA 变性温度下和高浓度（70％）的甲酰胺溶液中，即所谓的形成 R 环的条件下，双链的 DNA-RNA 分子要比双链的 DNA-DNA 分子更为稳定。因此，将 RNA 及 DNA 的混合物置于这种退火条件下，RNA 便会同它的双链 DNA 分子中的互补序列退火形成稳定的 DNA-RNA 杂交分子，而被取代的另一条链处于单链状态。这种由单链 DNA 分支和双链 DNA-RNA 分支形成的"泡状"体，即所谓的 R 环结构。R 环结构一旦形成就十分稳定，而且可以在电子显微镜下观察到。所以，应用 R 环检测法可以鉴定出双链 DNA 中存在的与特定 RNA 分子同源的区域。根据这样的原理，在有利于 R 环形成的条件下，使得检测的纯化质粒 DNA，在含有 mRNA 分子的缓冲液中局部地变性。如果质粒 DNA 分子上存在着与 mRNA 探针互补的序列，那么这种 mRNA 就将取代 DNA 分子中相应的互补链，形成 R 环结构。然后放置在电子显微镜下观察，这样便可以检测出重组体质粒的 DNA 分子。

三、核酸杂交筛选法

从基因文库中筛选带有目的基因插入序列的克隆，最广泛使用的一种方法是核酸分子杂交技术。它所依据的原理是利用放射性同位素 (^{32}P) 标记的 DNA 或 RNA 探针进行 DNA-DNA 或 RNA-DNA 杂交，即利用同源 DNA 碱基配对的原理检测特定的重组克隆。

1. 原位杂交

原位杂交 (insitu hybridization) 亦称菌落杂交或噬菌体杂交。这是因为生长在培养基平板上的菌落或噬菌斑按照其原来的位置不变地转移到滤膜上，并在原位发生溶菌、DNA 变性和杂交作用。这种方法对于从成千上万的菌落或噬菌斑中鉴定出含有重组体分子的菌落或噬菌斑具有特殊的实用价值。

这种方法的基本程序是将被筛选的大肠杆菌菌落，从其生长的琼脂平板中小心地转移到铺放在琼脂平板表面的硝酸纤维素滤膜上，而后进行适当的温育，同时保藏原来的菌落平板作为参照，以便从中挑取阳性克隆。取出已经长有菌落的硝酸纤维素滤膜，使用碱处理，于是细菌菌落便被溶解，它们的 DNA 也就随之变性。然后再用适当的方法处理滤膜，以除去蛋白质，留下的便是同硝酸纤维素滤膜结合的变性 DNA。因为变性 DNA 同硝酸纤维素滤膜有很强的亲和力，便在滤膜上形成 DNA 印迹。在 80℃下烘烤滤膜，使 DNA 牢固地固定下来。带有 DNA 印迹的滤膜可以长期保存。用放射性同位素标记的 RNA 或 DNA 作为探针，同滤膜上的菌落所释放的变性 DNA 杂交，并用放射自显影技术进行检测。凡是含有与探针互补序列的菌落 DNA，就会在 X 光胶片上出现曝光点。根据曝光点的位置，便可以从保留的母板上相应位置挑出所需要的阳性菌落。

2. Southern 印迹杂交

3. Northern 杂交

四、免疫化学检测法

直接的免疫化学检测技术同菌落杂交技术在程序上是十分类似的，但它不是使用放射性同位素标记的核酸作探针，而是用抗体鉴定那些产生外源 DNA

编码的抗原的菌落或噬菌斑。只要一个克隆的目的基因能够在大肠杆菌寄主细胞中实现表达，合成出外源的蛋白质，就可以采用免疫化学法检测重组体克隆。现在已经发展出一套特异的适用于这种检测法的载体系统，它们都是专门设计的"表达"载体。因此，由它们所携带的外源基因，能够在大肠杆菌寄主细胞中进行转录和翻译。

免疫化学检测法可分为放射性抗体测定法（radio active antibody test）和免疫沉淀测定法（immuno precipitation test）。这些方法最突出的优点是，它们能够检测不为寄主提供任何可选择的表型特征的克隆基因。不过，这些方法都需要使用特异性的抗体。

1. 放射性抗体检测法

现在已被许多实验室广泛采用的放射性抗体测定法所依据的原理为：①一种免疫血清含有好几种 IgG 抗体，它们识别抗原分子，并分别同各自识别的抗原相结合；②抗体分子或抗体的 Fab 部分，能够十分牢固地吸附在固体基质（如聚乙烯等塑料制品）上，而不会被洗脱掉；③通过体外碘化作用，IgG 抗体便会迅速地被放射性同位素^{125}I标记上。

在实际的测定中，首先把转化的菌落涂布在普通培养皿的琼脂平板上，同时，还必须制备影印的复制平板。因为在随后的操作过程中，涂布在普通培养平板上的转化菌落是要被杀死的。接着把细菌菌落溶解，这样便使阳性菌落释放出抗原蛋白质。将连接在固体支持物上的抗体缓慢地同溶解的细胞接触，以利于抗原吸附到抗体上，并且彼此结合成抗原-抗体复合物。然后，将这种吸附着抗原-抗体复合物的固体支持物取出来，与放射性标记的第二种抗体一道温育，以便检出这种复合物。未反应的抗体可以被漂洗掉，而抗原-抗体复合物的位置，则可通过放射自显影技术被测定出来，并据此确定出在原平板中能够合成抗原的细菌菌落的位置。

2. 免疫沉淀检测法

免疫沉淀检测法同样也可以鉴定产生蛋白质的菌落。其做法是：在生长菌落的琼脂培养基中加入专门抗这种蛋白质分子的特异性抗体，如果被检测菌落的细菌能够分泌出特定的蛋白质，那么在它的周围，就会出现一条由一种叫做沉淀素（preciptin）的抗原-抗体沉淀物所形成的白色的圈。

3. 表达载体产物之免疫化学检测法

现在已经发展出一套专门适用于免疫化学检测技术的表达载体系统。由于这些表达载体都是专门设计的，插入到它上面的真核基因所编码的蛋白质都能够在大肠杆菌寄主细胞中表达，适宜用免疫化学检测法进行检测。

五、DNA-蛋白质筛选法

DNA-蛋白质筛选法（southwestern screening）同上面所述的可以从噬菌斑中检测出由重组 DNA 分子表达的融合蛋白质的免疫筛选法十分相似，是专门设计用来检测同 DNA 特异性结合的蛋白质因子的一种方法。现在这种方法已成功地用于筛选并分离表达融合蛋白质的克隆。合成此种融合蛋白质的重组 DNA 分子中的外源 DNA 序列，编码一种能专门同某一特定 DNA 序列结合的 DNA 结合蛋白（DNA-binding protein）。

此法的基本操作程序是：用硝酸纤维素滤膜进行"噬菌斑转移"，使其中的蛋白质吸附在滤膜上；再将此滤膜同放射性同位素标记的含有 DNA 结合蛋白质编码序列的双链 DNA 寡核苷酸探针杂交；最后根据放射自显影的结果筛选出阳性反应克隆。由于这项技术是用一种放射性标记的 DNA 探针检测转移到硝酸纤维素滤膜上的特异性蛋白质多肽分子，因此叫 DNA-蛋白质筛选法。

第六节　基因工程研究进展及应用

一、基因工程育种

（1）原理　DNA 重组技术（属于基因重组范畴）。

（2）方法　按照人们的意愿，把一种生物的个别基因复制出来，加以修饰改造，放到另一种生物的细胞里，定向地改造生物的遗传性状。操作步骤包括提取目的基因、目的基因与运载体结合、将目的基因导入受体细胞、目的基因的检测与表达等。

（3）举例　能分泌胰岛素的大肠杆菌菌株的获得、抗虫棉、转基因动物等。

（4）特点　目的性强，育种周期短。

（5）说明　对于微生物来说，该项技术须与发酵工程密切配合，才能获得人类所需要的产物。

二、定向进化和基因定点诱变

1. 定向进化

定向进化的核心技术为易错 PCR 技术、DNA 重排（shuffling）技术及高通量筛选技术。

易错 PCR 是一种简单、快速、廉价的随机突变方法。原理是通过改变 PCR 的条件，通常降低一种 dNTP 的量（降至 5%～10%）使 PCR 易于出错，达到随机突变的目的。还可以加入 dITP 来代替被减少的 dNTP，使下一轮循环中出现更多的错误。在 PCR 缓冲液中另加入 Mn^{2+}，亦有利于提高突变率。

DNA 重排，又称作"有性 PCR 或 DNA 重排"，是指 DNA 分子的体外重组，是基因在分子水平上进行有性重组（sexual recombination），通过改变单个基因（或基因家族，gene family）原有的核苷酸序列，创造新基因，并赋予表达产物以新功能。其运用随机突变技术，对某种感兴趣的蛋白质或核酸进行快速的改造，并定向选择所需性质的生物分子。该技术是一种分子水平上的定向进化（directed evolution），因此也称为分子育种（molecular breeding）。进行定向进化的生物活性分子，可以是那些由于毒性太大而无法大剂量使用的蛋白质药物，也可以是基因治疗载体和基因药物等核酸分子。目前，DNA 改组已被广泛地应用于生物制药领域中新蛋白的开发，如抗体、疫苗、细胞因子类药物，同时也被应用于基因治疗载体与代谢途径的研究。值得指出的是，DNA 改组的效果必须由改组后的基因表达产物的功能来验证。因此，灵敏可靠的选择或筛选方法是 DNA 重排技术成功与否的关键。DNA 重排技术在巨大的突变体库中，先选择表现出预期功能的相关基因，进一步改组后，进行下一轮筛选改组工作。通过递增选择压力，积累有益突变，缩小突变体库，定向进化效果显著。

1994 年，Stemmer 等首先发表了第一篇题为"用 DNA 重排技术体外快速进化蛋白"的论文，奠定了 DNA 重排技术的基础，日后的改进及补充使该技术日渐成熟，目前这种有性 PCR 法已形成了较为完善的技术路线。1997 年，France Aronld 研究组将 DNA 重排技术做了改进形成了交错延伸法的另一技术路线。定向进化目前主要研究方向是提高热稳定性、提高有机溶剂中酶的活性和稳定性、扩大底物的选择性、改变光学异构体的选择性等。

在 DNA 重排技术发明之前，定向诱变和随机诱变方法为基本创造变异的途径。定向诱变适合于对基因及表达的蛋白产物的三维结构及功能等方面的信息了解得较为透彻的前提下所采用的方法。随机诱变方法是通过引进随机的碱基替换，进而筛选理想的突变体。通常，采用错误倾向 PCR（error-prone PCR）方便地引进突变。本方法的关键点在于如何选择合适的突变频率。以往的研究表明，目标基因内有 1.5～5 个碱基发生碱基替换时，诱变结果是最理想的。总体来看，随机诱变的方法带有一定的盲目性，在实际工作中成功率很低。

定向进化的基本规则是获取你所筛选的突变体。定向进化与自然进化不同，前者是人为引发的，后者虽相当于环境，但只作用于突变后的分子群，起着选择某一方向的进化而排除其他方向突变的作用，整个进化过程完全是在人为控制下进行的。DNA 重排是模仿自然进化的一种 DNA 体外随机突变方法。这种方法不仅可以对一种基因人为进化，而且可以将具有结构同源性的几种基因进行重组，共同进化出一种新的蛋白质。

最初的 DNA 重排方法是在随机诱变的基础之上发展而来的。如图 5-12 所示，其基本原理是先将来源不同但功能相同的一组同源基因，用 DNA 核酸酶 I 进行消化产生随机小片段，由这些随机小片段组成一个文库，使之互为引物和模板，进行 PCR 扩增，随着循环数的增加，PCR 产物将越来越接近切割前的目的基因的长度。最后，用基因两侧的引物合成全长的基因。该基因已经包含了不同突变体发生的突变。当一个基因拷贝片段作为另一基因拷贝的引物时，引起模板转换，重组因而发生，导入体内后，选择正突变体作新一轮的体外重组。一般通过 2～3 次循环，可获得产物大幅度提高的重组突变体。在 DNA 重排中，包括基因重新组装的过程，正是这一点，DNA 重排与以往的诱变技术有根本的不同。

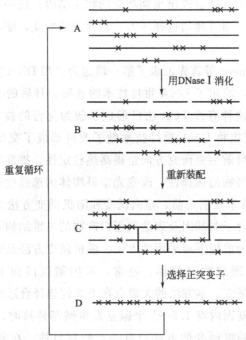

图 5-12　有性 PCR 法改组 DNA 的基本程序

高通量筛选（high throughput screening，HTS）技术是指以分子水平和细胞水平的实验方法为基础，以微板形式作为实验工具载体，以自动化操作系统执行实验过程，以灵敏快速的检测仪器采集实验结果数据，以计算机对实验数据进行分析处理，同一时间对数以千万样品检测，并以相应的数据库支持整体系运转的技术体系。

2. 基因定点诱变技术

英国的 M. Smith 想到如果合成一个略加改造的寡聚核苷酸，并作为引物来与一个 DNA 分子结合，再使其进入一个合适的宿主体内复制，从理论上讲，应该能引起 DNA 分子的突变，并产生一种改变了的蛋白质。1978 年，Smith 与他的同事对这一想法进行了实验，发明了寡聚核苷酸定点诱变技术。这一方面被用来在体外对已知的 DNA 片段内的核苷酸进行置换、增删的突变。这就改变了以往的对遗传物质 DNA 进行诱变时的盲目性和随机性，可以根据实验者的设计而有目的地得到突变体。

（1）基本原理　应用寡聚核苷酸进行 DNA 的定点诱变时，首先要把含有待突变的 DNA 片段克隆到 M13 噬菌体载体中。M13 噬菌体的正链可以感染具有性纤毛的细菌，并在菌体内进行复制后，以出芽的形式形成新的带有正链 DNA 的噬菌体。而存留在菌体内的则是双链状态的复制型 M13。受 M13 噬菌体感染的细菌生长速度减慢，在细菌培养皿上会形成较透明的噬菌斑。

将目的 DNA 插入到复制型 M13 的多克隆位点上，去转染细菌，提取单链 DNA 作为突变的模板。根据需要设计并合成带有突变核苷酸序列的寡聚核苷酸引物，使之与带有目的 DNA 的单链 M13 模板杂交，然后加入 DNA 聚合酶和 4 种脱氧核糖核苷酸，使杂交上的突变引物延伸，并用 DNA 连接酶使新合成的 DNA 成环状，再去转染细菌。可用 DNA 序列分析的方法从得到的噬菌体中筛选出带有突变 DNA 序列的突变体。在制备出含有突变体的复制型 DNA 后，可以用突变的 DNA 片段置换未突变的 DNA 相应的区段，从而得到完整的 DNA 突变体。

（2）寡聚核苷酸定点诱变方法的改进　Smith 1985 年提出了体外增加生成错配的异源双链效率的方法。在此前后，也有许多生物学工作者对这一方法的各个环节进行了研究，以使其更加有效和完善。

Wallace 等摸索出使突变核苷酸错配的条件，并提出了应用寡聚核苷酸探针进行杂交的方法来筛选突变体。Kunkel 利用制备含尿嘧啶脱氧核糖核苷酸的 DNA 模板技术，降低了带非突变 DNA 噬菌体出现的频率；针对突变的不同情况及其难易程度，许多经验公式和条件也已被确立，又有一系列实用的

M13 噬菌体载体被构建和发展。由于这些改进，寡聚核苷酸定点诱变技术已经可以用来对任意已知的 DNA 序列进行改变。有时，往往只有用这一方法才能达到导入突变的目的。

(3) 寡聚核苷酸定点诱变技术的应用和意义　利用寡聚核苷酸定点诱变技术，可以人为地通过基因的改变来修饰、改造某一已知的蛋白质，从而可以研究蛋白质的结构及与功能的关系、蛋白质分子之间的相互作用。目前，利用寡聚核苷酸定点诱变来进行酶及其他一些蛋白质的稳定性、专一性和活性的研究，已经有很多实例。例如，对胰蛋白酶的功能基团的研究、高效溶栓蛋白类药物的研制、白细胞介素-2 结构与功能的分析等，都必须利用这一方法。可见，它为酶的工业化以及临床应用开辟了新途径。作为分子生物学中的一个热门领域的蛋白质工程，其研究方法和途径都离不开寡聚核苷酸定点诱变这方法。随着基因工程技术在医学及其他领域内的不断渗透和应用，寡聚核苷酸定点诱变还有其更广泛的发展前景。

由上可见，PCR 和寡聚核苷酸定点诱变这两项技术，已经成为基因工程操作中先进的而又基本的方法和工具。PCR 技术的广泛应用，使得在某些情况下的寡聚核苷酸定点诱变能够变得更简便和有效。同时，也正是由于寡聚核苷酸定点诱变技术的发展，使得 PCR 技术有了新的用途。在未来的分子生物学研究中，这两项技术也一定会不断增添新的内容，为人类带来新的发现。

三、代谢工程

代谢工程（metabolic engineering）是生物工程的一个新的分支。代谢工程是把量化代谢流及其控制的工程分析方法和用以精确制订遗传修饰方案并付之实施的分子生物学综合技术结合起来，以上述"分析—综合"反复交替操作、螺旋式逼近目标的方式，在较广范围内改善细胞性能，以满足人类对生物的特定需求的生物工程。代谢工程是利用基因工程技术改造细胞的代谢，以改善细胞的性能的一门新兴学科。

代谢工程的主要目标是识别特定的遗传操作和环境条件的控制，以增强生物技术过程的产率及生产能力，或对细胞性质进行总体改性。

为了满足人类对生物的特定需求而对微生物进行代谢途径操作，已有将近半个世纪的历史了。在氨基酸、抗生素、溶剂和维生素的发酵法生产中，都可以找到一些典型实例。操作的主要方法是用化学诱变剂处理微生物，并用创造性的筛选技术来检出已获得优良性状的突变菌株。尽管这种方法已被广泛地接受并已取得好的效果，但对突变株的遗传和代谢性状的鉴定是很不够的，更何况诱变是随机的。

DNA 重组的分子生物学技术的开发把代谢操作引进了一个新的层面。遗传工程是人们有可能对代谢途径的指定酶反应进行精确的修饰，因此，有可能构建精心设计的遗传背景。DNA 重组技术刚进入可行阶段不久，就出现了不少可用来说明这种技术在定向的途径修饰方面的潜在应用的术语，如分子育种（1981 年）、体外进化（1988 年）、微生物工程或代谢途径工程（1988～1991 年）、细胞工程（1991 年）和代谢工程（1991 年）。尽管不同的作者提出不完全相同的定义，但这些定义均传达了与代谢工程的总目标和手段相似的含义。

人们曾经把代谢工程定义为，代谢工程就是用 DNA 重组技术修饰特定的生化反应或引进新的生化反应，直接改善产物的形成和细胞的性能的学科。这样定义代谢工程强调了代谢工程工作目标的确切性。也就是说，先要找到要进行修饰或要引进的目标生化反应，一旦找准了目标，就用已建立的分子生物学技术去扩增、去抑制或删除、去传递相应的基因或酶，或者解除对相应的基因或酶调节，而广义的 DNA 重组只是常规地应用于不同步骤中，以便于达到这些目标。

尽管在所有的菌种改良方案中都有某种定向的含义，但与随机诱变育种相比较，在代谢工程中工作计划的定向性更加集中更加有针对性。这种定向性在酶的目标选择、实验的设计、数据的分析上起着支配的作用。不能把细胞改良中的所谓"定向"解释为合理的途径设计和修饰，因为"定向选择"与随机诱变之间没有直接关系。相反地可借助于"逆行的代谢工程"（reverse metabolic engineering），从随机诱变而获得的突变株及其性状的实验结果，来提取途径及其控制的判断信息（critical information）。

与所有传统的工程领域一样，代谢工程也包含分析和综合两个基本步骤。因为代谢工程借助于 DNA 重组技术作为一种启用技术而出现，所以一开始人们的注意力仅仅放在这个领域的综合方面，譬如新的基因在不同寄主中的表达、内酶的扩增、基因的删除、酶活力修饰、转录的解调或酶的解调等。这样前面定义的代谢工程，在相当程度上似乎是应用分子生物学技术的表现形式，几乎没有工程的内容，因此从生物过程的角度来衡量，并不是够格的代谢工程。而更加重要的工程内容存在于代谢工程的分析方面。譬如，怎样确定定义生理状态的参数？怎样用这信息解释代谢网络控制的结构体系，进而提出达到某个目标的合乎道理的修饰位点？怎样进一步评估这些遗传修饰和酶修饰的真实的生化效果，以便进行下一轮的途径修饰，直到达到目的？能不能提出一个可用来确定代谢修饰最有希望的靶位的合理步骤？在综合方面，代谢工程的另一个不同寻常的方面是它关注的是代谢途径集成的整体，而不是单个反应。这样，代谢工程研究的是整个生化反应网络，涉及到其自身的途径合成和热动力学可行性，还有途径流量及其控制。人们研究的出发点正在经历从单个酶反应向相互影响的生化反应体系转变。因此，通过对整个反应体系而不是一个个孤立的反应的考察就有可能获得关于代谢和细胞功能的更全面的认识，在这个的意义上"代谢网络"的观念是最为重要的。代谢工程让人们把注意力转向整个体系而不是其组成部分。因此，代谢工程使用来自还原论者大量研究的技术和信息来设法进行综合和设计；而关于整个体系的运转状态的观察，对于进一步合理地分解和分析其自身来说，又是最好的指导。

尽管代谢和细胞生理学可以为某组反应途径的分析提供主要的背景知识，应该指出流量及其控制的测定结果具有更广阔的应用范围。因而，代谢工程的概念除了可用来分析流经某组代谢途径的物质流和能量流，同样也可以应用于在信号传感途径的信息流量的分析。对于信息流量尚未很好地定义，一旦信号途径的概念得到具体化，以上观念和方法将会在信号传感途径的相互作用方面的研究，以及胞外刺激控制基因表达的复杂机制的解释方面发挥作用。

也许代谢工程最重要的贡献在于对活体条件下代谢流及其控制的强调。代谢流的概念本身实际上并不是新的，代谢流及其控制引起生化研究人员中少数先知的注意，已有大约 30 年历史了。作为他们工作的结果，代谢控制的观念成熟了，并且被严格地定义了，尽管这些观念曾经没有得到传统生物学家广泛的接受。代谢工程最初被设想为特定的途径操作，很快又变成工程师们的分析技能预期的输出端。发酵工程师们建立了量化代谢流及其控制的工程分析方法，从而看到了利用代谢控制分析这个有效的平台向这个过程导入严密性的机会，以及生化工程与发酵工程在生物学领域的交叉和互补。

最近的发展表明，它在植物、动物代谢工程及至人体组织细胞的基因治疗及代谢分析方面有重要应用。该领域的新颖性在于分子生物技术与数学分析工具的集成，这有助于阐明基因修饰的代谢通量控制及靶标的合理选择。通过提供对细胞生物学的准确严密的描述，代谢工程也可大大促进功能基因组学研究的深入发展。

四、基因组重组

2007 年美国《科学》杂志评选出十大科学进展之首即人类基因组差异，科学家们发现在 DNA 上亿个碱基中，成千到上百万的碱基可能丢失、增加，或以某种方式被拷贝，这些变化在几代人内能改变基因的活性。

　　基因组重组（genome rearrangements）导致基因拷贝数出现个体差异，这一过程主要发生在细胞分裂 DNA 复制之后开启了一个不同的遗传"模板"这一细胞过程。德州儿童医院的研究人员发现了细胞过程中的新机制：复制叉停滞和模板转换（fork stalling and template switching）。

　　这一研究发现不仅提出了一种基因组产生 DNA 拷贝数差异的新方式，而且也证明了拷贝数差异会出现在细胞生活史中不同的时间点——在细胞分裂成两个的时候 DNA 发生复制。

　　拷贝数差异包括人类基因组结构上的变化，这会引起基因（或部分基因）的缺失或增多，一般而言，整个过程与疾病相关，也与基因组自身的进化有关。当一个细胞分裂的时候，需要产生两套 DNA，这样母细胞和子细胞才能得到相同的遗传信息，这也就意味着 DNA 需要复制。在这个过程中，一个称为解旋酶（helicase）的蛋白质催化分离两条 DNA 链，破坏 A-T 和 G-C 之间的氢键，这两个分离的 DNA 链就会形成复制叉。其中一条链上，DNA 聚合酶以 DNA 链为模板逐个解读遗传信息，然后复制出一条互补链，这样重新形成 A-T 和 G-C 连接，这个过程是连续的。而在复制叉上的另外一条链，即滞后链上，会通过 RNA 及一系列的酶形成短小的片段。

　　在 20 世纪 90 年代，研究人员希望了解在这一过程中，遗传突变或者分子"排版"（typos）改变、单核苷酸多态性（SNP）A、T、C 或 G 中的细微变化的原因，以及这些 SNP 在基因信息中的改变。早在这个时期就已经提出了一种有关 DNA 本身哪些结构被大致复制或删除，以及是什么改变了这种遗传物质中一个基因拷贝的变化数目的新机制。这种"拷贝数变异"为了解遗传突变翻开了新的篇章。

　　Lupski 与他的研究生 Jennifer Lee 博士在他们的实验中发现，当 DNA 出现一个问题的时候这个过程就会停止，转换到一个不同的模板，拷贝另外一个相似的但是差异性很大的 DNA，之后才会回到原有的区域。

　　之前，Lupski 等识别出了遗传物质重组导致拷贝数差异的两种不同的途径，但是在对一种 X 染色体连锁隐性遗传病（由于中枢神经系统鞘磷脂蛋白脂蛋白 1 的缺陷使神经髓鞘合成障碍，导致正常的髓鞘形成减少）研究的时候，发现用之前有关 DNA 重组的理论不能解释基因组中的变化。患者基因组上结构的变化，个体之间并不相同，在某些位置，复制的遗传物质与邻近的相似，但是会插入到另外一个复制中，问题是它们如何能延伸过去的。复制叉停滞和模板转换机制就解释了这一现象。

　　Lupski 表示，"复制停下来后并不会在原初位置重新启动，而是转换到另外一个不同的模板上"，通常这出现在有许多核苷酸重新序列形成特殊结构的地方，这种结构有利于模板转换。

这也许能在基因组的任何地方出现，而且也许能帮助人们在任何想要的基因上改变拷贝数。这些变化也许能让生物体更容易在特殊环境，或者压力条件下生存。

五、基因工程的应用

1. 基因工程在工业上的应用

微生物发酵生产法具有许多优越性，结合基因工程手段，可实现许多美好的设想。例如，目前用100kg 胰脏只能提取 3~4g 胰岛素，而用"工程菌"进行发酵生产，则只要用几升发酵液就可取得同样数量的产品。1978 年美国有两个实验室合作，使大肠杆菌产生大白鼠胰岛素的研究获得成功。接着，又报道了通过基因工程使大肠杆菌合成人胰岛素实验成功的消息。1982 年，我国科学工作者也利用遗传工程技术，将人工合成的脑啡肽基因移植到大肠杆菌中，并实现了表达；同时，把人干扰素基因移植到大肠杆菌中合成 α-干扰素的工作也获成功。

基因工程药物的生产是当前基因工程最重要的应用领域，例如有抗肿瘤、抗病毒功能的干扰素、白细胞介素等；用于治疗心血管系统疾病的有尿激酶原、链激酶及抗凝血因子等；用于预防传染病的如乙型肝炎疫苗、口蹄疫疫苗等。

传统工业发酵菌种生产的发酵产品数量大、应用广，如抗生素、氨基酸、有机酸、酶制剂、醇类和维生素等。这类菌种基本上都经过了长期的诱变或重组育种，生产性能已经很难再有大幅提高，要打破这一局面，必须使用基因工程手段才能解决。目前在氨基酸、酶制剂等领域已有大量成功的例子。

2. 基因工程在农业上的应用

几个主要的应用领域包括：

① 将固氮菌的固氮基因转移到生长在重要作物上的根际微生物或致瘤微生物中去，或将它引入到这类作物的细胞中，以获得能独立固氮的新型作物品种；

② 将木质素分解酶的基因或纤维素分解酶的基因重组到酵母菌内，使酵母菌能充分利用稻草、木屑等地球上储量极大并可持续利用的廉价原料来直接生产酒精，可望为人类开辟一个取之不尽的新能源和化工原料来源；

③ 改良和培育农作物和家畜、家禽新品种，包括提高光合作用效率以及

各种抗性（植物的抗盐、抗旱、抗病基因，鱼的抗冻蛋白基因）等。

3. 基因工程在医疗上的应用

已发现的人类遗传病有三千多种。现已能用正常基因弥补有缺陷的基因，以治疗某些遗传性疾病，并可能治愈大多数遗传性疾病。还可以通过转移基因以刺激免疫力，治疗肿瘤和艾滋病。例如，1971 年就有人对人类半乳糖血症遗传病患者的成纤维细胞进行过离体培养，然后将大肠杆菌的 DNA 作为供体基因，并通过病毒作载体进行转移，结果使这一细胞的遗传病得到了"治疗"，使它也能利用半乳糖。目前尚无法治疗的遗传病、肿瘤、心脑血管疾病等可望通过基因工程得到治疗。

4. 基因工程在环境保护方面的应用

利用基因工程可获得同时能分解多种有毒物质的新型菌种。1975 年科学工作者把降解芳烃、萜烃、多环芳烃的质粒转移到能降解酯烃的一种假单胞菌细胞内，从而获得了能同时降解 4 种烃类的"超级菌"，它能把原油中约 2/3 的烃消耗掉。据报道，自然菌种消化海上浮油要 1 年以上，而"超级菌"只要几小时即可完成。另外，生物农药代替毒性大、对环境污染严重的化学农药是未来农药发展的方向。近年来，我国学者已研制了兼具苏云金杆菌和昆虫杆状病毒优点的新型基因工程病毒杀虫剂，还研究成功重组有蝎毒基因的棉铃虫病毒杀虫剂，它们都是高效、无公害的，堪称是生物农药领域中的一大创新。

复习思考题

① 何为核酸内切酶？怎样分类？用途最广的为哪种类型？

② DNA 体外切割的作用酶有哪些？作用机理有何不同？

③ DNA 体外连接分为几种，有哪些影响因素？

④ 基因工程的一般步骤？

⑤ PCR 扩增有何重要的意义？有哪些应用？

⑥ 如何从一宿主中通过 PCR 的方法扩增未知序列的基因？

⑦ 如何辨别阳性转化子？有哪些方法？

⑧ 如何构建 DNA 文库？并从中扩增出目的基因？

⑨ 请设计一组实验，在大肠杆菌中表达枯草芽孢杆菌中的淀粉酶基因？

⑩ 试述基因工程与人类的关系。

附录 微生物遗传育种实验

实验 1 紫外诱变技术及抗药性突变菌株的筛选

一、实验目的

以紫外线处理细菌细胞为例，学习微生物诱变育种的基本技术。

了解细菌抗药性突变株的筛选方法。

二、实验材料

菌株：大肠杆菌（*Escherichia coli* K12）。

培养基：营养肉汤（nutrient broth）和营养琼脂培养基。

试剂：2mg/ml 链霉素（Str）母液，无菌生理盐水。

器皿：10ml 及 1ml 的无菌移液管、无菌试管、无菌培养皿、无菌三角瓶（内有 20～40 粒玻璃珠）、无菌漏斗（内有两层擦镜纸）、无菌离心管、离心机、紫外诱变箱、涂布棒等。

三、实验原理

由于微生物自发突变率一般很低，因此利用自发突变选育菌种的概率不高。为了提高突变频率，可采用物理或化学的因素进行诱发突变。紫外线是目前使用最方便且十分有效的物理诱变剂之一。紫外诱变一般采用 15W 的紫外线灭菌灯，其光谱比较集中在 253.7nm 处，这与 DNA 的吸收波长一致。紫外线可引起 DNA 分子结构发生变化，特别是嘧啶间形成胸腺嘧啶二聚体，从而引起菌种的遗传特性发生变异。在生产和科研中可利用此法获得突变株。

链霉素属氨基糖苷类抗生素，其杀菌机理是作用于核糖体小亚基，使其不能与大亚基结合组成有活性的核糖体，从而阻断细菌蛋白质的合成。细菌对链霉素产生抗药性的作用机理一般是由于编码核糖体蛋白 S12 的 *rpsL* 基因或其他基因发生突变，导致相应的核糖体蛋白发生改变，使蛋白质合成不再受链霉素抑制。

四、实验内容与操作步骤

1. 出发菌株菌悬液的制备（如附图1）

① 出发菌株移接新鲜斜面培养基，37℃培养16～24h；

② 将活化后的菌株接种于液体培养基，37℃ 110r/min振荡培养过夜（约16h）后，以20%～30%接种量转接新鲜的营养肉汤培养基，继续在上述条件下培养2～4h；

③ 取1ml培养液加入1.5ml离心管中，10000r/min离心3～5min，弃去上清液，加1ml无菌生理盐水，重新悬浮菌体，再离心，弃去上清液，重复上述步骤用生理盐水制成菌悬液；

④ 将上述菌悬液倒入装有小玻璃珠的无菌三角瓶（预先加入9ml无菌生理盐水）内，振荡20～30min，以打散细胞；

⑤ 取诱变前的0.5ml菌悬液进行适当稀释分离，分别取三个合适的稀释度倾注营养琼脂平板，每一梯度倾注两皿，每皿加1ml菌液，37℃倒置培养24～36h，进行平板菌落计数。同时，选取合适浓度的菌悬液0.1ml涂布营养琼脂＋Str平板（Str终浓度$8\mu g/ml$），37℃倒置培养24～36h，进行诱变前抗药菌落计数。

2. UV诱变

① 将紫外灯打开，预热30min；

② 取直径6cm的无菌培养皿（含转子），加入菌悬液5ml，控制细胞密度为10^7～10^8个/ml；

③ 将待处理的培养皿置于诱变箱内的磁力搅拌仪上，静止1min后开启磁力搅拌仪旋钮进行搅拌，然后打开皿盖，分别处理5s、10s、15s、20s，照射完毕后先盖上皿盖，再关闭搅拌仪和紫外灯；

④ 取0.5ml处理后的菌液进行适当稀释，分别取三个合适的稀释度各1ml，倾注营养琼脂平板，进行计数（避光培养）。

3. 链霉素抗性突变株的筛选

① 取1ml诱变处理好的菌悬液接入20ml营养肉汤液体培养基进行后培养，37℃，120r/min摇瓶培养4～6h；

② 对后培养以后的菌悬液进行适当稀释，分别取三个合适的稀释度各1ml，倾注营养琼脂平板，37℃倒置培养24～36h，进行平板菌落计数。同时，选取合适浓度的菌悬液0.1ml，涂布营养琼脂＋Str平板（Str终浓度$8\mu g/ml$），37℃倒置培养24～36h，进行诱变后抗药菌落计数，考察紫外诱变的效果。

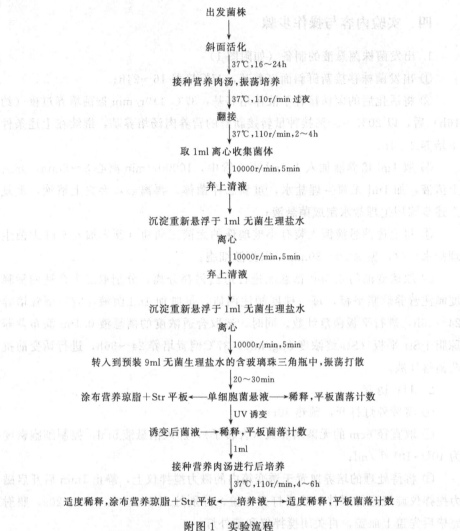

附图 1 实验流程

五、实验结果及分析

① 对平板菌落进行计数，并计算死亡率。

$$死亡率=\frac{照射前活菌数/ml-照射后活菌数/ml}{照射前活菌数/ml}\times100\%$$

② 对诱变前后药物平板进行计数，计算大肠杆菌链霉素抗性的突变频度。

$$自发突变频度=\frac{诱变前样品中Str抗性菌数}{诱变前活菌数}\times100\%$$

$$诱发突变频度=\frac{后培养以后样品中Str抗性菌数}{后培养以后样品中的活菌数}\times100\%$$

六、思考题

① 为什么在诱变前要把菌悬液打散？

② 试述紫外线诱变的注意事项。

③ 简述后培养的目的及注意事项。

实验 2 质粒 DNA 的小量制备及电泳检测

一、实验目的

学习并掌握质粒的小量制备技术和 DNA 琼脂糖凝胶电泳检测技术。

二、实验材料

菌种：*E. coli* DH5α/pUC19。

LB 培养基：胰蛋白胨 1％，酵母膏 0.5％，NaCl 1％；pH 7.2，120℃灭菌 20min。

试剂及试剂盒：D0001 碧云天质粒小量抽提试剂盒（或其他公司的产品）；氨苄青霉素母液（Amp）1000μg/ml，琼脂糖，TAE 缓冲液，加样缓冲液，溴化乙锭（EB），DNA 标准分子量标记物（Marker）。

仪器：恒温培养箱、恒温摇床、超净工作台、台式高速离心机、台式小型振荡仪、1.5ml Eppendorf 离心管、加样器、吸头等；电泳仪、稳压电源、凝胶成像仪等。

三、原理

实验采用国产的质粒小量抽提试剂盒。它是一种新型的离子交换柱，在特定的条件下，使质粒能在离心过柱的瞬间，结合到质粒纯化柱上，在一定条件下又能将质粒充分洗脱，从而实现质粒的快速纯化。而且在提取过程中，无需酚-氯仿抽提、无需酒精沉淀，可在较短时间内完成质粒的提取和纯化。

琼脂糖电泳或聚丙烯酰胺凝胶电泳是分离、鉴定和纯化 DNA 片段的有效方法。琼脂糖凝胶的分辨能力要比聚丙烯酰胺凝胶低，但其分离范围较广。用各种浓度的琼脂糖凝胶可分离长度 200bp～50kb 的 DNA。琼脂糖凝胶通常采用水平装置在强度和方向恒定的电场下电泳。直接用低浓度的荧光嵌入染料溴化乙锭进行染色，可通过凝胶成像仪确定 DNA 在凝胶中的位置。

四、实验内容与操作步骤

1. 细菌质粒 DNA 的小量制备

① 将 *E. coli* 菌株接种到液体 LB 培养基中，加入氨苄青霉素至 100μg/ml，150r/min 振荡 16h；

② 吸取 1.5ml 培养菌液于 1.5ml 离心管中，13000r/min 室温下离心 2min。倒掉上清液，然后倒置于吸水纸上，使液体流尽；

③ 加入 150μl 溶液 I，涡旋或弹起沉淀，使其完全散开，无絮块；

④ 加入 200μl 溶液 II，颠倒离心管 6～8 次，使细菌完全裂解，溶液透明，注意不能振荡；

⑤ 加入 500μl 溶液 III，颠倒 6～8 次，可见白色絮状物产生；

⑥ 13000r/min 离心 10min，离心时准备好质粒纯化柱及最后的质粒收集管；

⑦ 直接将上清液倒入质粒纯化柱中，13000r/min 离心 1min，使质粒结合于纯化柱上；

⑧ 倒弃收集管内的液体，在质粒纯化柱内加入 750μl 溶液 IV，13000r/min 离心 1min，洗去杂质；

⑨ 倒弃收集管内液体，13000r/min 离心 1min，除去残留液体；

⑩ 将质粒纯化柱放在质粒收集管上，加 50μl 溶液 V 至管内柱面上，放置 1min；

⑪ 13000r/min 离心 1min，所得液体就是质粒，质粒于 −20℃ 冰箱保藏备用。

2. 质粒 DNA 的琼脂糖凝胶电泳检测

① 酶切，取提取的质粒 10μl，用 *Eco*R I 进行酶切处理（具体方法参照酶的使用说明书）；

② 制胶，将胶模置入制胶槽，架好梳子备用；

③ 称取 0.2g 的琼脂糖于 100ml 烧杯中，加入 20ml TAE，加热熔化至无颗粒状琼脂糖，冷却到 60℃ 左右加入 EB（终浓度 0.5μg/ml），摇匀，即倒入胶模中凝固 30min 以上；

④ 将胶模转入电泳槽，倒入适量的电泳缓冲液 TAE（淹过胶面），拔取梳子备用；

⑤ 取酶切的质粒 DNA 5μl 与 1μl 的 6×Loading buffer（加样缓冲液）混匀；

⑥ 将样品和 5μl DNA 分子量标准样分别加样到梳孔中；

⑦ 恒压 50～100V，电泳 30～60min；

⑧ 电泳结束后关闭电源，取出凝胶，用凝胶成像仪进行摄影和记录。

五、注意事项

① 在使用前，在溶液 IV（洗涤液）加入 40ml 无水乙醇或 43ml 95％乙醇，

然后在瓶盖上做好记号。

② 溶液 II 在温度较低时，可能会产生沉淀，需先用水浴加热溶解，混匀后再使用。溶液 II 易被空气中的 CO_2 酸化，用完后应立即盖紧瓶盖。

③ 溶液 I 中含有 RNase，需要 4℃冰箱保藏。

④ 溴化乙锭是强诱变剂，并有中度毒性，取用含有这一染料的溶液时务必戴上手套，这些溶液经使用后应按附录 2.1 介绍的方法进行净化处理。

六、实验结果与分析

将质粒 DNA 条带与 DNA 标准分子量标记物进行比对，对质粒提取结果进行分析。pUC19 图谱如附图 2。

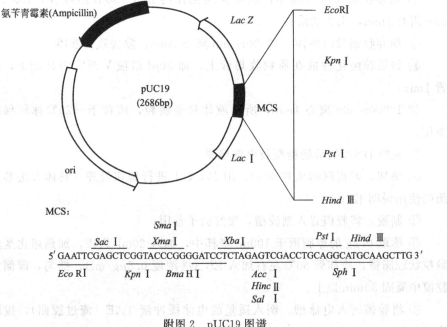

附图 2　pUC19 图谱

七、思考题

① 加入溶液 II 后，为什么不能剧烈振荡？

② 质粒 DNA 在琼脂糖凝胶电泳时，其泳动速度的影响因素有哪些？

附录 2.1　溴化乙锭稀溶液的处理

适用于含有 $0.5\mu g/ml$ 的溴化乙锭的电泳缓冲液。

方法 1

① 每 100ml 溶液中加入 2.9g Amberlite XAD-16，这是一种非离子型多聚吸附剂，可向 Rohm & Haas 公司购置；

② 于室温放置 12h，不时摇动；

③ 用 Whatman 1 滤纸过滤溶液，丢弃滤液；

④ 用塑料袋封装滤纸和 Amberlite 树脂，作为有害废物予以丢弃。

方法 2

① 每 100ml 溶液中加入 100mg 粉状活性炭；

② 于室温放置 1h，不时摇动；

③ 用 Whatman 1 号滤纸过滤溶液，丢弃滤液；

④ 用塑料袋封装滤纸和活性炭，作为有害废物予以丢弃。

附录 2.2　电泳缓冲液

Tris-乙酸（TAE）：0.04mol/l Tris-乙酸，0.001mol/l EDTA。

浓储藏溶液（50×TAE）：每升含有 242g Tris 碱，57.1ml 冰醋酸，10ml 0.5mol/l EDTA（pH 8.0）。

实验3 大肠杆菌的转化实验

一、实验目的

学习并掌握大肠杆菌感受态细胞的制备及外源基因导入细胞的技术。

二、实验材料

菌种：E. coli DH5α。

质粒：pUC19。

LB 培养基：胰蛋白胨 1%，酵母膏 0.5%，NaCl 1%，pH 7.2，琼脂 2%（必要时加入）；120℃灭菌 20min。

试剂：氨苄青霉素母液（Amp）1000μg/ml；100mmol/l 的 $CaCl_2$ 溶液。

器材：恒温培养箱、恒温摇床、离心机、超净工作台、高压蒸汽灭菌锅、涂布棒、EP 管、可调移液器、吸头等。

三、实验原理

转化是细菌重要的遗传重组方式，也是基因工程的重要技术手段。获得高的转化效率的关键在于制备高质量的感受态细胞。细菌细胞的感受态可以通过理化因素诱导产生，其中制备大肠杆菌感受态最常用的方法是 $CaCl_2$ 法。将细胞置于 0℃的 $CaCl_2$ 低渗溶液中，细菌细胞会膨胀成球形，细胞膜的通透性发生改变。转化混合物中的质粒 DNA 形成抗 DNase 的羟基-钙磷酸复合黏附于细胞表面，经 42℃短时间热激处理，促进细胞吸收 DNA 复合物。在 LB 培养基上培养数小时后，球形细胞复原并增殖，在选择培养基上便可获得所需的转化子。

四、实验内容与操作步骤

① 经斜面活化的大肠杆菌菌种接种于 LB 液体培养基中，37℃、150r/min 振荡培养过夜；

② 以 5%接种量转接到新鲜 LB 液体培养基中，37℃，150r/min 培养至 OD_{600}＝0.2～0.25，并将培养液放入冰浴冷却 10min；

③ 然后取 1.5ml 培养液于 6500r/min、5min 离心，弃尽上清液，然后加

入 0.75ml 冰冷的 100mmol/l $CaCl_2$ 溶液，用混匀器混匀或用手指弹离心管混匀；

④ 将离心管置于冰浴 45min；

⑤ 6500r/min、5min 离心收集细胞，并小心悬浮于 0.1ml 冷 $CaCl_2$ 溶液中（在冰浴中预冷），用移液器小心混匀；

⑥ 加 1μl 质粒，小心混匀，置冰浴放置 30~45min；

⑦ 将离心管置于 42℃ 恒温水浴中，准确计时处理 2min，迅速取出放回冰水浴中，静置 5min；

⑧ 加 1ml LB 液体培养基后于 37℃、150r/min 振荡培养 1h；

⑨ 培养液经适度稀释后取 0.1ml 涂布至 LB＋Amp 平板上，同时取未经转化的细菌培养液 0.1ml 涂布至 LB＋Amp 平板进行对照；

⑩ 将平板倒置于 37℃ 恒温培养箱中培养过夜。

五、实验结果

观察转化结果，并进行分析。

六、思考题

① 什么是感受态细胞，用什么方法获得感受态细胞？

② 本实验中转化的原理是什么？pUC19 质粒有何特点？

实验 4　酵母原生质体融合

一、实验目的

学习原生质体制备、融合、再生的操作方法。

二、实验材料

菌株：酿酒酵母（*Saccharomyces cerevisiae*）的两种营养缺陷型菌株（如 WL-2010 单倍体 his⁻ 和 ade⁻）。

培养基及试剂如下。

① YEPD 培养基：酵母浸出粉 10g，蛋白胨 20g，葡萄糖 20g，固体培养基中加入琼脂粉 20.0g，蒸馏水 1000ml；pH 6.0，115℃灭菌 20min。

② RYEPD（YEPD 高渗培养基）：YEPD 中加入 0.7mol/l KCl 或 10%蔗糖。

③ YNB 基本培养基：6.7g YNB（不含氨基酸酵母氮基），葡萄糖 10g，蒸馏水 1000ml；pH 5.5～6.0，115℃灭菌 20min。

④ RMM（高渗基本培养基）：YNB 基本培养基中加入 0.7mol/l KCl 或 10%蔗糖。

⑤ TB：10mmol/l，pH 7.4 Tris-HCl 缓冲液。

⑥ 高渗缓冲液（ST）：TB+0.5mol/L 蔗糖，10mmol/l $MgCl_2$。

⑦ PEG：PEG4000 30g，无水 $CaCl_2$ 0.47g，蔗糖 5g，10mmol/l TB 加至 100ml，0.22μm 过滤除菌。

⑧ 0.5mol/l EDTA：EDTA 二钠（二水）186.1g，NaOH 20.0g，蒸馏水定容 1000ml，120℃灭菌 20min。

⑨ Zymolyase 20T 溶液：用含 10mmol/l 2-巯基乙醇的 ST 配制至所需浓度，0.22μm 过滤除菌，现用现配。

器材：试管、三角瓶、培养皿、摇床、恒温培养箱、恒温水浴锅、离心机、接种环、移液管、酒精灯、分光光度计、相差显微镜。

三、实验原理

原生质体融合是一种重要的基因重组育种技术。将遗传特性不同的双亲菌株先经酶法破壁制备原生质体，然后用物理、化学或生物学方法，促进两亲株原生质体融合，然后通过筛选获得集两亲株优良性状于一体的稳定融合子，这就是原生质体育种。

制备酵母原生质体采用的酶主要有 Zymolyase、蜗牛酶及纤维素酶，以 Zymolyase 效果最好，在酶来源困难的情况下，也可以使用蜗牛酶或蜗牛酶加纤维素酶代替。在制备原生质体时，酶浓度及处理条件对原生质体化有极大影响，同时要考虑加入渗透压稳定剂。

PEG（聚乙二醇）是原生质体融合最常用的促融剂之一。一般认为其作用机理如下：带负电的 PEG 与带正电的 Ca^{2+}、Mg^{2+} 同细胞膜表面的分子相互作用，原生质体表面形成极性，以致相互作用易于吸附融合。

四、实验内容操作步骤

① 将两亲本菌株分别接种于含有 30ml YEPD 液体培养基的三角瓶中，28℃，100r/min 振荡培养 18h；

② 取培养液各 5ml，离心（4000r/min，10min）收集菌体，并用 10mmol/l TB 及 100mmol/l EDTA 各洗涤一次；

③ 用 ST 洗涤一次，并用酶液悬浮细胞至 10^7 个/ml（约需酶液 20ml）；

④ 28℃轻轻振荡（100r/min）酶解 60～120min，每隔 20min 取样于显微镜下用血球计数板计数，并按公式计算原生质体的形成率，至 90% 以上细胞都形成原生质体，离心（2000r/min，5min）去除酶液；

⑤ 用 ST 洗涤 2 次，并用 1ml ST 悬浮，备用；

⑥ 用 ST 适当稀释原生质体悬液，涂布 RYEPD，对照用无菌水稀释，涂布 YEPD，28℃培养 48h，对长出的菌落进行计数，并按公式计算原生质体再生率；

⑦ 取两亲株原生质体悬液各 0.5ml，混合；

⑧ 3000r/min 离心 10min，去尽上清液；

⑨ 加 0.1ml ST 悬浮原生质体；

⑩ 加 3.9ml PEG 溶液，轻轻吹吸 2～3 次悬浮原生质体，并置 28℃恒温水浴保温 20～30min，每隔 3～4min 轻轻摇动一次；

⑪ 1500r/min 离心，去上清液；

⑫ 用 ST 适当稀释，涂布埋入 RMM 和 RYEPD，28℃培养 3～7 天；

⑬ 融合子进一步分离纯化及鉴定。

五、注意事项

① 不同菌种、同一菌种的不同株系以及一个菌株培养的不同时期，对酶

液的敏感性不同，故要通过预备实验，才能对采用哪个时期的菌体制备原生质体，以及对所用破壁酶的种类和用量，得出较正确的选择。

② 原生质体对渗透压十分敏感，因此所有培养、洗涤原生质体的培养基和试剂都要含有渗透压稳定剂。

③ 融合实验中双亲原生质体的量（浓度及加量）要基本一致。

六、实验结果与分析

① 绘图：菌体、原生质体及加助融剂后原生质体形态。

② 统计结果，并按下述公式计算原生质体形成率、再生率和融合频率。

$$原生质体形成率 = \frac{原生质体数}{原生质体数 + 完整细胞数} \times 100\%$$

$$原生质体再生率 = \frac{高渗\ YEPD\ 长出菌落数 - 对照\ YEPD\ 长出菌落数}{显微镜计数的原生质体数} \times 100\%$$

$$融合频率 = \frac{融合子数 \times 稀释倍数}{再生完全培养基上长出的总菌数 \times 稀释倍数} \times 100\%$$

七、思考题

① 原生质体操作时为什么要选用高渗培养基？

② 为什么酶液要过滤除菌而不用其他方法？

③ 如何挑选融合子？

主要参考资料

[1] 诸葛健，李华钟．微生物学．北京：科学出版社，2004．

[2] 诸葛健，沈微．工业微生物育种学．北京：化学工业出版社，2006．

[3] 诸葛健等．工业微生物实验与研究技术．北京：科学出版社，2007．

[4] 陈三凤，刘德虎．现代微生物遗传学．北京：化学工业出版社，2003．

[5] 金志华，林建平，梅乐和．工业微生物遗传育种学原理与应用．北京：化学工业出版社，2006．

[6] 施巧琴，吴松刚．工业微生物育种学．北京：科学出版社，2003．

[7] 盛祖嘉．微生物遗传学．第三版．北京：科学出版社，2007．

[8] 吴乃虎．基因工程原理．第二版．北京：科学出版社，2001．

[9] 朱玉贤，李毅．现代分子生物学．第二版．北京：高等教育出版社，2002．

[10] 孙乃恩，孙东旭，朱德煦编．分子遗传学．南京：南京大学出版社，1990．

[11] Turner P C，McLennan A G，Bates A D & White M R H．分子生物学．第二版．影印本．北京：科学出版社，2000．

[12] Stanley R M，John E C，David F. Microbial Genetics. Second Edition. Boston：John and Bartlett Publishers，2003．

[13] Demain A D，Davies J E. Manual of Industrial Microbiology and Biotechnology. 2nd Edition. Washington DC：ASM Press，1996．